21世纪高等学校计算机教育实用规划教材

计算机网络技术基础实训教程

黄耿生 主编
张译匀 袁伟华 副主编

清华大学出版社
北京

内容简介

本书精选了16个实训项目，内容包括网络技术基础知识、双绞线的制作、以太网帧格式分析、IP数据报格式分析、虚拟机的使用、抓包工具WireShark的使用、交换机的配置、VLAN的配置技术、ARP协议的应用、防火墙的配置与应用以及Sniffer的使用方法等。内容基本覆盖了当前企业工作中涉及的计算机网络技术的常见应用，目的是为了提高学生网络实际操作能力。

本书既可作为高职高专计算机网络及相关专业的教材，也可供其他读者作为学习参考用书。

图书在版编目(CIP)数据

计算机网络技术基础实训教程/黄耿生主编. --北京：清华大学出版社，2016
21世纪高等学校计算机教育实用规划教材
ISBN 978-7-302-42299-0

Ⅰ. ①计…　Ⅱ. ①黄…　Ⅲ. ①计算机网络－高等学校－教材　Ⅳ. ①TP393

中国版本图书馆CIP数据核字(2015)第287013号

责任编辑：刘向威
封面设计：常雪影
责任校对：李建庄
责任印制：李红英

出版发行：清华大学出版社
网　　址：http://www.tup.com.cn，http://www.wqbook.com
地　　址：北京清华大学学研大厦A座　　**邮　　编**：100084
社 总 机：010-62770175　　**邮　　购**：010-62786544
投稿与读者服务：010-62776969，c-service@tup.tsinghua.edu.cn
质 量 反 馈：010-62772015，zhiliang@tup.tsinghua.edu.cn
课 件 下 载：http://www.tup.com.cn，010-62795954
印 装 者：三河市金元印装有限公司
经　　销：全国新华书店
开　　本：185mm×260mm　**印　张**：14.75　**彩　插**：1　**字　数**：371千字
版　　次：2016年2月第1版　　**印　　次**：2016年2月第1次印刷
印　　数：1～2000
定　　价：29.50元

产品编号：066829-01

前　言

本书是为了提高学生网络实际操作能力而编写的，书中精选了16个实训项目，基本覆盖了计算机网络技术基础知识的常见应用，目的是培养学生理论与实践相结合的能力。

全书围绕着计算机网络的分层结构进行编写，从物理层、数据链路层、网络层、传输层、应用层入手。项目包括网络技术基础知识，双绞线的制作，以太网帧格式分析、IP数据报格式分析、虚拟机的使用，抓包工具WireShark的使用；交换机的配置、VLAN的配置技术；ARP协议的应用；防火墙的配置与应用，以及Sniffer的使用方法等。

本书既可作为高职高专、成人高校和应用型本科计算机专业、电子信息技术专业、电子商务专业及等其他相关专业的"计算机网络基础"、"计算机网络技术与应用"等课程的教材；也可作为其他各行各业网络管理人员培训和自学的教材及参考书；还可作为计算机网络工程技术人员、网络管理和应用人员、广大计算机网络技术爱好者及教师的参考用书。

本书由黄耿生担任主编，张译匀、袁伟华担任副主编，全书由黄耿生统稿。张译匀负责本书实训2至实训14的编写，袁伟华负责本书实训15的编写。

编者已尽力确保本书内容的正确性，但由于水平所限，仍不能保证完全没有错误。对书中的不足之处，竭诚希望广大读者不吝批评、指正。

编　者

2015年12月

目　录

实训 1　TCP/IP 属性设置与测试

1.1　实验目的

1. 掌握 TCP/IP 属性设置方法；
2. 掌握 ping、ipconfig 等常用网络命令的使用；
3. 熟悉使用相关命令测试和验证 TCP/IP 配置的正确性及网络的连通性。

1.2　实验要求

1. 环境要求：计算机 2 台以上(安装 Windows 7 操作系统/Windows XP 操作系统/Windows 2003 操作系统、装有网卡并已联网)；
2. 分组要求：两人一组，合作完成。

1.3　实验预备知识

1. IP 地址、子网掩码、默认网关、DNS 服务器

(1) IP 地址

IP 是英文 Internet Protocol 的缩写，意思是“网络之间互连的协议”，也就是为计算机网络相互连接进行通信而设计的协议。在因特网中，它是能使连接到网上的所有计算机实现相互通信必须遵守的一套规则。任何厂家生产的计算机系统，只要遵守 IP 协议就可以与因特网互连互通。正是因为有了 IP 协议，因特网才得以迅速发展成为世界上最大的、开放的计算机通信网络。因此，IP 协议也可以叫作“因特网协议”。

IP 地址(Internet Protocol Address)是指互联网协议地址，又译为网际协议地址。IP 地址被用来给 Internet 上的主机一个编号。大家日常见到的情况是每台联网的 PC 上都需要有 IP 地址，才能正常通信。可以把“个人电脑”比作“一部电话”，那么“IP 地址”就相当于“电话号码”，而 Internet 中的路由器，就相当于电信局的“程控式交换机”。

IP 地址在设计时就考虑到地址分配的层次特点，将每个 IP 地址都分割成网络号和主机号两部分，以便于 IP 地址的寻址操作。常见的 IP 地址分为 IPv4 与 IPv6 两大类。一般情况下，IP 地址指的就是 IPv4 地址。它是一个 32 位的二进制数，通常被分割为 4 个“8 位二进制数”(也就是 4 个字节)。IP 地址通常用“点分十进制”表示成(a. b. c. d)的形式，其中，a、b、c、d 都是 0～255 之间的十进制整数。例如：点分十进制 IP 地址(128. 1. 2. 10)，实际上是32位二进制数(10000000.00000001.00000010.00001010)。

IP地址遵循的编址方案为：IP地址空间划分为A、B、C、D、E 5类，其中A、B、C是基本类，D、E类作为多播和保留使用。

IPv4有4段数字，每一段最大不超过255，原因是8个二进制数字所代表的最大值为255。由于互联网的蓬勃发展，IP位址的需求量愈来愈大，使得IP地址的发放愈趋严格，各项资料显示，全球IPv4位址在2011年2月3日分配完毕。

地址空间的不足必将妨碍互联网的进一步发展。为了扩大地址空间，拟通过IPv6重新定义地址空间。IPv6采用128位地址长度。在IPv6的设计过程中除了一劳永逸地解决了地址短缺问题以外，还考虑了在IPv4中解决不好的其他问题。

所有的IP地址都由国际组织网络信息中心NIC(Network Information Center)负责统一分配，目前全世界共有三个这样的网络信息中心：InterNIC(负责美国及其他地区)、ENIC(负责欧洲地区)、APNIC(负责亚太地区)，我国申请IP地址要通过APNIC，APNIC的总部设在澳大利亚的布里斯班市。申请时要考虑申请哪一类的IP地址，然后向国内的代理机构提出。

(2) 子网掩码

已知IP地址分为网络号和主机号两部分，那么网络号和主机号各是多少位呢？如果不指定，就不知道哪些位是网络号、哪些位是主机号，这就需要通过子网掩码来实现。

子网掩码(Subnet Mask)又叫网络掩码、地址掩码、子网络遮罩，它是一种位掩码，用来指明一个IP地址的哪些位标识的是主机所在的子网，哪些位标识的是主机。

子网掩码不能单独存在，它必须结合IP地址一起使用。子网掩码只有一个作用，就是将某个IP地址划分成网络地址和主机地址两部分。子网掩码的设定必须遵循一定的规则。与IP地址相同，子网掩码的长度也是32位，左边是网络位，用二进制数字1表示；右边是主机位，用二进制数字0表示。一般情况下A类默认的子网掩码为255.0.0.0，B类默认的子网掩码为255.255.0.0，C类默认的子网掩码为255.255.255.0。TCP/IP属性设置过程中，在设置好IP地址后，子网掩码会自动填充，无须输入。

(3) 默认网关

默认网关(Default Gateway)是用于TCP/IP协议的配置项，是一个可直接到达的IP路由器的IP地址，配置默认网关可以在IP路由表中创建一个默认路径，一台主机可以有多个网关。

这里所讲的“网关”均指TCP/IP协议下的网关。那么网关到底是什么呢？网关实质上是一个网络通向其他网络的IP地址，起到不同网络互联的作用。比如有网络A和网络B，网络A的IP地址范围为192.168.1.1～192.168.1.254，子网掩码为255.255.255.0；网络B的IP地址范围为192.168.2.1～192.168.2.254，子网掩码为255.255.255.0。在没有路由器的情况下，两个网络之间是不能进行TCP/IP通信的，即使是两个网络连接在同一台交换机(或集线器)上，TCP/IP协议也会根据子网掩码(255.255.255.0)判定两个网络中的主机处在不同的网络里，分别是192.168.1.0和192.168.2.0网络。而要实现这两个网络之间的通信，则必须通过网关。如果网络A中的主机发现数据包的目的主机不在本地网络中，就把数据包转发给它自己的网关，再由网关转发给网络B的网关，网络B的网关再转发给网络B的某个主机。网络B向网络A转发数据包的过程也是如此。所以说，只有设置好网关的 IP 地址，TCP/IP 协议才能实现不同网络之间的相互通信。那么这个 IP 地址是哪台机器的 IP 地址呢？网关的 IP 地址是具有路由功能的设备的 IP 地址，具有路由功能的设备有路由器、启用了路由协议的服务器（实质上相当于一台路由器）和代理服务器（也相当于一台路由器）。

默认网关的意思是一台主机如果找不到可用的网关，就把数据包发给默认指定的网关，由这个网关来处理数据包，它就好像一所学校有一个大门，我们进出学校必须经过这个大门，这个大门就是我们出入的默认关口。现在主机使用的网关，一般指的是默认网关。一台主机的默认网关是不可以随便指定的，必须正确地指定，否则一台主机就会将数据包发给不是网关的主机，从而无法与其他网络的主机通信。

(4) DNS 服务器

DNS 服务器（Domain Name System 或者 Domain Name Service）是域名系统或者域名服务，域名系统为 Internet 上的主机分配域名地址和 IP 地址。用户使用域名地址，该系统就会自动把域名地址转为 IP 地址。TCP/IP 属性设置中填入的是 DNS 服务器的 IP 地址。

2. ping 命令

1) ping 命令概述

ping 命令是在判断网络故障常用的命令，用于确定本地主机是否能与另一台主机交换（发送与接收）数据报。

作为一个计算机网络的初学者，ping 命令是第一个必须掌握的 DOS 命令，它的原理是：网络上的计算机都有唯一确定的 IP 地址，给目标 IP 地址发送一个数据包，对方就要返回一个同样大小的数据包，根据返回的数据包可以确定目标主机是否存在，并初步判断目标主机的操作系统等。下面就来介绍它的一些常用操作。在 DOS 窗口中输入：ping /?，按 Enter 键，出现如图 1.1 所示的帮助界面。

图 1.1　ping 命令帮助界面

这里只介绍一些基本的参数。

-t 表示将不间断向目标 IP 地址发送数据包，直到强迫其停止。如果发送方使用

100Mbps 的宽带接入，而接收方是 56Kbps 的 Modem 接入，那么要不了多久，接收方就因为承受不了这么多的数据而掉线，一次攻击就这么简单地实现了。

-l 定义发送数据包的大小，默认为 32B，利用它可以最大定义到 65 500B。它可以结合已经介绍的-t 参数一起使用。

-n 定义向目标 IP 地址发送数据包的次数，默认为 4 次。如果网络速度比较慢，4 次也浪费了不少时间，如果实验目的仅仅是判断目标 IP 是否存在，那么可定义为一次。如果-t 参数和-n 参数一起使用，ping 命令就以放在后面的参数为标准，比如“ping IP -t -n 3”，虽然使用了-t 参数，但并不是一直 ping 下去，而是只 ping 3 次。另外，ping 命令不一定非得 ping IP，也可以直接 ping 主机域名，这样也可以得到主机的 IP。

下面举例说明具体用法，如图 1.2 所示。

```
D:\>ping 192.168.0.7 -l 65500 -t

Pinging 192.168.0.7 with 65500 bytes of data:

Reply from 192.168.0.7: bytes=65500 time=2ms TTL=32
Reply from 192.168.0.7: bytes=65500 time=2ms TTL=32
Reply from 192.168.0.7: bytes=65500 time=2ms TTL=32
Reply from 192.168.0.7: bytes=65500 time=2ms TTL=32
Reply from 192.168.0.7: bytes=65500 time=2ms TTL=32
Reply from 192.168.0.7: bytes=65500 time=2ms TTL=32
Reply from 192.168.0.7: bytes=65500 time=2ms TTL=32
```

图 1.2　ping 命令示例

这里 time＝2ms 表示从发出数据包到接收到返回数据包所用的时间是 2ms，从这里可以判断网络连接速度的大小。从 TTL 的返回值可以初步判断被 ping 主机的操作系统，之所以说“初步判断”是因为这个值是可以修改的。这里 TTL＝32 表示操作系统可能是 Windows 98。

2）对 ping 后返回信息的分析

（1）Request timed out

这是经常碰到的提示信息，表示存在以下几种情况。

① 对方已关机，或者网络上根本没有这个地址。

② 对方与自己不在同一网段内，通过路由也无法找到对方，但有时对方确实是存在的，当然不存在也是返回超时的信息。

③ 对方确实存在，但设置了 ICMP 数据包过滤（比如防火墙设置）。

怎样知道对方是存在还是不存在呢，可以用带参数-a 的 ping 命令探测对方，如果能得到对方的 NETBIOS 名称，则说明对方是存在的，是有防火墙设置，如果得不到，有可能是对方不存在或关机，或不在同一网段内。

④ 错误设置 IP 地址。

正常情况下，一台主机应该有一个网卡，一个 IP 地址，或有多个网卡，多个 IP 地址（这些地址一定要处于不同的 IP 子网）。但如果一台计算机的“拨号网络适配器”（相当于一块软网卡）的 TCP/IP 设置了一个与网卡 IP 地址处于同一子网的 IP 地址，那么在 IP 层协议看来，这台主机就有两个不同的接口处于同一网段内。当从这台主机 ping 其他的机器时，会存在如下的问题：

A. 主机不知道将数据包发到哪个网络接口，因为有两个网络接口都连接在同一网段。

B. 主机不知道用哪个地址作为数据包的源地址。因此,从这台主机去 ping 其他机器,IP 层协议会无法处理,超时后,ping 就会给出一个"超时无应答"的错误信息提示。但从其他主机 ping 这台主机时,请求包从特定的网卡来,ICMP 只需简单地将目的、源地址互换,并更改一些标志即可,ICMP 应答包能顺利发出,其他主机也就能成功 ping 通这台机器了。

(2) Destination host Unreachable

① 对方与自己不在同一网段内,而自己又未设置默认的路由。

② 网线出了故障。

这里要说明一下 Destination host Unreachable 和 time out 的区别,如果所经过的路由器的路由表中具有到达目标的路由,而目标因为其他原因不能到达,这时候会出现 time out,如果路由表中连到达目标的路由都没有,那就会出现 Destination host Unreachable。

(3) Bad IP address

这个信息表示可能没有连接到 DNS 服务器,所以无法解析这个 IP 地址,也可能是 IP 地址不存在。

(4) Source quench received

这个信息比较特殊,它出现得机率很少。它表示对方或中途的服务器繁忙无法回应。

(5) Unknown host

这种出错信息的意思是,该远程主机的名字不能被域名服务器(DNS)转换成 IP 地址。故障原因可能是域名服务器有故障,或者其名字不正确,或者网络管理员的系统与远程主机之间的通信线路有故障。

(6) No answer

这种故障说明本地系统有一条通向中心主机的路由,但却接收不到它发给该中心主机的任何信息。故障原因可能是下列之一:中心主机没有工作;本地或中心主机网络配置不正确;本地或中心的路由器没有工作;通信线路有故障;中心主机存在路由选择问题。

(7) ping 127.0.0.1

127.0.0.1 是本地循环地址,如果本地址无法 ping 通,则表明本地计算机 TCP/IP 协议不能正常工作。

(8) no route to host:网卡工作不正常。

(9) transmit failed,error code:10043 网卡驱动不正常。

3) 利用 ping 命令查找网络故障

正常情况下,使用 ping 命令来查找问题所在或检验网络运行情况时,需要使用许多次 ping 命令,如果所有都运行正确,则可以相信基本的连通性和配置参数没有问题;如果某些 ping 命令出现运行故障,它也可以指明问题所在。下面就给出一个典型的检测次序及对应的可能故障。

(1) ping 127.0.0.1

这个 ping 命令被送到本地计算机,如果运行出现故障,则表示 TCP/IP 软件安装或运行存在某些问题。

(2) ping 本机 IP

这个命令被送到计算机所配置的 IP 地址,计算机始终都应该对该 ping 命令作出应答,如果没有,则表示本地配置或安装存在问题。出现此问题时,局域网用户请断开网络电缆,然后重新发送该命令。如果网线断开后本命令正确，则表示另一台计算机可能配置了相同的 IP 地址。

(3) ping 局域网内其他 IP

这个命令应该离开本地计算机，经过网卡及网络电缆到达其他计算机，再返回。收到回送应答表明本地网络中的网卡和载体运行正确。但如果收到 0 个回送应答，那么表示子网掩码不正确或网卡配置错误或电缆系统有问题。

(4) ping 网关 IP

这个命令如果应答正确，表示局域网中的路由器正在运行并能够作出应答。

(5) ping 远程 IP

如果收到 4 个应答，表示成功地使用了默认网关。对于拨号上网用户则表示能够成功地访问 Internet(但不排除 ISP 的 DNS 会有问题)。

(6) ping localhost

localhost 是操作系统的网络保留名，它是 127.0.0.1 的别名，每台计算机都应该能够将该名字转换成该地址。如果 ping 命令不能正确运行，则表示主机文件(/Windows/host)中存在问题。

(7) ping www.xxx.com(如 http://www.baidu.com)

对这个域名执行 ping www.xxx.com 地址，通常是通过 DNS 服务器。如果这里出现故障，则表示 DNS 服务器的 IP 地址配置不正确或 DNS 服务器有故障(对于拨号上网用户，某些 ISP 已经不需要设置 DNS 服务器了)。也可以利用该命令实现域名对 IP 地址的转换功能。

如果上面所列出的所有 ping 命令都能正常运行，那么对自己的计算机进行本地和远程通信的功能基本上就可以放心了。但是，这些命令的成功并不表示所有的网络配置都没有问题，例如，某些子网掩码错误就可能无法用这些方法检测到。

3. ipconfig 命令

ipconfig 是 Windows XP、Windows 7 系统中用于显示当前的 TCP/IP 配置参数的命令。通过 ipconfig 命令运行结果可以了解自己的计算机是否成功的租用到一个 IP 地址，如果租用到则可以知道当前分配到的是什么地址。了解计算机当前的 IP 地址、子网掩码和默认网关实际上是进行测试和故障分析的前提条件。为网络检查工作提供重要的帮助。具体使用方法如下：

选择“开始”→“运行”命令，在“运行”窗口中输入 cmd，按 Enter 键进入 DOS 窗口在盘符提示符中输入：ipconfig 或者 ipconfig /all 或者 ipconfig/release 和 ipconfig/renew 然后按 Enter 键。

(1) ipconfig

当使用 ipconfig 时不带任何参数选项，那么它为每个已经配置了的接口显示 IP 地址、子网掩码和默认网关值。

(2) ipconfig/all

当使用 all 选项时，ipconfig 能为 DNS 和 WINS 服务器显示它所有已配置的信息(如 IP 地址等)，并且显示内置于本地网卡中的物理地址(MAC)。如果 IP 地址是从 DHCP 服务器租用的，ipconfig 将显示 DHCP 服务器的 IP 地址和租用地址预计失效的日期。

(3) ipconfig/release 和 ipconfig/renew

这是两个附加选项，只能在向 DHCP 服务器租用其 IP 地址的计算机上起作用。如果输入 ipconfig/release，那么所有接口租用的 IP 地址便重新交付给 DHCP 服务器（归还 IP 地址）。如果输入 ipconfig/renew，那么本地计算机将设法与 DHCP 服务器取得联系，并租用一个 IP 地址。请注意，大多数情况下网卡将被重新赋予和原先相同的 IP 地址。

1.4 实验内容与步骤

本实验指导可在 Windows XP 或 Windows 7 系统中完成。

1. TCP/IP 属性设置连入局域网

(1) 选择“控制面板”→“网络连接”命令，进入网络连接窗口（或者在桌面上，右击“网上邻居”，在弹出的菜单中选择“属性”命令，进入网络连接窗口），如图 1.3 所示。

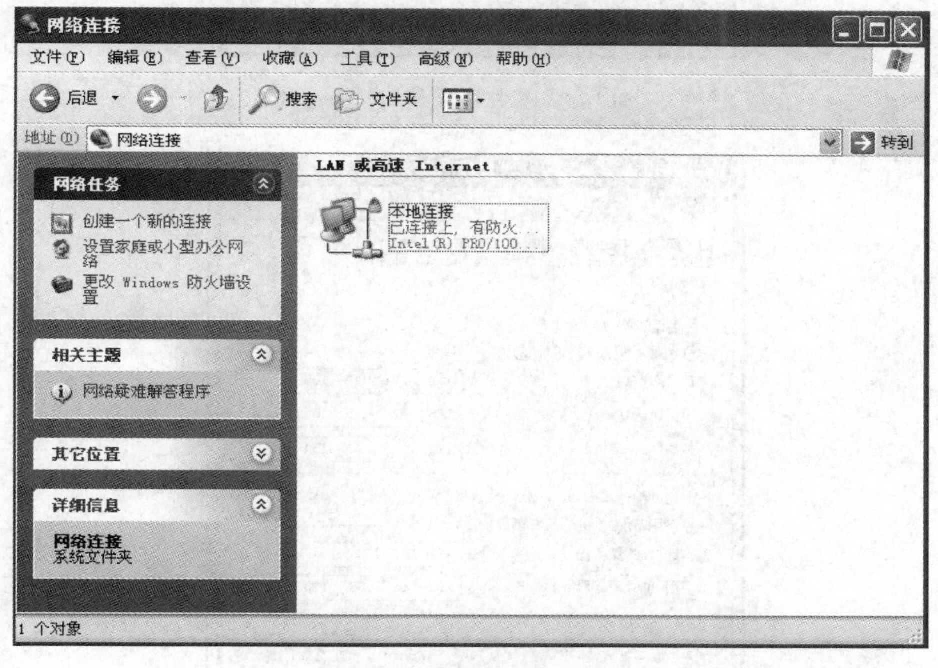

图 1.3 “网络连接”窗口

(2) 右击“本地连接”，在弹出的菜单中选择“属性”，进入“本地连接　属性”窗口，如图 1.4 所示。

(3) 选择“Internet 协议(TCP/IP)”，单击“属性”按钮，进入“Internet 协议(TCP/IP)属性”窗口，如图 1.5 所示。单击“使用下面的 IP 地址”标签，配置本机的 IP 地址和子网掩码、默认网关和 DNS 服务器。配置完后，单击“确定”按钮。

注意：网络中每台计算机的 IP 地址必须是唯一的。本实验指导以 172.16.20.100 为例，实验中可根据实验室的具体 IP 情况进行设置。

请将具体设置情况记录在表 1.1 中。

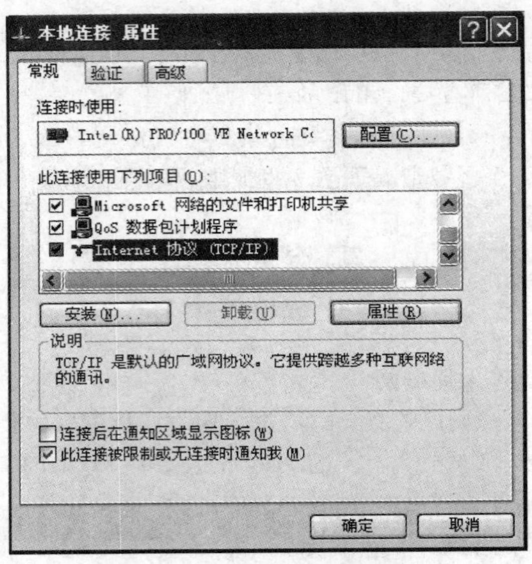

图 1.4 “本地连接 属性”窗口

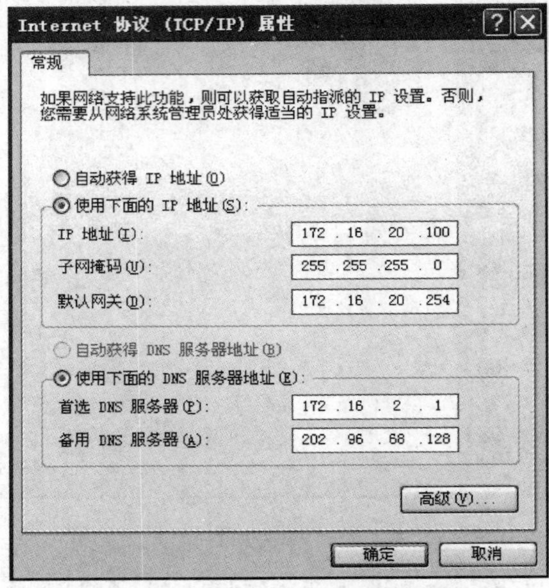

图 1.5 “Internet 协议(TCP/IP)属性”窗口

表 1.1 两台主机(TCP/IP)属性设置

	用户 1	用户 2
IP 地址		
子网掩码		
默认网关		
首选 DNS 服务器		
备用 DNS 服务器		

2. 使用 ipconfig 命令查看和验证 TCP/IP 属性设置值

(1) 选择"开始"→"运行"命令,输入 cmd 然后按 Enter 键,在命令窗口输入 ipconfig 相关命令。请将具体的选项情况记录在表 1.2 中。

表 1.2 两台主机(TCP/IP)属性设置验证

	用户 1	用户 2
物理地址		
IP 地址		
子网掩码		
默认网关		
首选 DNS 服务器		
备用 DNS 服务器		

(2) 检查选项是否和设置相同(可对照表 1.1 和表 1.2 两个表格),若不同则需重新设置。

3. 使用 ping 命令测试网络连通性

在命令窗口(cmd 窗口)使用 ping 相关命令测试网络连通性,请将相关数据记录在表 1.3 中,根据数据请分析网络的连通性。

表 1.3 网络连通性测试

Ping	用户 1	用户 2
127.0.0.1		
本机 IP		
同组成员 IP		
默认网关 IP		
DNS 服务器 IP		
localhost		
www.baidu.com		
网络连通性结论		

1.5 练习与简答题

1. 选择题

(1) 在 Windows 2000 操作系统的客户端可以通过(　　)命令查看 DHCP 服务器分配给本机的 IP 地址。

A. config　　B. ifconfig　　C. ipconfig　　D. route

(2) 在 Windows 2000 操作系统中,配置 IP 地址的命令是(①　　)。若用 ping 命令来测试本机是否安装了 TCP/IP 协议,则正确的命令是(②　　)。如果要列出本机当前建立的连接,可以使用的命令是(③　　)。

① A. winipcfg　　B. ipconfig　　C. ipcfg　　D. winipconfig

② A. ping 127.0.0.0 B. ping 127.0.0.1 C. ping 127.0.1.1 D. ping 127.1.1.1

③ A. netstat -s B. netstat -0 C. netstat -a D. netstat -r

(3) 在 Windows 系统中,ping 命令的-n 选项表示(　　)。

A. ping 的次数　　B. ping 的网络号

C. 数字形式显示结果　　D. 不要重复,只 ping 一次

(4) 在 Windows 系统中,tracert 命令的-h 选项表示(　　)。

A. 指定主机名　　B. 指定最大跳步数

C. 指定达到目标主机的时间　　D. 指定源路由

(5) 某校园网用户无法访问外部站点 210.102.58.74,管理人员在 Windows 操作系统下可以使用(　　)判断故障发生在校园网内还是校园网外。

A. ping 210.102.58.74　　B. tracert 210.102.58.74

C. netstat 210.102.58.74　　C. arp 210.102.58.74

2. 简答题

(1) 某人配置"Internet 协议(TCP/IP)属性"以后,使用 ipconfig 命令验证配置的选项,其结果如图 1.6 所示,IP 地址和子网掩码选项分别是 0.0.0.0。请分析可能导致这种情况的原因,并如何解决这个问题。

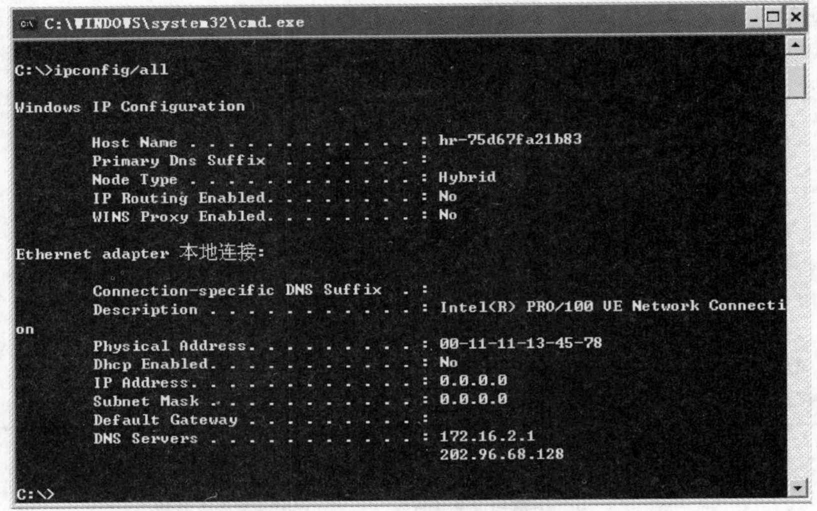

图 1.6　使用 ipconfig 命令查看配置结果

(2) 请描述两主机之间数据发送及接收的过程?

(3) "三网"具体是指什么?举例说明。

(4) internet 和 Internet 的区别?

(5) ISP 的中文名字是什么?请写出中国的 ISP。

(6) 因特网的组成?

(7) 两种通信方式?请举例说明?

(8) 三种交换方式?

(9) 面向连接的三个步骤?

(10) 如何利用 ping 命令，使主机能够连续发送和接收回送请求和应答 ICMP 报文，并说明如何停止该命令。请用文字及截图说明。

(11) 如何利用 ping 命令，使主机能够发送 8 次回送请求 ICMP 报文。请用文字及截图说明。

(12) 如何利用 ping 命令，指定发送探测数据包的大小为 64 字节。请用文字及截图说明。

实训2 双绞线的制作与测试

2.1 实验目的

1. 熟悉常用双绞线(网线)及其制作工具的使用;
2. 掌握非屏蔽双绞线的直通线、交叉线的制作及连接方法;
3. 掌握双绞线连通性的测试。

2.2 实验要求

1. 设备要求:RJ45压线钳,RJ45水晶头,UTP线缆(每条2m,若干条),测线仪,PC(2台以上,装有操作系统和网卡),集线器;
2. 每组四人,合作完成。

2.3 实验预备知识

1. 双绞线简介

双绞线(Twisted Pair,TP)是综合布线工程中最常用的一种传输介质,由两个具有绝缘保护层的铜导线相互缠绕而成。把两根绝缘的铜导线按照一定密度互相绞在一起,可降低信号干扰的程度:一根导线在传输过程中辐射的电波会被另一根线上发出的电波抵消。把一对或多对双绞线放在一个绝缘套管中便形成了双绞线电缆。在双绞线电缆内,不同线对具有不同的扭绞长度,一般扭绞长度在14~38.1cm内,按逆时针方向扭绞。与其他传输介质相比,双绞线在传输距离、信道宽度和数据传输速率方面均受到一定限制,但价格便宜。日常用的网线就是双绞线的一种。双绞线可按其是否外加金属丝套的屏蔽层而分为非屏蔽双绞线(Unshielded Twisted Pair, UTP)和屏蔽双绞线(Shielded Twisted Pair, STP),从性价比和可维护性出发,非屏蔽双绞线在局域网组网中作为传输介质起着重要的作用。在EIA/TIA-568标准中,将双绞线按电气特性区分为:三类线、四类线、五类线、六类线和七类线。网络中最常用的是三类线和五类线,三类线是2对4芯导线,五类线是4对8芯导线,且使用8种不同颜色(橙白、橙、绿白、蓝、蓝白、绿、棕白、棕)进行区分。如图2.1所示,图中标明了5类UTP中导线的颜色与线号的对应关系。

5类UTP主要作为10Base-T和100Base-TX网络的传输介质,但10Base-T和100Base-TX规定以太网上的各站点分别将1、2线作为自己的发送线,3、6线作为自己的接

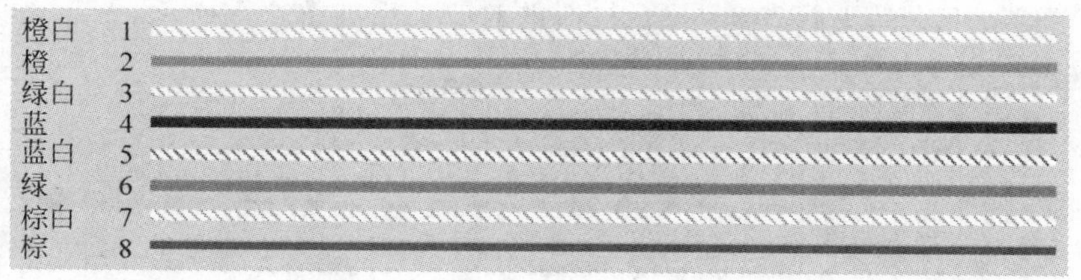

图 2.1 UTP 中导线的颜色与线号的对应关系

收线，如图 2.2 所示。

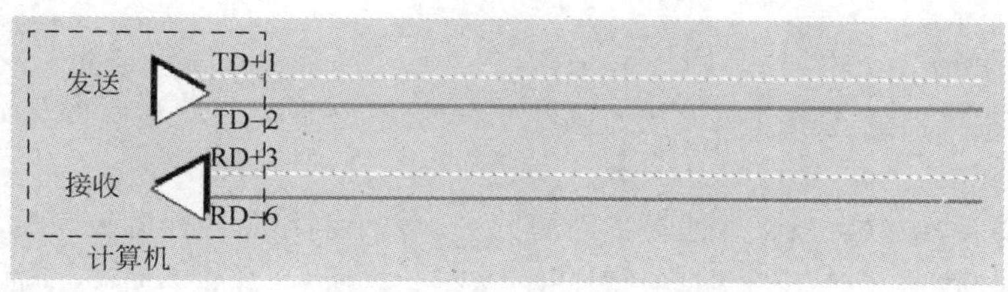

图 2.2 以太网中的收发线对

为了将 UTP 与计算机、集线器(HUB)等其他设备相连接，每条 UTP 的两侧需要安装 RJ-45 水晶头。图 2.3 显示了 RJ-45 接口和一条带有 RJ-45 水晶头的 UTP。

图 2.3 RJ-45 接口和水晶头

带有 RJ-45 水晶头的 UTP 可以使用专用的剥线/压线钳制作。根据制作过程中线对的排列不同，以太网使用的 UTP 分为直通 UTP 线和交叉 UTP 线。

2. 直通 UTP 线

在通信过程中，计算机的发送端要与集线器的接收端相接，计算机的接收端要与集线器的发送端相接。但由于集线器内部发线和收线进行了交叉，如图 2.4 所示，因此，在将计算机连入集线器时需要使用直通 UTP 线。

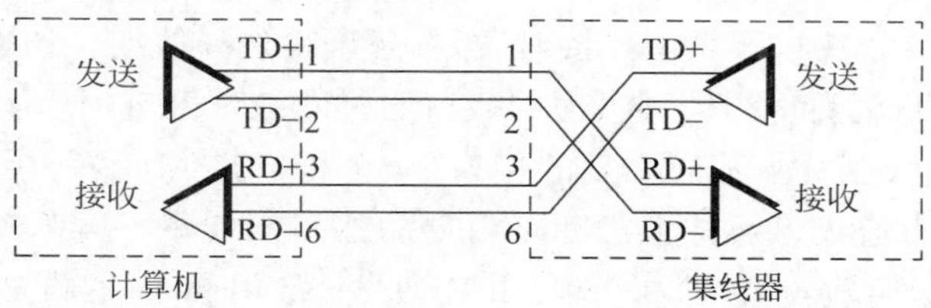

图 2.4 直通 UTP 电缆的使用

直通 UTP 线中水晶头触点与 UTP 线对的对应关系如图 2.5 所示。

图 2.5　直通 UTP 线的线对排列

3. 交叉 UTP 线

计算机与集线器的连接可以使用直通 UTP 线，那么集线器与集线器之间的级联使用什么样的线缆呢？

集线器之间的级联可以采取两种不同的方法。如果利用集线器的级联端口（直通端口）与另一集线器的普通端口（交叉端口）相连接，如图 2.6 所示，那么普通的直通 UTP 线就可以完成级联任务。如果利用集线器的普通端口（交叉端口）与另一集线器的普通端口（交叉端口）相连，如图 2.7 所示，则必须使用交叉 UTP 线。

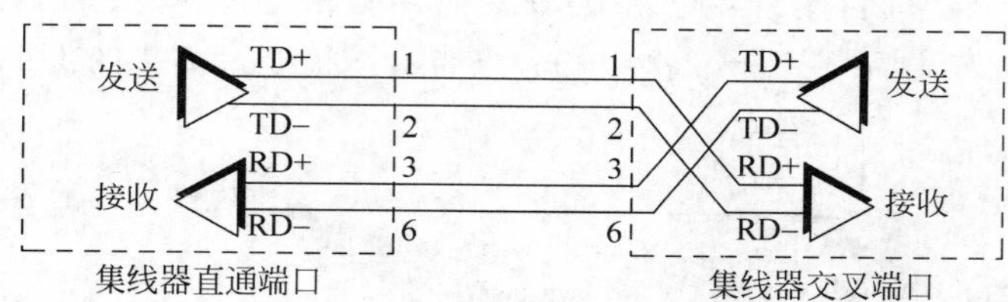

图 2.6　利用级联端口（直通端口）与另一集线器的普通端口（交叉端口）级联

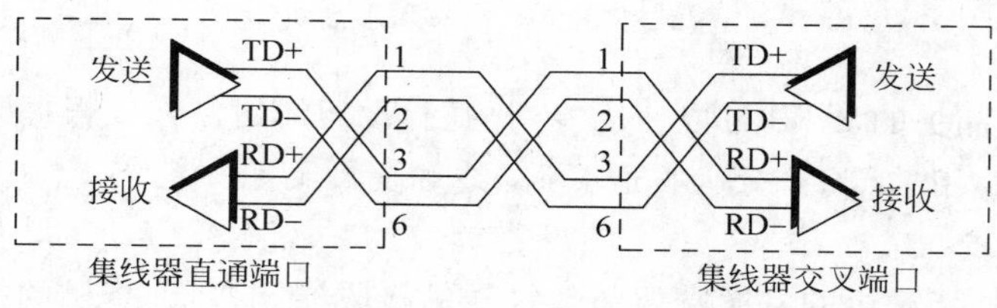

图 2.7　利用两个集线器的普通端口（交叉端口）级联

交叉 UTP 线中水晶头触点 UTP 线的对应关系如图 2.8 所示。

通过以上内容介绍，在进行设备连接时，需要正确地选择线缆。通常将设备的 RJ-45 接口分为 MDI 和 MDIX 两类。当同种类型的接口通过双绞线互连时（两个接口都是 MDI 或都是 MDIX），使用交叉线；当不同类型的接口（一个接口是 MDI，一个接口是 MDIX）通过双绞线互连时，使用直通线。通常主机和路由器的接口属于 MDI，交换机和集线器的接口属于 MDIX。例如交换机与主机相连采用直通线，路由器和主机相连则采用交叉线。表 2.1 列出了设备间连线。表中 N/A 表示不可连接。

图 2.8 交叉 UTP 线的线对排序

表 2.1 设备间连线

	主机	路由器	交换机 MDIX	交换机 MDI	集线器
主机	交叉	交叉	直通	N/A	直通
路由器	交叉	交叉	直通	N/A	直通
交换机 MDIX	直通	直通	交叉	直通	交叉
交换机 MDI	N/A	N/A	直通	交叉	直通
集线器	直通	直通	交叉	直通	交叉

注意：随着网络技术的发展，目前一些新的网络设备，可以自动识别连接的网线类型，用户不管采用直通网线或者交叉网线均可以正确连接设备。

2.4 实验内容与步骤

本实验要求各小组制作直通线、交叉线各一条。

1. 剥线

使用剥线钳将双绞线的外皮除去 3cm 左右，如图 2.9 所示。

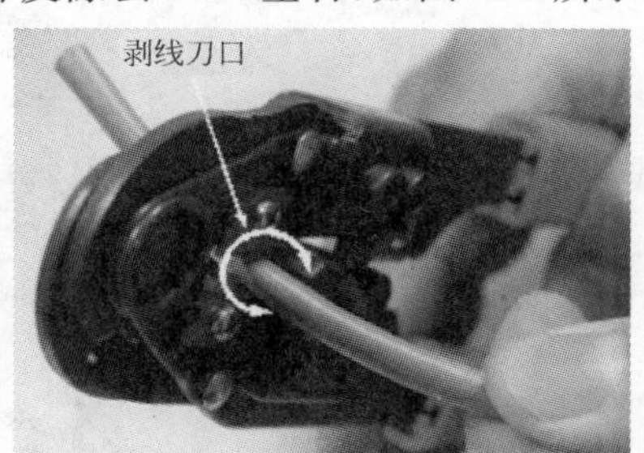

(a) 准备剥线

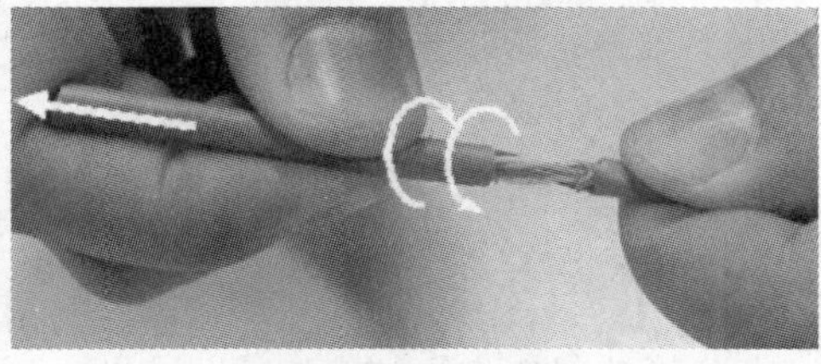

(b) 抽调外套层

图 2.9 使用剥线钳进行剥线

2. 将8芯导线排列整齐

（1）制作直通线，8芯导线的颜色顺序从左至右排列为（填写表2.2）：

表2.2 直通线颜色顺序

8芯导线	1	2	3	4	5	6	7	8
第一端								
另一端								

（2）制作交叉线，8芯导线的颜色顺序从左至右排列为（填写表2.3）：

表2.3 交叉线颜色顺序

8芯导线	1	2	3	4	5	6	7	8
第一端								
另一端								

（3）把线排列整齐，使用压线钳的减线刀口将外露8芯导线剪齐，只需剩下约12mm的长度，如图2.10所示。

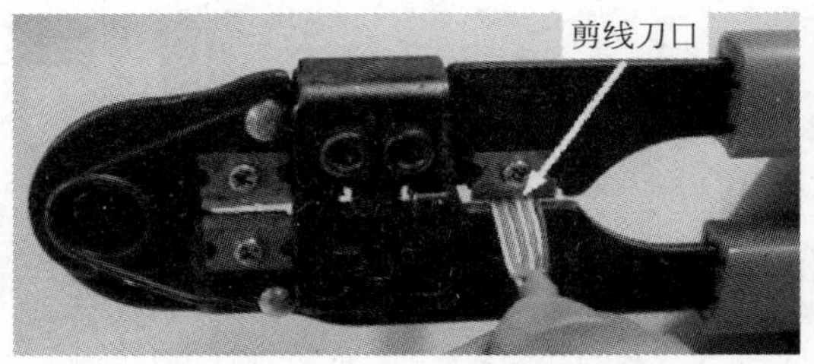

图2.10 剪线

3. 压线

（1）将双绞线的每一根线依序插入RJ-45水晶头的引脚内，第一只引脚内应该放橙白色的线，其余类推，如图2.11所示。

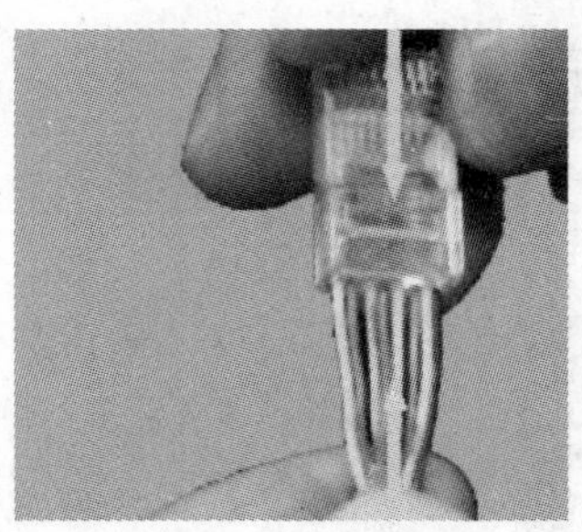

图2.11 将线插入水晶头

（2）确定双绞线的每根线已经放置正确，并确定每根线进入到水晶头的底部位置，然后使用压线钳的压线槽压紧RJ-45水晶头，如图2.12所示。

注意：需用力压线，使水晶头里的 8 块小铜片压下去，并且使得小铜片的尖角刺破导线外皮而接触到铜芯。

图 2.12　压线

4. 测试连通性

(1) 使用测试仪测试连通性。

(2) 利用制作好的网线，进行双机互连，并设置各自 TCP/IP 属性，使用 ping 命令检测是否连通，将结果填入表 2.4，并简要分析原因。

表 2.4　双机互连检测结果

计算机	设置 IP 与子网掩码	直通线(ping)	交叉线(ping)
A			
B			

2.5　练习与思考

1. 选择题

(1) 当两台交换机级联时，如果下级交换机有 Uplink 口，则可用(　　)连接到该端口上。

A. 一端使用 568A 标准而另一端使用 568B 标准制作的双绞线

B. 使用交叉的双绞线(1、2 和 3、6 对调)

C. 使用交叉的双绞线(3、5 对调)

D. 直连线

(2) 下列关于各种无屏蔽双绞线(UTP)的描述中，正确的是(　　)。

A. 3 类双绞线中包含 3 对导线

B. 5 类双绞线的特性阻抗为 500Ω

C. 超 5 类双绞线的带宽可以达到 100MHz

D. 6 类双绞线与 RJ-45 接头不兼容

(3) EIA/TIA 568B 标准的 RJ-45 接口线序如下图所示，3、4、5、6 四个引脚的颜色分别为(　　)。

A. 白绿、蓝色、白蓝、绿色

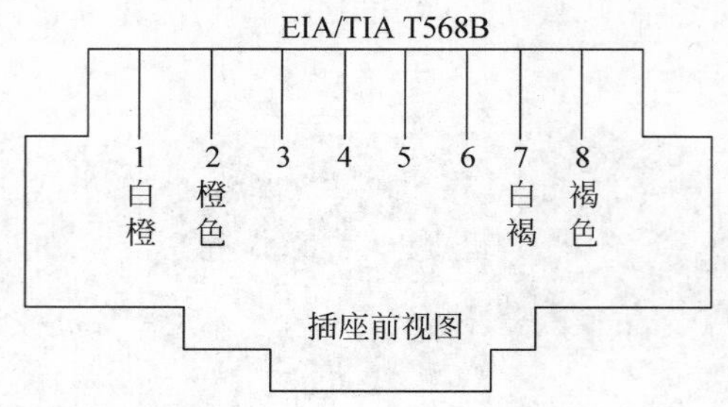

B. 蓝色、白蓝、绿色、白绿

C. 白蓝、白绿、蓝色、绿色

D. 蓝色、绿色、白蓝、白绿

(4) 下列关于双绞线的叙述,不正确的是(　　)

A. 既可以传输模拟信号,也可以传输数字信号

B. 安装方便,价格较低

C. 不易受外部干扰,误码率较低

D. 通常只用作建筑物内局域网的通行介质

2. 思考与讨论题

(1) 请进行市场调研,并查阅资料,总结如何鉴别双绞线的优劣?

(2) 在 10Base-T 和 10Base-TX 网络中,其连接导线只需要两对:一对用于发送,另一对用于接收。但现在的标准时使用 RJ-45 水晶头,有 8 根针脚,一共可连接 4 对线。这是否有些浪费?是否可以不使用 RJ-45 而使用 RJ-11?

(3) EIA/TIA 的布线标准规定了双绞线的线序 568A 和 568B,如表 2.5 所示。

表 2.5　双绞线的线序

8 芯导线	1	2	3	4	5	6	7	8
EIA/TIA-568A 标准	绿白	绿	橙白	蓝	蓝白	橙	棕白	棕
EIA/TIA-568B 标准	橙白	橙	绿白	蓝	蓝白	绿	棕白	棕

请问,为什么需要规定双绞线的线序?不按规定做线是否可行?

(4) 双绞线中将每 2 根导线绞合在一起,且导线绞合在一起的绞合长度也是有严格规定。请查阅相关资料,完成如下问题:

① 导线绞合在一起的原因是什么?

② 3 类线和 5 类线的绞合长度分别是多少?

(5) 请查阅和分析资料,并进行实验验证,完成下表 UTP 类型的选择。

设 备 连 接		UTP 线类型 (直通线或交叉线)
设备 A	设备 B	
PC	PC	
PC	HUB(集线器)	
HUB 普通端口	HUB 普通端口	
HUB 级联端口	HUB 普通端口	

续表

设备连接		UTP线类型（直通线或交叉线）
设备A	设备B	
HUB级联端口	SWITCH(交换机)	
HUB普通端口	SWITCH	
SWITCH	SWITCH	
SWITCH	ROUTER(路由器)	
ROUTER	ROUTER	
PC	ROUTER	

实训 3　以太网帧格式的构成

3.1 实验目的

1. 熟悉以太网的报文格式；
2. 掌握 MAC 地址的作用；
3. 掌握 WireShark 抓包工具的应用。

3.2 实验要求

1. 环境要求：Windows XP 系统，需安装 WireShark 抓包工具；
2. 每人需单独利用抓包软件 WireShark 抓取以太网帧，并分析帧的报文头。

3.3 实验预备知识

1. WireShark 抓包工具简介

WireShark 是一款抓包软件，比较易用，在平常可以利用它抓包，分析协议或者监控网络，是一个比较好的工具。下面简单介绍一下该工具的使用方法，详细介绍请参考本书的附录 D。

(1) WireShark 启动界面如图 3.1 所示。

(2) 抓包主界面如图 3.2 所示。

(3) WireShark 主窗口介绍。

菜单栏：用于开始操作。

主工具栏：提供快速访问菜单中经常用到的项目功能。

Filter toolbar/过滤工具栏：提供处理当前显示过滤的方法。

Packet List 面板：显示打开文件的每个包的摘要。单击面板中的单独条目，包的其他情况将会显示在另外两个面板中。

Packet detail 面板：显示在 Packet list 面板中选择包的更多详情。

Packet bytes 面板：显示在 Packet list 面板选择包的数据，以及在 Packet details 面板高亮显示的字段。

状态栏：显示当前程序状态以及捕捉数据的更多详情。

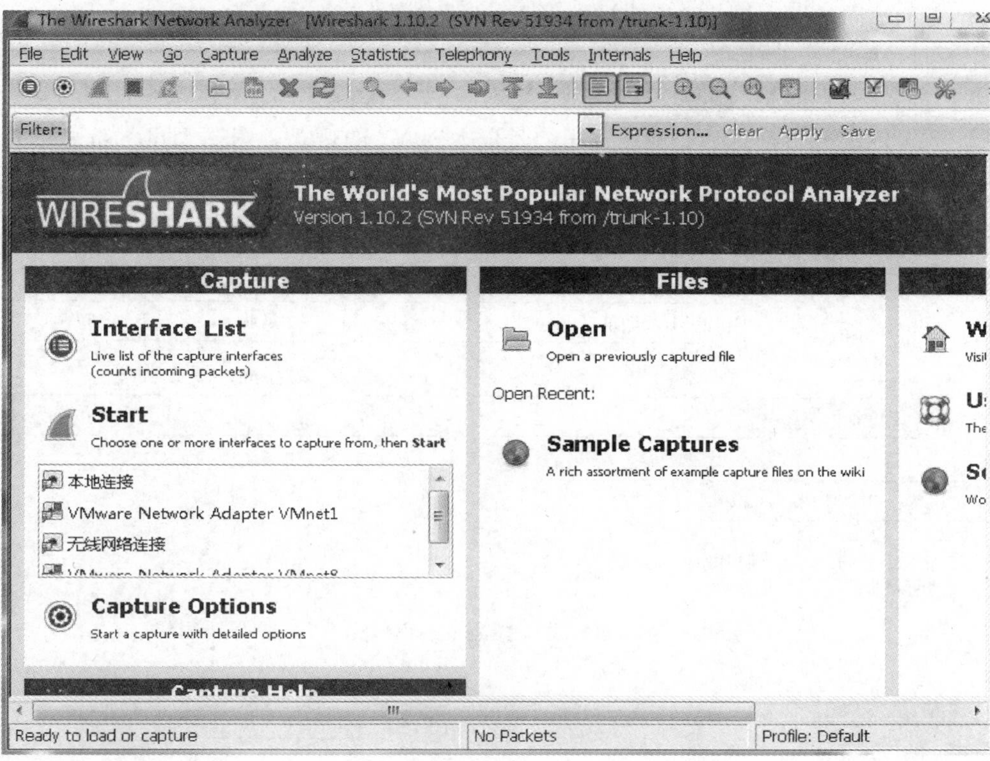

图 3.1　WireShark 启动界面

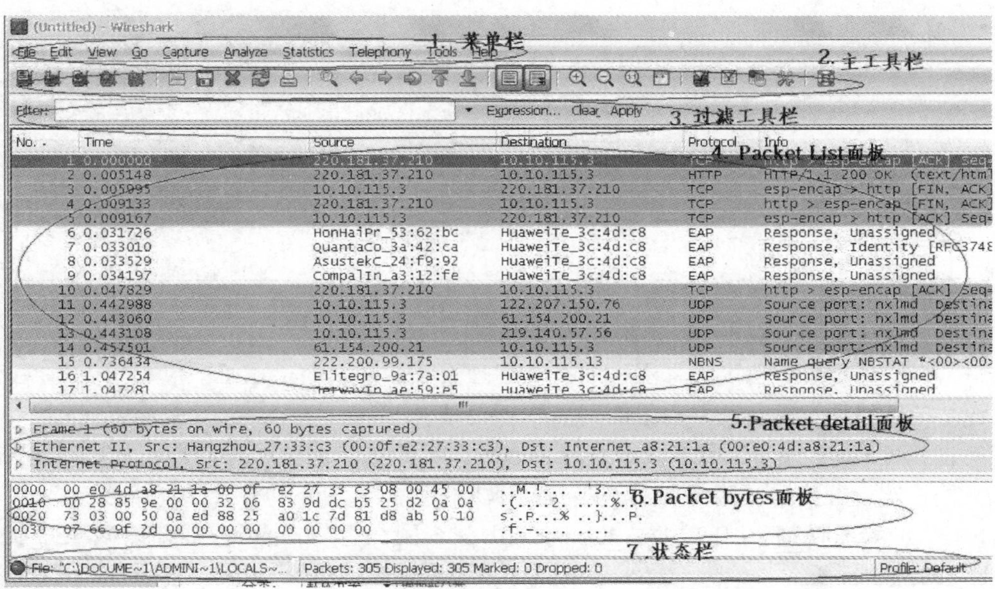

图 3.2　抓包主界面

2. 两种不同的以太网 MAC 帧格式

(1) 两种帧格式的标准

常用的以太网 MAC 帧格式有两种标准，一种是 DIX Ethernet V2 标准；另一种是 IEEE 802.3 标准。目前 MAC 帧最常用的是以太网 V2 的格式。图 3.3 和图 3.4 给出了两种不同的 MAC 帧格式。

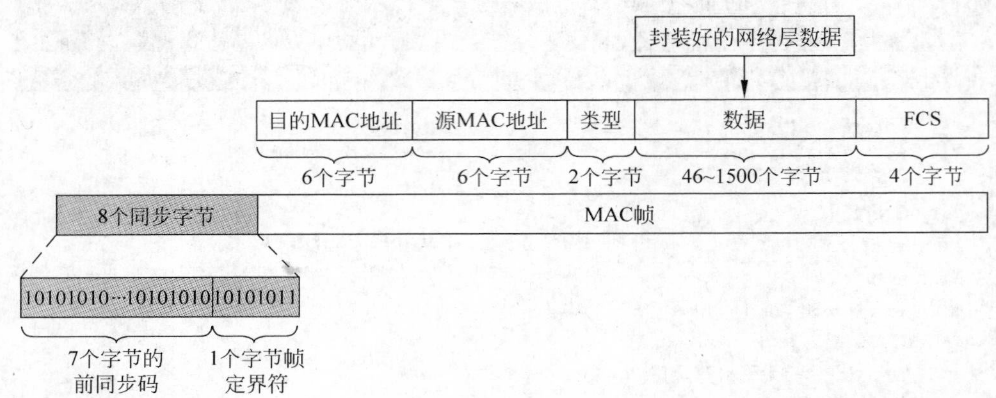

图 3.3　DIX Ethernet II 帧格式

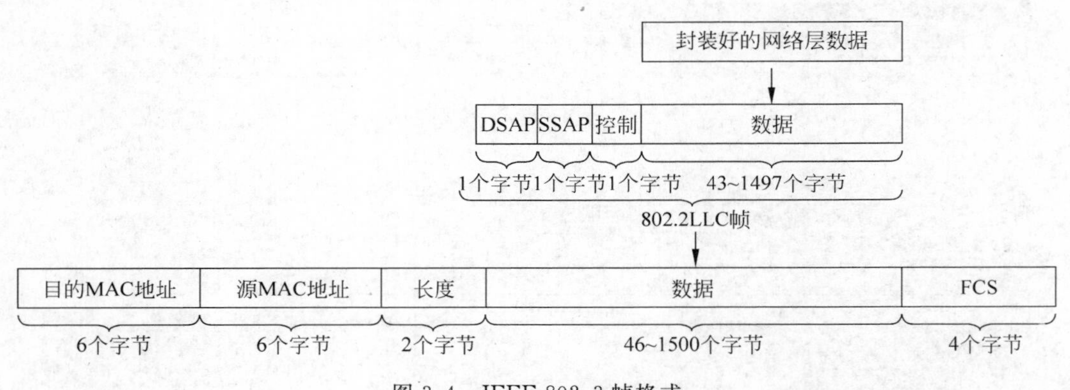

图 3.4　IEEE 802.3 帧格式

(2) 两种 MAC 帧格式标准的区别

图 3.3 中 DIX Ethernet II 帧格式的各个字段含义如下。

目的 MAC 地址：是接收方主机的网卡物理地址。

源 MAC 地址：是发送方主机的网卡物理地址。

类型：两个字节长度，用于指出被封装的数据字段是上层的哪种数据包。

数据：就是由数据链路层的上一层所交下来的数据。

FCS：帧检验序列，用于接收方检测收到的整个帧是否出错，用一种称为循环冗余校验码 CRC 的技术实现。

图 3.4 中 IEEE 802.3 帧格式与图 3.3 唯一不同在于 IEEE 802.3 帧将 Ethernet II 帧的类型字段改成了长度字段，即指出该帧数据字段的长度。

3. MAC层的硬件地址

在局域网中，硬件地址又称物理地址或MAC地址，它是数据帧在MAC层传输的一个非常重要的标识符。

网卡从网络上收到一个MAC帧后，首先检查其MAC地址，如果是发往本站的帧就收下；

否则就将此帧丢弃。这里“发往本站的帧”包括以下三种帧：

(1) 单播(Unicast)帧(一对一)，即一个站点发送给另一个站点的帧。

(2) 广播(Broadcast)帧(一对全体)，即发送给所有站点的帧(全1地址)。

(3) 多播(Multicast)帧(一对多)，即发送给一部分站点的帧。

3.4 实验内容与步骤

1. 安装WireShark抓包软件

(1) 打开安装程序WireShark-win32-1.10.2.exe，启动安装界面，如图3.5所示。

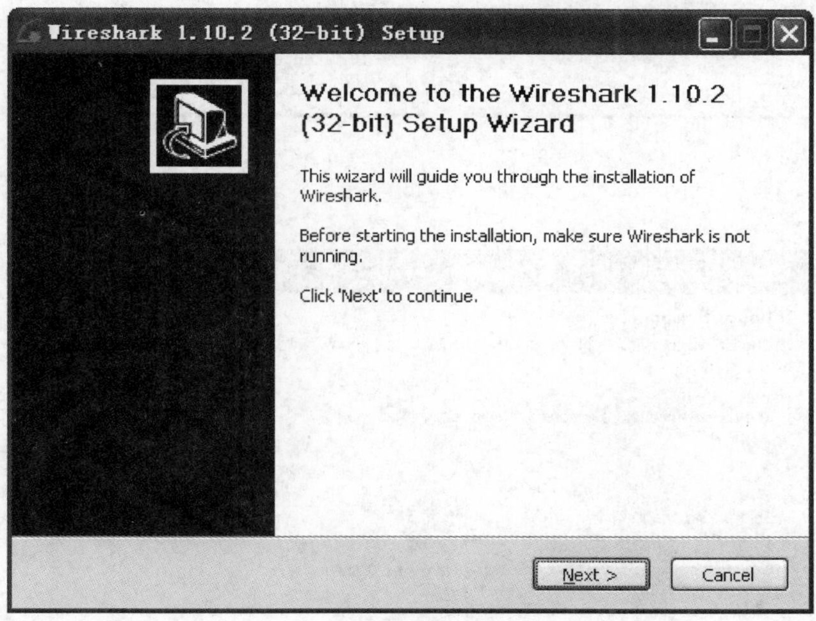

图3.5 WireShark安装界面

(2) 单击图3.5中Next的按钮，进入License Agreement界面，如图3.6所示。

(3) 单击图3.6中I Agree按钮，进入Choose Components界面，如图3.7所示。

(4) 选中图3.7中所有选项，单击Next按钮，进入Choose Install Location界面，如图3.8所示。以默认路径安装，再次单击Next按钮，进入Select Additional Tasks界面，如图3.9所示。

(5) 单击图3.9中Next按钮，进入Install WinPcap界面，如图3.10所示。选中Install WinPcap 4.1.3选项，单击Install按钮，进入Installing界面，如图3.11所示。

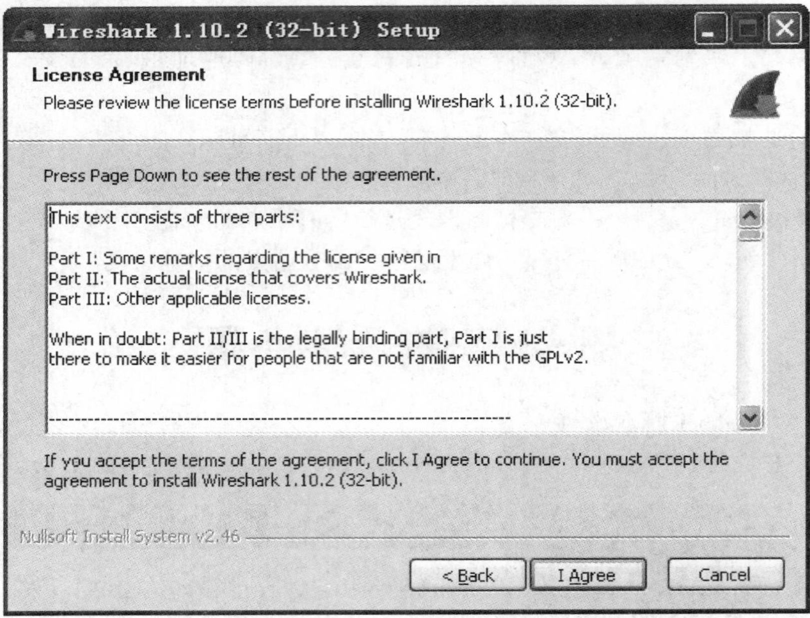

图 3.6　License Agreement 界面

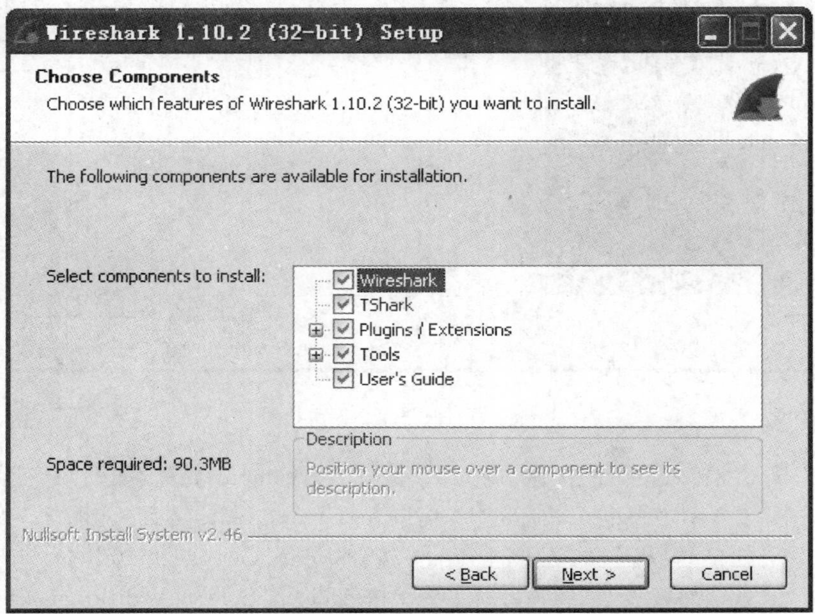

图 3.7　Choose Components 界面

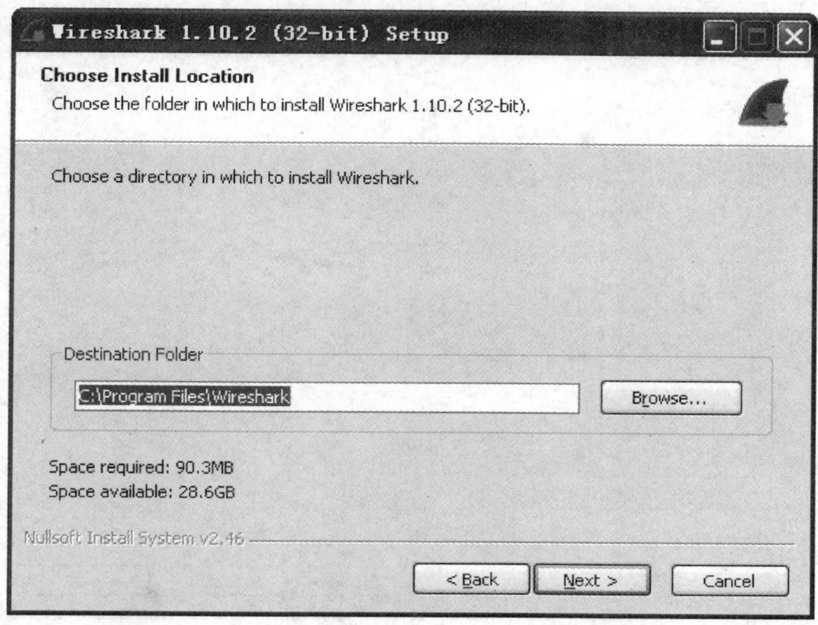

图 3.8　Choose Install Location 界面

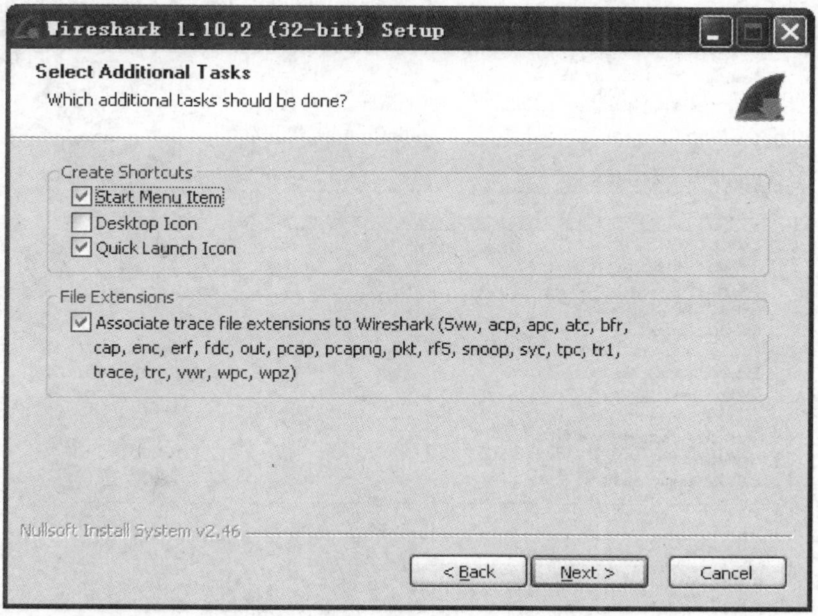

Wireshark 1.10.2 (32-bit) Setup

Select Additional Tasks

Which additional tasks should be done?

Create Shortcuts

- [x] Start Menu Item
- [ ] Desktop Icon
- [x] Quick Launch Icon

File Extensions

- [x] Associate trace file extensions to Wireshark (5vw, acp, apc, atc, bfr, cap, enc, erf, fdc, out, pcap, pcapng, pkt, rf5, snoop, syc, tpc, tr1, trace, trc, vwr, wpc, wpz)

Nullsoft Install System v2.46

< Back　Next >　Cancel

图 3.9　Select Additional Tasks 界面

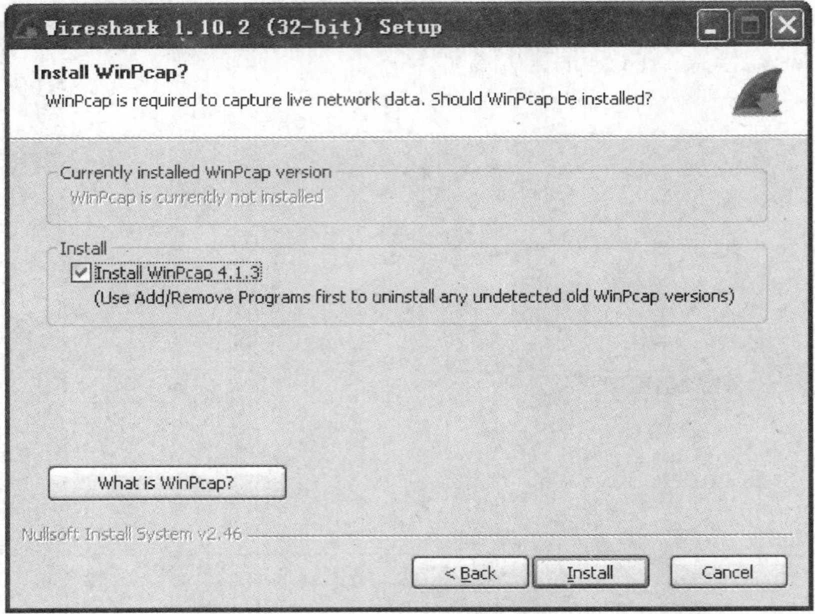

图 3.10　Install WinPcap 界面

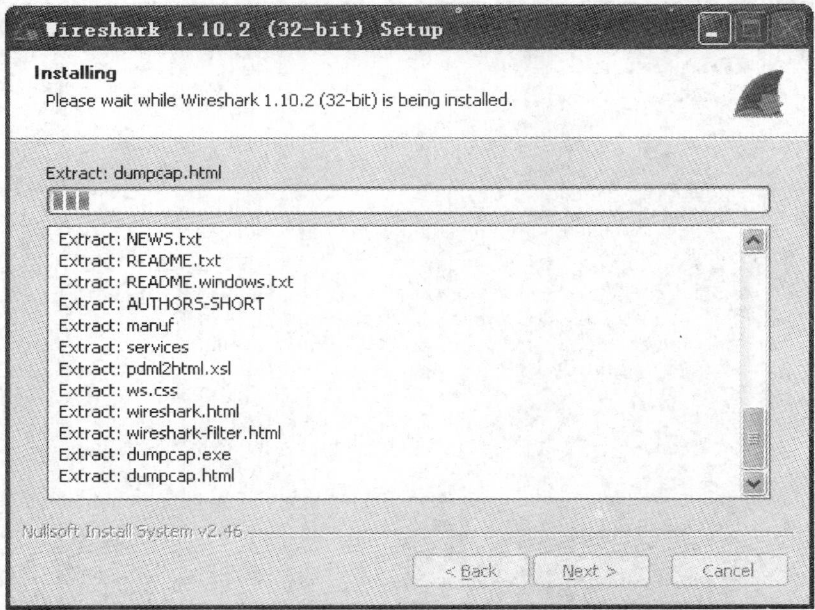

图 3.11　Installing 界面

(6) 安装 WireShark 完成后，单击 Next 按钮，进入 WinPcap 安装界面，如图 3.12 所示。单击 Next 按钮，进入 Installation options 界面，如图 3.13 所示。

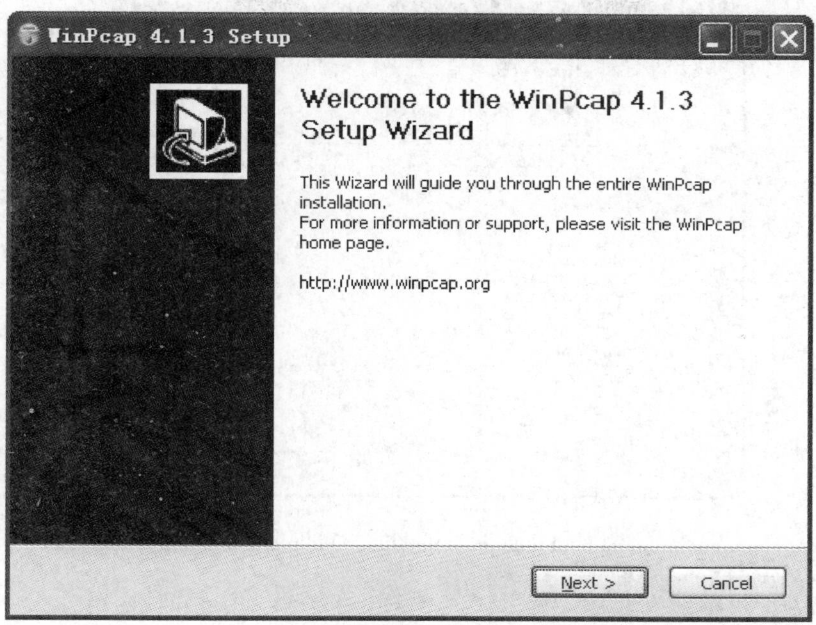

图 3.12　WinPcap 安装界面

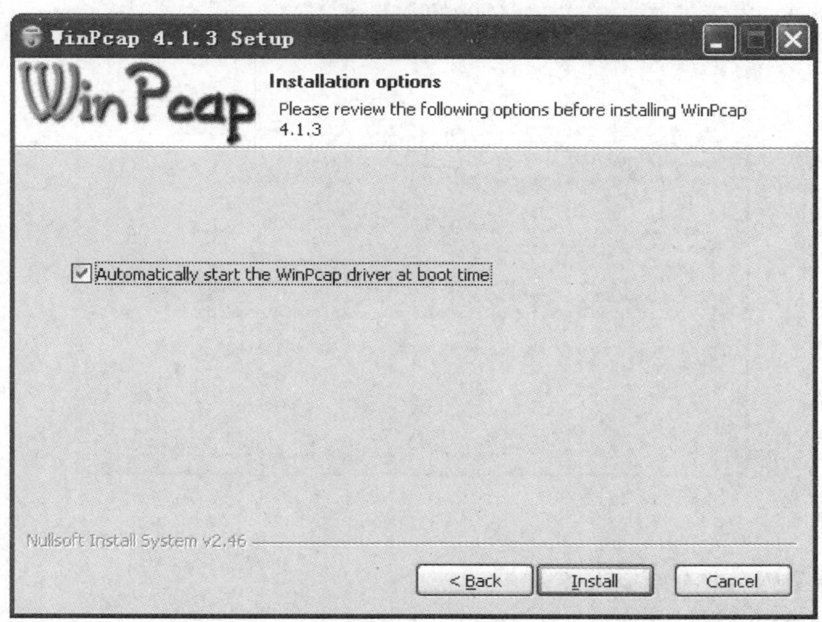

图 3.13　Installation options 界面

(7) 选择 Automatically start the WinPcap driver at boot time 选项，单击 Install 按钮，进入 Installation Complete 界面，如图 3.14 所示，完成 WinPcap 安装。

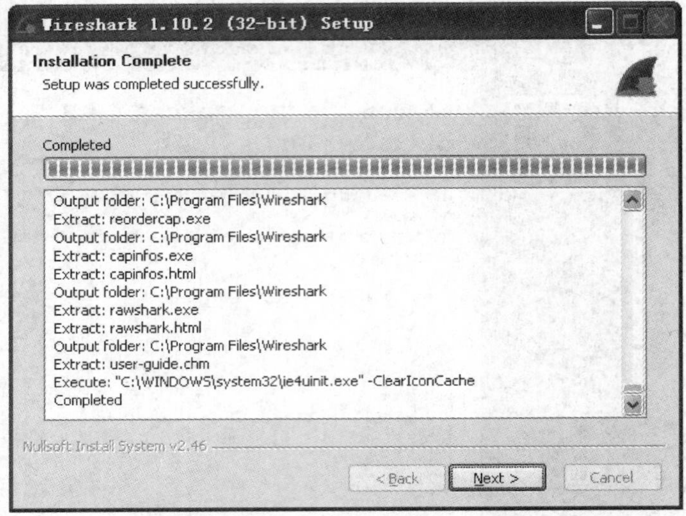

图 3.14　Installation Complete 界面

(8) 单击图 3.14 中 Next 按钮，进入 License Agreement 界面，如图 3.15 所示，单击 I Agree 按钮，进入安装完成界面如图 3.16 所示。

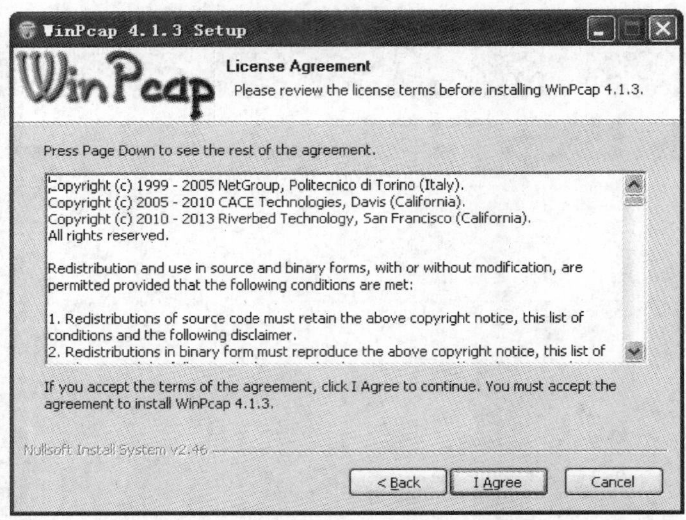

图 3.15　License Agreement 界面

2. 抓取数据包并分析以太帧

(1) 打开抓包软件 WireShark，在主工具栏中单击 按钮开始。

(2) 利用过滤工具栏，输入过滤条件，例如输入 IP 地址 192.168,134.11，然后单击 Apply 按钮，就可得到需要的数据包，如图 3.17 和图 3.18 所示。

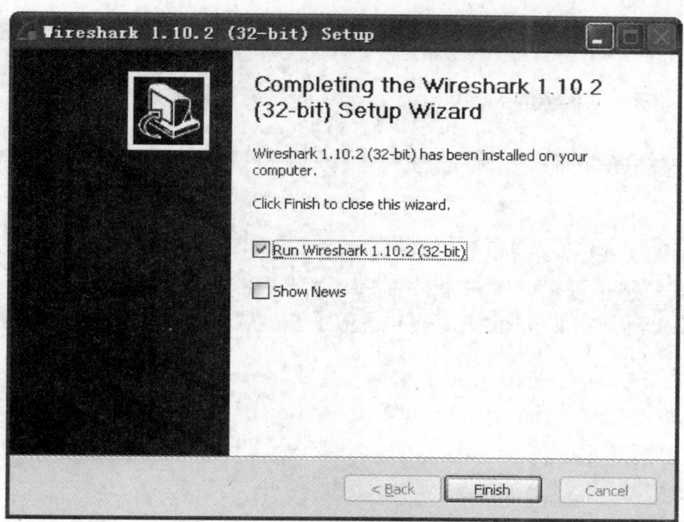

图 3.16　安装完成界面

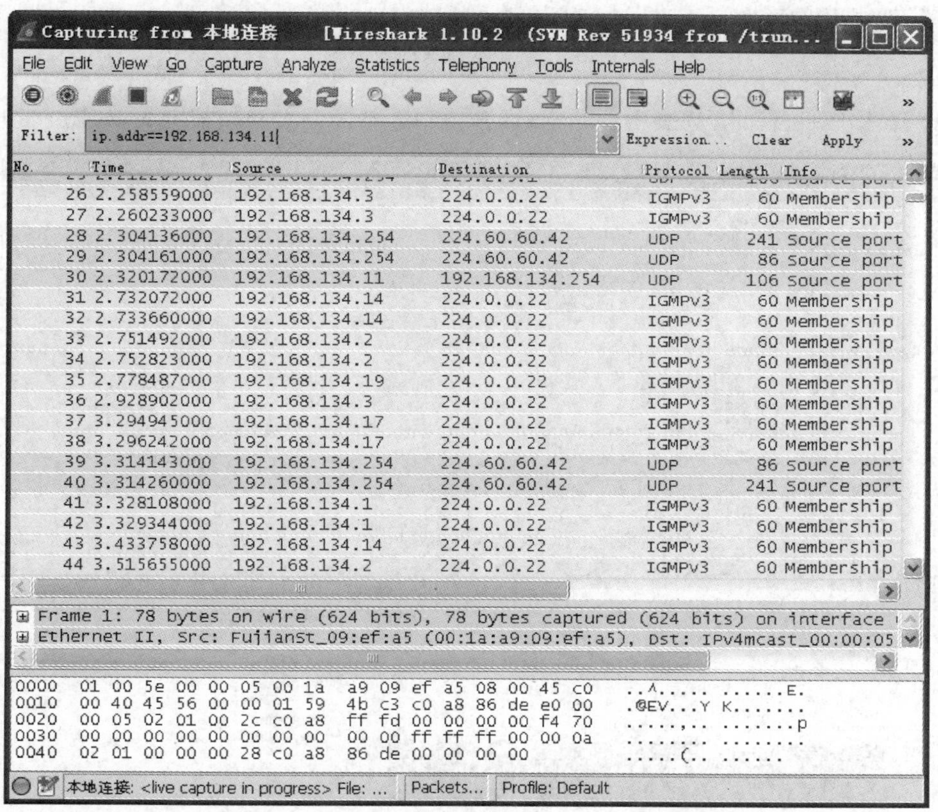

图 3.17　输入 IP 地址

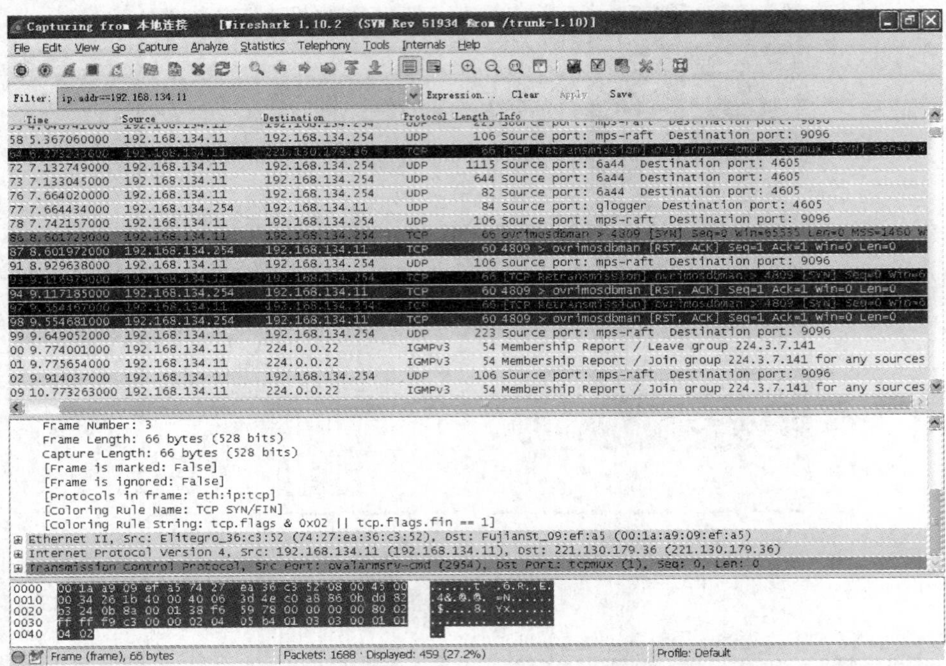

图 3.18　显示抓取的数据包

(3) 单击 Packet List 列表中的一项，展开得到详细的以太网帧报文头，如图 3.19 所示。

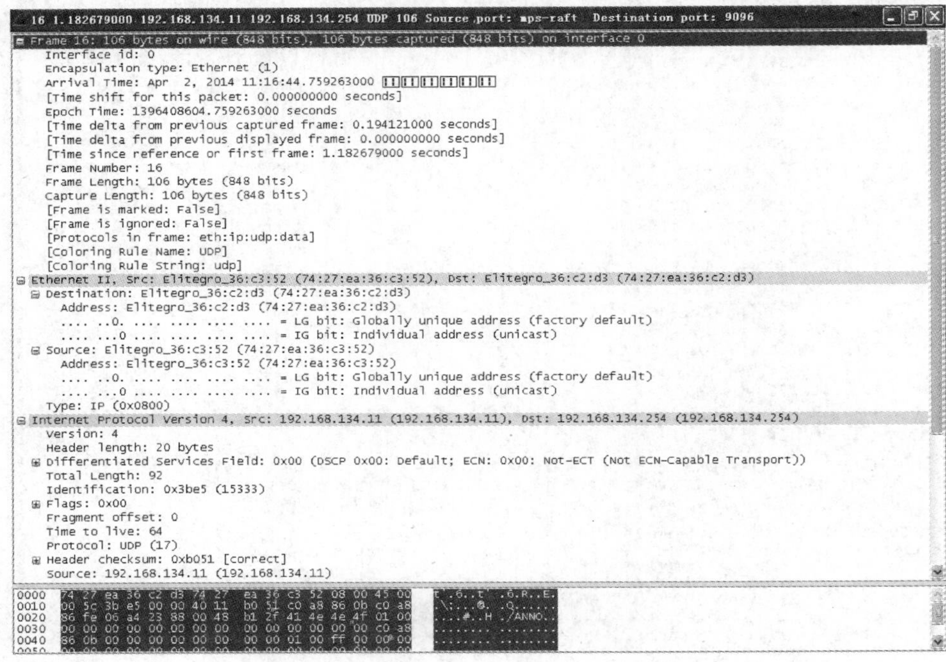

图 3.19　详细报文

3. 验证结果

通过 cmd 命令进入命令行，输入命令 ipconfig/all，得到如图 3.20 所示结果。通过对比，WireShark 抓包软件得到的数据包参数列表和进入命令行的参数列表是相同的，验证了实验的正确性。

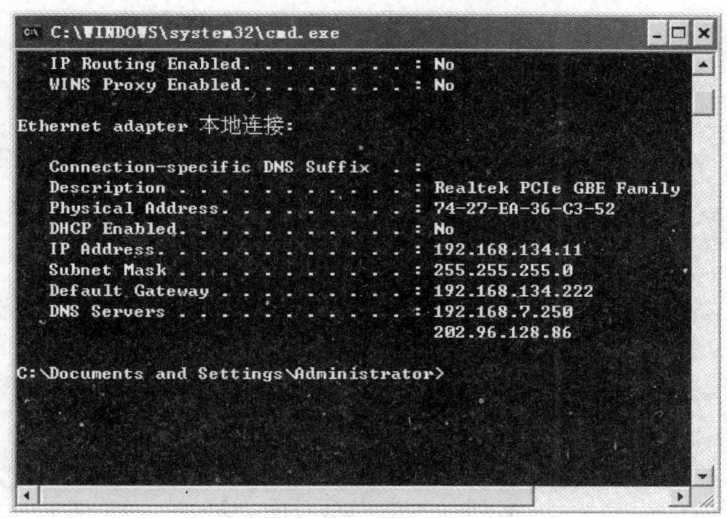

图 3.20 ipconfig 运行结果

3.5 练习与思考

1. 选择题

(1) 由于帧中继可以使用链路层来实现复用和转接，所以帧中继网中间节点中只有(   )。

A. 物理层和链路层　　B. 链路层和网络层

C. 物理层和网络层　　D. 网络层和运输层

(2) 网络接口卡(NIC)位于 OSI 模型的(   )。

A. 数据链路层　　B. 物理层　　C. 传输层　　D. 网络层

(3) 数据链路层可以通过(   )标识不同的主机。

A. 物理地址　　B. 端口号　　C. IP 地址　　D. 逻辑地址

(4) HDLC 协议的成帧方法使用(   )。

A. 计数法　　B. 字符填充法

C. 位填充法　　D. 物理编码违例法

(5) 交换机和网桥属于 OSI 模型的(   )?

A. 数据链路层　　B. 传输层　　C. 网络层　　D. 会话层

2. 思考与讨论题

(1) 网络适配器的作用是什么?

(2) 什么是物理地址? 一台主机的物理位置改变了，它的物理地址有没有改变?

(3) 请给出以太网帧数据的最小长度和最大长度，并说明原因?

实训 4　简单以太网的组建

4.1　实验目的

1. 掌握共享式以太网、交换式以太网的特点和区别；
2. 掌握直通线和交叉线的使用；
3. 掌握使用交换机组建简单以太网；
4. 熟悉网络连通性测试，了解网络拓扑结构。

4.2　实验要求

1. 两人一组，合作完成；
2. 记录实验数据，填写实验表格，分析实验结果；
3. 利用计算机、交换机、直通线、交叉线、简易电缆测试器等。

4.3　实验预备知识

1. 共享式以太网

使用集线器组建的以太网，物理上为星型结构而逻辑上为总线型结构，以共享传输介质为最大特点。从图 4.1 可看出共享式以太网的特点是共享同一带宽，不允许同时发送信息。

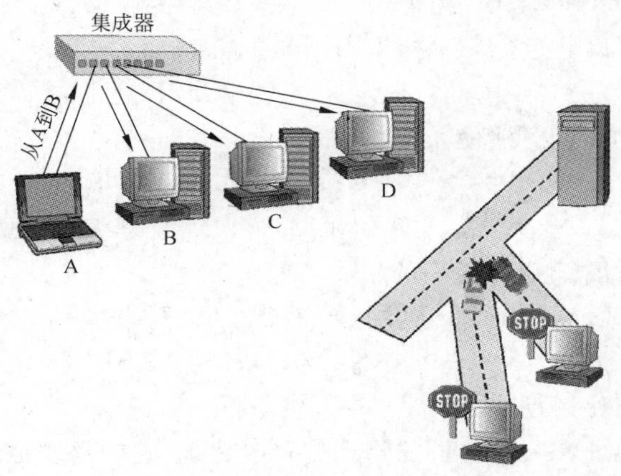

图 4.1　共享式以太网

总线型以太网的中继规则需满足“5-4-3-2-1”规则。

“5”：整个总线型以太网络最多可以有5个网段。

“4”：既然最多只能有5个网段，那么以太网络中最多也就只有4个中继器。

“3”：5个网段中，最多只能有3个网段可以连接主机。

“2”：5个网段中，剩下两个网段不能连主机，只能用作线路距离扩展之用。

“1”：用中继器连接的各网段逻辑上还是一个总线型以太网络（即还是一个冲突域），只不过规模扩大。

2. 交换式以太网

1）概述

交换式以太网是用交换机连接的以太网。图4.2显示了共享式以太网和交换式以太网的区别。

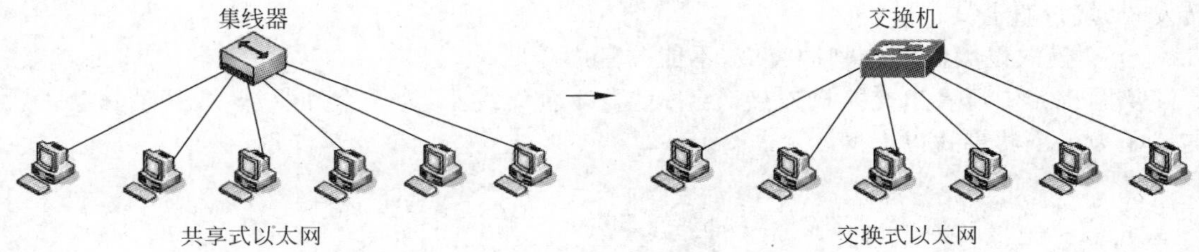

图4.2 共享式以太网与交换式以太网的区别

从图4.2中可以看出，交换式以太网用交换机替换了共享式以太网的集线器。

从图4.3中可看出交换式以太网为独享带宽，每个端口可同时发送和接收数据。

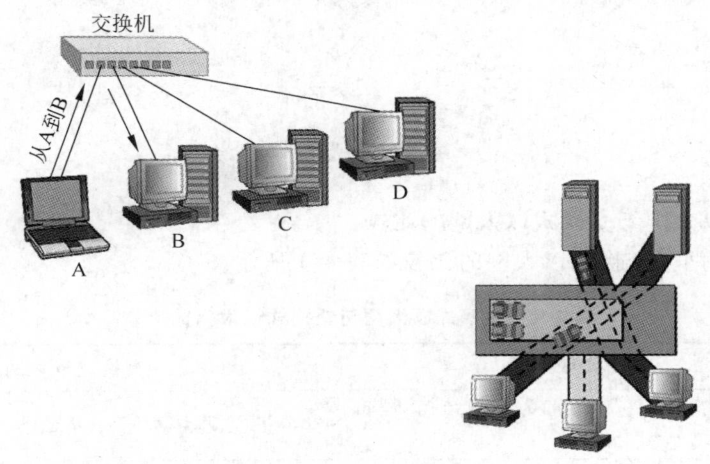

图4.3 交换式以太网

2）交换式以太网的三种数据转发方式

（1）存储转发

交换机先将整个数据帧收下，检错之后再根据MAC地址转发。

特点：可靠性好，节省网络线路带宽，因为能有差错检查，所以不会转发无用的帧。如果转发了无用帧，到了接收方经过检查发现有错还是会被丢弃，这样反而浪费线路带宽。传输时延较大，因为交换机检测到第一个信号，不立即转发，而是先将整个帧收下来然后再花时间进行差错校验，所以肯定花去一定的时间，这样，从发送方主机到接收方主机的传输时延势必也加大了。

(2) 直通式转发

交换机不等整个帧接收完，一旦接收到 MAC 地址后就转发。

特点：可靠性差，网络带宽浪费较多。传输时延小。

(3) 无碎片直通式转发

交换机等接收到数据帧的前 64B 后就根据 MAC 地址转发。

特点：线路带宽浪费相对直通式转发要少很多，但比存储转发要多，显然，无碎片直通式不会再转发残帧（即碎片），因为它必须先接收 64B，而残帧都不到 64B。但是由于仍然没有接收完全部帧即转发，因此也无法校验差错，还是可能会转发错误帧。传输时延小于存储转发式，接近直通式。

3) 交换式以太网能分割冲突域，不能分割广播域。

从图 4.4 中可看出交换机连接 3 台 PC 及 1 台集线器，为 3 个冲突域，集线器连接的冲突域 4 为 1 个共享式以太网。

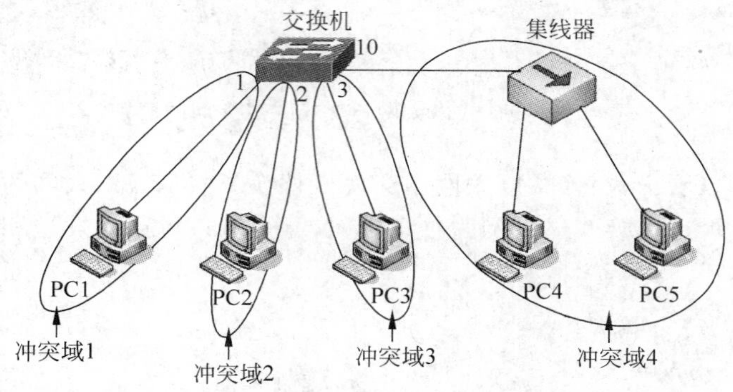

图 4.4　交换式以太网分割冲突域

3. 共享式以太网与交换式以太网的比较

共享式以太网与交换式以太网的比较如表 4.1 所示。

表 4.1　共享式以太网与交换式以太网的比较

	共享式以太网	交换式以太网
拓扑结构	集线器（物理层）；物理上为星型结构，逻辑上为总线型结构	交换机（数据链路层）；星型结构
带宽	所有用户共享一条带宽，如集线器的带宽是 10MB，连接了 10 个设备，平均每个设备就是 1MB	每个用户独占一条带宽，如一个 10MB 的交换机，不论连接多少用户，每个用户的带宽都是 10MB
发送方式	某一时刻只能有一个用户发送数据，且数据向各个用户广播，其他用户通常处于监测等待状态	多个用户可以在同一时刻发送数据，互不影响（交换机在初始状态时向各个端口广播数据，在正常工作状态只向目标端口转发数据）
广播域冲突域	所有用户同处在 1 个广播域和 1 个冲突域中	所有用户同处在 1 个广播域，但每个用户独处 1 个冲突域中

4. 本实验涉及的实验原理

(1) 两台计算机通过交叉 UTP 网线可以实现双机通信。

(2) 通过直通 UTP 网线将两台计算机和单一交换机连接组建简单以太网,可以实现计算机之间通信。

(3) 通过 UTP 网线(直通线、交叉线)将 4 台计算机和多交换机连接(级联)组建简单以太网,可以实现将计算机之间通信。

5. 交换机级联方式

(1) 直通线级联:直通线的一端连接交换机的普通端口,另一端连接另一交换机的 Uplink 端口。

(2) 交叉线级联:交叉线的两端连在两台交换机的普通端口上。

4.4 实验内容与步骤

1. 选择并检测所需实验器材

将所需的实验器材填写在表 4.2 中。

表 4.2 实验器材的选择与检测

实验器材名称	数 量	检测结果

2. 使用交叉 UTP 网线实现双机通信

(1) 按照图 4.5 所示结构,分别用直通线和交叉线将两台计算机直接连接。

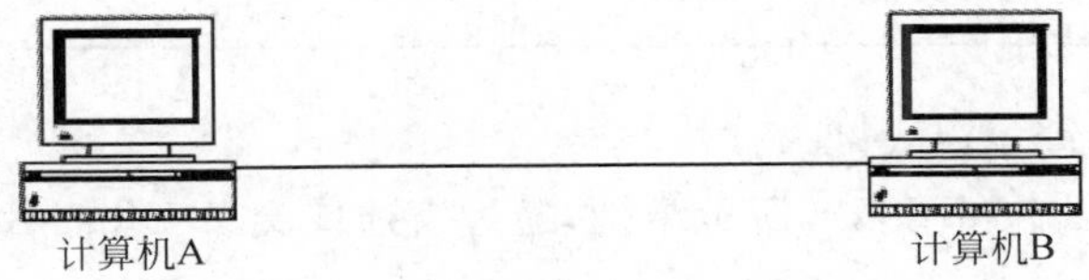

图 4.5 两台计算机通过网线直接连接

(2) 为两台计算机设置 TCP/IP 属性值。

(3) 使用 ping 命令测试两台计算机的连通性。

（4）将结果填写在表 4.3 中。

表 4.3　两台计算机通过直通线和交叉线直接连接的实验记录

		计算机 A	计算机 B
IP 地址			
子网掩码			
ping 命令的执行结果	直通线		
	交叉线		
结论分析			

3. 单一交换机组建简单以太网

（1）按照图 4.6 所示结构，通过直通 UTP 网线将两台计算机和交换机连接。

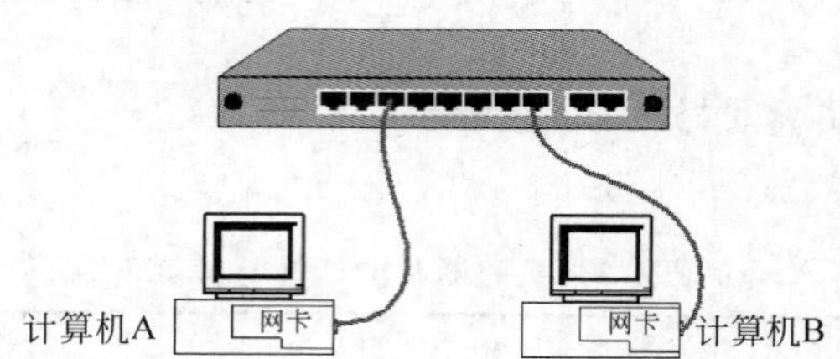

图 4.6　使用直通线将两台计算机和交换机连接

（2）为两台计算机设置 TCP/IP 属性参数（分别使用两组不同的 TCP/IP 属性参数）。

（3）使用 ping 命令测试两台计算机的连通性。

（4）将结果填写在表 4.4 中。

表 4.4　两台计算机和单一交换机连接的实验记录

		第 1 组 TCP/IP 属性参数		第 2 组 TCP/IP 属性参数	
		计算机 A	计算机 B	计算机 A	计算机 B
IP 地址					
子网掩码					
ping 命令的执行结果	A→B				
	B→A				
结论分析					

4. 多交换机组建简单以太网

（1）分别按照图 4.7 和图 4.8 所示结构，通过直通或交叉 UTP 网线将 4 台计算机和两台交换机连接。

（2）为 4 台计算机设置 TCP/IP 属性值属性参数（分别使用两组不同的 TCP/IP 属性参数）。

（3）使用 ping 命令测试 4 台计算机的连通性。

(4) 将结果填写在表 4.5～表 4.7 中。

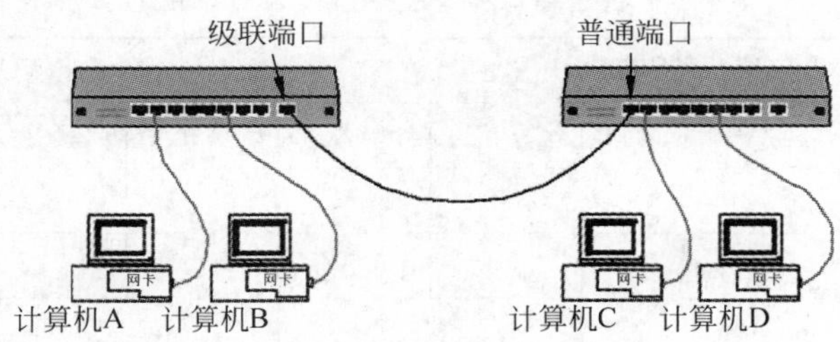

图 4.7　Uplink 端口-普通端口级联

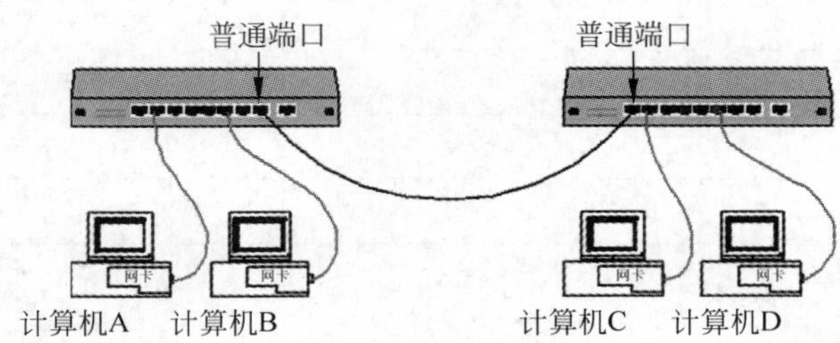

图 4.8　普通端口-普通端口级联

表 4.5　以太网传输介质实验记录

设　备	使用的 UTP 类型(直通 & 交叉)
PC-Switch(交换机)	
交换机间 Uplink 端口——普通端口	
交换机间普通端口——普通端口	

表 4.6　Uplink 端口和普通端口级联的实验记录

		第 1 组 TCP/IP 属性参数				第 2 组 TCP/IP 属性参数			
		计算机 A	计算机 B	计算机 C	计算机 D	计算机 A	计算机 B	计算机 C	计算机 D
IP 地址									
子网掩码									
ping 命令的执行结果	A→B								
	A→C								
	A→D								
	B→C								
	B→D								
	C→D								
结论分析									

表 4.7 普通端口和普通端口级联的实验记录

		第 1 组 TCP/IP 属性参数				第 2 组 TCP/IP 属性参数			
		计算机 A	计算机 B	计算机 C	计算机 D	计算机 A	计算机 B	计算机 C	计算机 D
IP 地址									
子网掩码									
ping 命令的执行结果	A→B								
	A→C								
	A→D								
	B→C								
	B→D								
	C→D								
结论分析									

4.5 练习与思考题

1. 请查阅技术资料,完成下列选择题

(1) 在以太网中,集线器的级联(　　)。

A. 必须使用直通 UTP 电缆　　B. 必须使用交叉 UTP 电缆

C. 必须使用同一种速率的集线器　　D. 可以使用不同速率的集线器

(2) 下列哪种说法是正确的(　　)。

A. 集线器可以对接收到的信号进行放大　　B. 集线器具有信息过滤功能

C. 集线器具有路径检测功能　　D. 集线器具有交换功能

(3) 正确描述 100Base-TX 特性的是(　　)。

A. 传输介质为阻抗 100Ω 的 5 类 UTP,介质访问控制方式为 CSMA/CD,每段电缆的长度限制为 100m,数据传输率为 100Mbps

B. 传输介质为阻抗 100Ω 的 3 类 UTP,介质访问控制方式为 CSMA/CD,每段电缆的长度限制为 185m,数据传输率为 100Mbps

C. 传输介质为阻抗 100Ω 的 3 类 UTP,介质访问控制方式为 TokenRing,每段电缆的长度限制为 185m,数据传输率为 100Mbps

D. 传输介质为阻抗 100Ω 的 5 类 UTP,介质访问控制方式为 TokenRing,每段电缆的长度限制为 100m,数据传输率为 100Mbps

(4) 1000Base-LX 使用的传输介质是(　　)。

A. UTP　　B. STP　　C. 同轴电缆　　D. 光纤

(5) 组建局域网可以用集线器,也可以用交换机。用集线器连接的一组工作站(　　),

用交换机连接的一组工作站(　　)。

A. 同属一个冲突域,但不属一个广播域

B. 同属一个冲突域,也同属一个广播域

C. 不属一个冲突域,但同属一个广播域

D. 不属一个冲突域,也不属一个广播域

2. 思考与讨论

(1) 请比较共享式以太网和交换式以太网,说明两种以太网的异同点。

(2) 请查阅相关技术资料,说明什么是冲突域,什么是广播域?

(3) 在以太网中发生了冲突和碰撞是否说明这时出现了某种故障?

(4) 如果将已有的10Mbps以太网升级到100Mbps,试问原来使用的连接导线是否还能继续使用?

(5) 使用5类线的10Base-T以太网的最大传输距离是100m,但听到有人说,他使用10Base-T以太网传送数据的距离达到180m,这可能吗?

(6) 以太网的覆盖范围受限的一个原因是:如果站点之间的距离太大,那么由于信号传输时会衰减得很多,因而无法对信号进行可靠的接收。试问:如果设法提高发送信号的功率,那么是否就可以提高以太网的通信距离?

(7) 如果某人家有3台计算机,需要共享上网,是否需要使用集线器或者交换机?如果需要,请问你会选择集线器,还是选择交换机?如何连接?

实训 5　交换机的配置与应用

5.1　实验目的

1. 理解交换机的基本功能；
2. 掌握交换机基本参数的配置方法；
3. 掌握思科模拟器软件 Packet Tracer 5.0 的安装使用。

5.2　实验要求

1. 设备要求：计算机至少一台(安装 Windows 2000/XP/2003 操作系统,装有网卡),二层交换机一台,直连 UTP 线一根,Console 电缆一根,思科模拟器软件 Packet Tracer 5.0；
2. 每组一人,单独完成。

5.3　实验预备知识

1. 交换机的基本操作

交换机的基本操作主要包括硬件连接和基本参数的配置。从外形上看,交换机与集线器非常相似,如图 5.1 所示,但二者在工作原理上完全不同：前者工作在物理层、各端口共享总线,在物理拓扑上看似星型网,但在工作原理上属于总线型；而后者却需要相关配置才能发挥应有的作用,例如地址学习、数据帧过滤和按生成树传递。

图 5.1　交换机外观

对以太网交换机进行配置可以有多种方法,其中使用终端控制台查看和修改交换机的配置是最基本、最常用的一种。根据以太网交换机的不同,配置方法和配置命令也有很大差异。Cisco 2924 以太网交换机带有 24 个端口,并具有 10/100M 自适应功能。下面,以 Cisco 2924 以太网交换机组成的如图 5.2 所示的局域网为例,介绍其简单的配置方法。

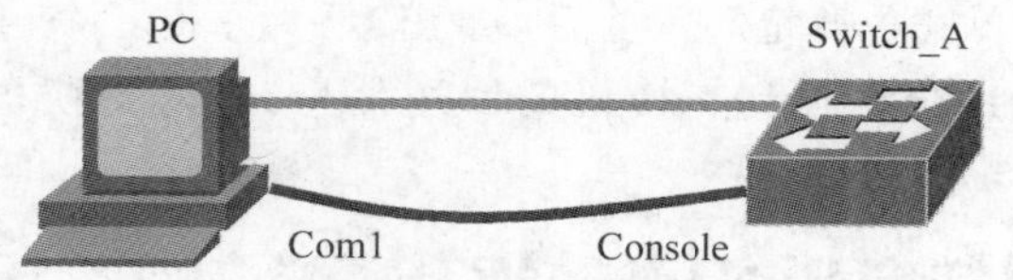

图 5.2 PC 机与交换机的控制台端口相连

(1) 实验拓扑

通过控制台查看和修改交换机的配置需要一台 PC 或一台简易的终端,但是该 PC 或简易终端应该能够仿真 VT100 终端。实际上,Windows 2000 Server 中的“超级终端”软件可以对 VT100 终端进行仿真。

(2) 终端控制台的连接和配置

PC 或终端需要一条电缆进行连接,它一端与交换机的控制台端口相连,如图 5.3 所示,另一端与 PC 或终端的串行口(DB9 口或 DB25 口)相连。

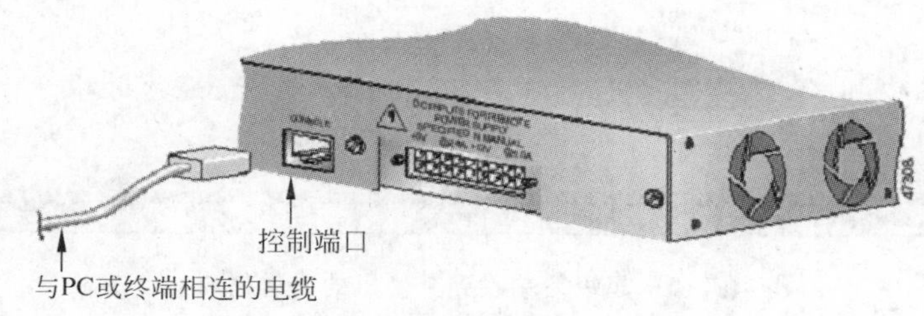

图 5.3 一种控制端口外观

(3) 超级终端设置

利用 PC 作为控制终端使用,在连接完毕后可以通过以下步骤进行设置。

① 启动 Windows XP 操作系统,选择“开始”→“程序”→“附件”→“通讯”→“超级终端”命令,进入超级终端程序。

② 选择交换机使用的串行口 COM1,并将该串口波特率设置为 9600,数据位设为 8,1 个停止位,无奇偶校验和硬件流量控制,如图 5.4 所示,单击“确定”按钮完成设置。

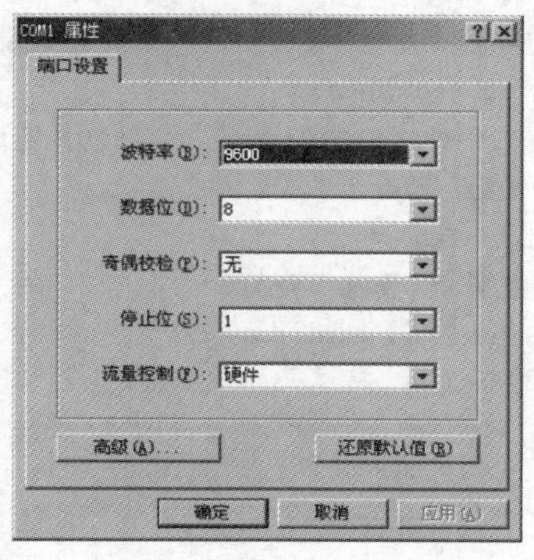

图 5.4 设置超级终端的串行口

③ 登录交换机：单击“确定”按钮后，会出现一行提示符 Press RETURN to get started，再按 Enter 键，系统将收到交换机的回送信息，进入交换机的用户模式，如图 5.5 所示。

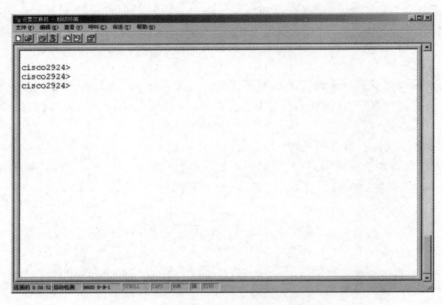

图 5.5　超级终端收到交换机的回送信息

2. 交换机的工作模式

不同的厂家生产的不同型号的交换机，其具体的配置命令和方法是有差别的。下面以思科 Cisco 2950 交换机为例说明模式的名称、作用和提示符。

(1) 用户模式　Switch＞

只能采用一系列的 show 命令查看交换机的状态。

(2) 特权模式　Switch＃

用户具有完全的控制权。

(3) 全局模式　Switch(config)＃

要对交换机进行任何的配置工作，必须首先进入全局配置模式。

(4) 接口配置模式　Switch(config-if)＃

接口配置模式下可以完成各种接口的配置，包括接口 IP 地址和子网掩码、接口描述、接口物理工作特性、激活或关闭接口等内容。

(5) VLAN 模式　Switch(vlan)＃

可以进行 VLAN 的创建、修改、删除等配置

(6) 线路配置模式　Switch(config-line)＃

3. 交换机常用命令及应用

1) 常用命令

任务	命令
进入特权命令状态	enable
进入全局设置状态	config terminal

退出全局设置状态	end
进入端口设置状态	interface type slot/number
退出局部设置状态	exit
设置交换机名	hostname name
查看版本及引导信息	show version
查看运行设置	show running-config
查看 VLAN 设置	show vlan
显示端口信息	show interface type slot/number
网络侦测	ping hostname|IP address

2）常用命令的应用

（1）进入特权模式

```
Switch> enable (进入特权模式)
Switch #
```

（2）进入全局配置与返回模式

```
Switch> enable
Switch# config terminal(进入全局配置模式)
Switch(config)# exit(退回上一级模式)
Switch #
```

（3）为交换机命名

```
Switch> enable
Switch# config terminal
Switch(config)# hostname test(配置交换机名为 test)
test(config)# exit(退回上一级模式)
test #
```

（4）进入交换机的端口

```
Switch> enable
Switch# config terminal
Switch #(config)# interface f0/2
(进入快速以太网端口 2 的配置模式)
Switch(config - if) # exit(退回上一级模式)
Switch(config) # exit
Switch #
```

（5）学会使用帮助和缩写

在 IOS 操作中，无论任何状态和位置，都可以输入“?”得到系统的帮助。

```
sw1 # ?  (查看命令)
```

（6）显示端口和配置模式

```
Switch> enable
Switch # show  interface(显示端口配置)
```

```
Switch # show running-config (显示配置模式)
```

(7) 删除交换机的访问模式和端口

```
Switch> enable
Switch# config terminal
Switch(config)# interface f0/2
Switch (config-if)# no switchport mode access (删除端口 2 的访问模式)
Switch (config)# no switchport access vlan 2 (从 vlan 2 中删除端口 2)
```

4. Packet Tracer 5.0 软件介绍

Packet Tracer 是由 Cisco 公司发布的一个辅助学习工具，为思科网络课程的初学者学习设计、配置和排除网络故障提供了网络模拟环境。用户可以在软件的图形用户界面上直接使用拖曳方法建立网络拓扑，并可提供数据包在网络中行进的详细处理过程，观察网络实时运行情况。用户还可以学习 IOS 的配置、锻炼故障排查能力。下面介绍它的简单使用。

(1) 安装

Packet Tracer 5.0 安装非常方便，在安装向导帮助下很容易完成。

运行安装程序，进入如图 5.6 所示 License Agreement 界面，单击 Next 按钮，进入如图 5.7 所示安装界面。安装完成后，执行“开始”菜单中 Packet Tracer 5.0 程序，如图 5.8 所示。

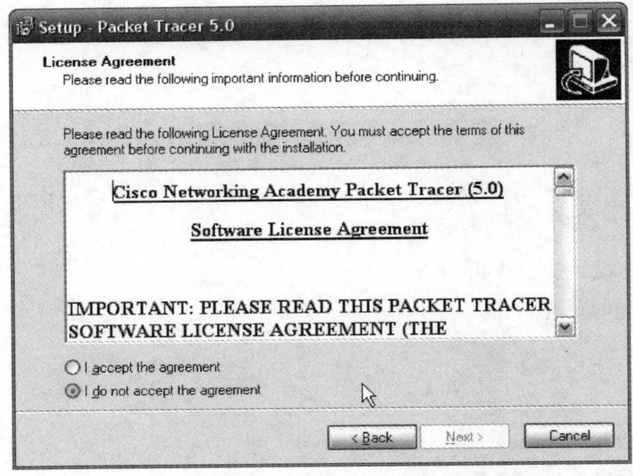

图 5.6　License Agreement 界面

(2) 添加思科的网络设备及计算机构建网络

Packet Tracer 5.0 程序界面非常简明扼要，白色的工作区上方是菜单栏和工具栏，下方是网络设备、计算机和连接栏。工作区右侧是选择、更改布局、笔记、删除和查看等按钮。如图 5.9 所示。

在设备工具栏内先找到要添加设备的大类，然后从该类设备中寻找自己想要的设备添加。在操作中，先选择交换机，如图 5.10 所示，然后选择具体型号的思科交换机，如图 5.11 所示。选择好设备后，可查看设备的模块信息，如图 5.12 所示。根据实验需要，添加相应的计算机、路由器等设备，如图 5.13～图 5.15 所示。

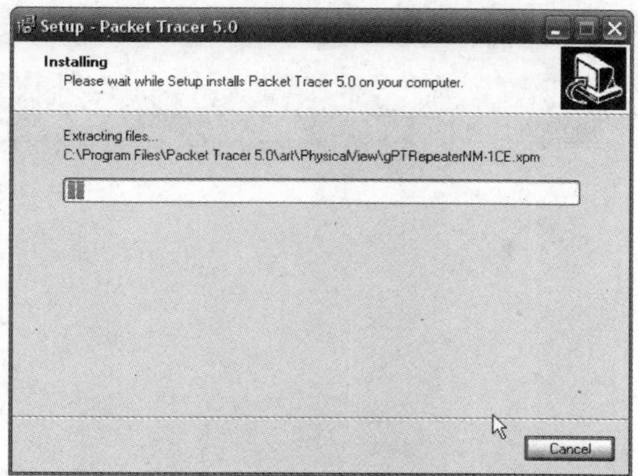

图 5.7　Installing 界面

图 5.8　从开始菜单执行程序

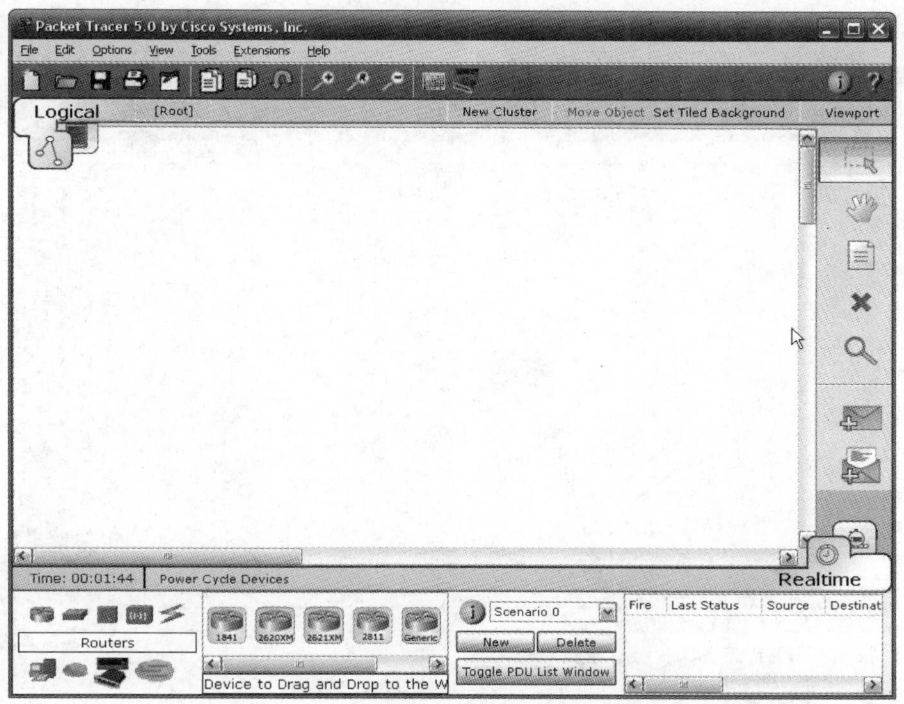

图 5.9　Packet Tracer 5.0 的界面

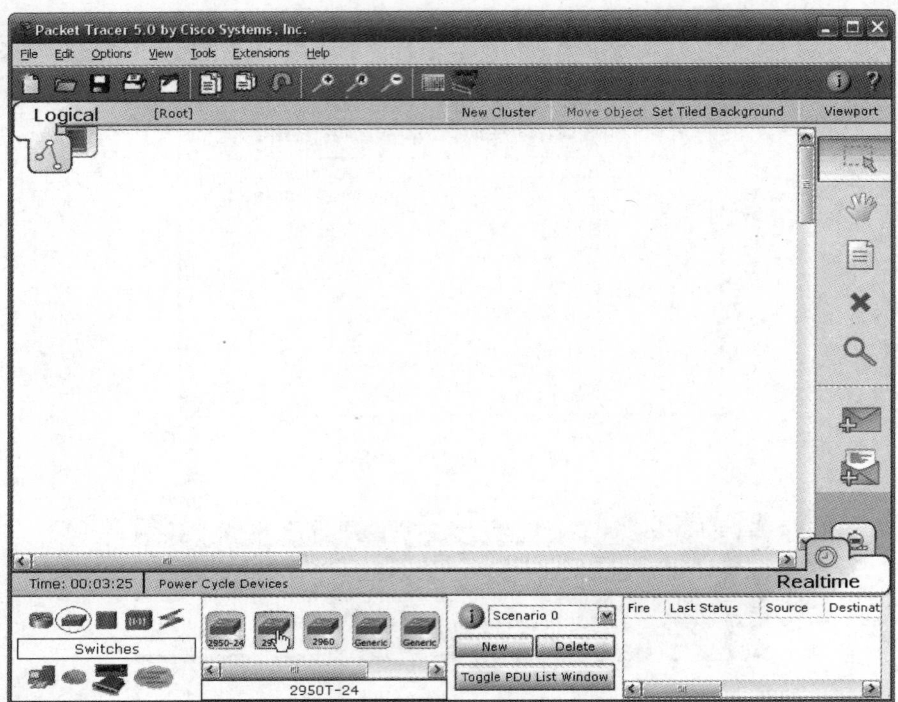

图 5.10　添加交换机

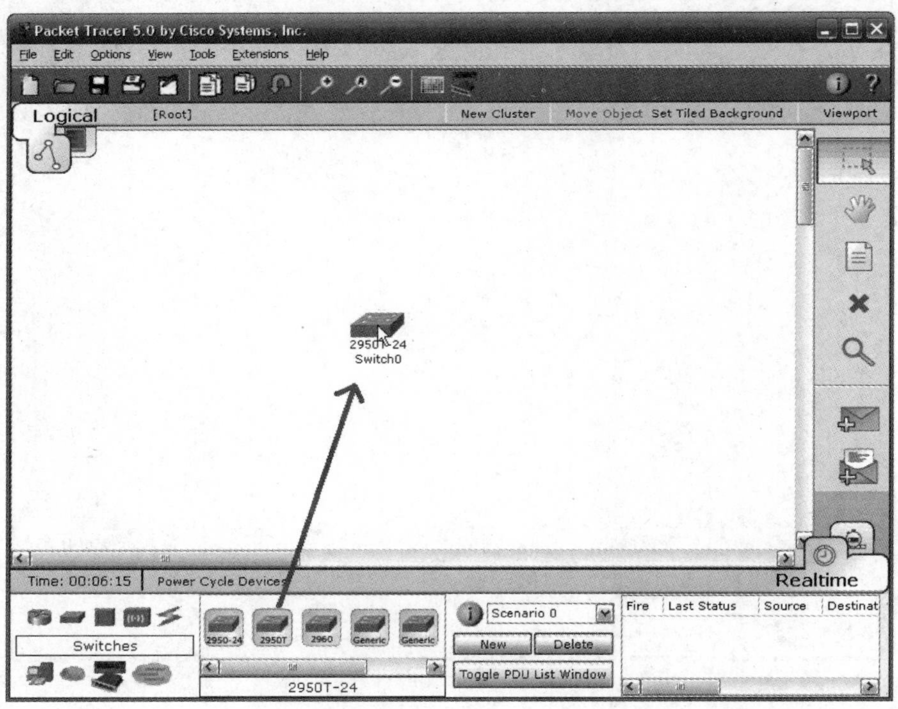

图 5.11　选择交换机型号

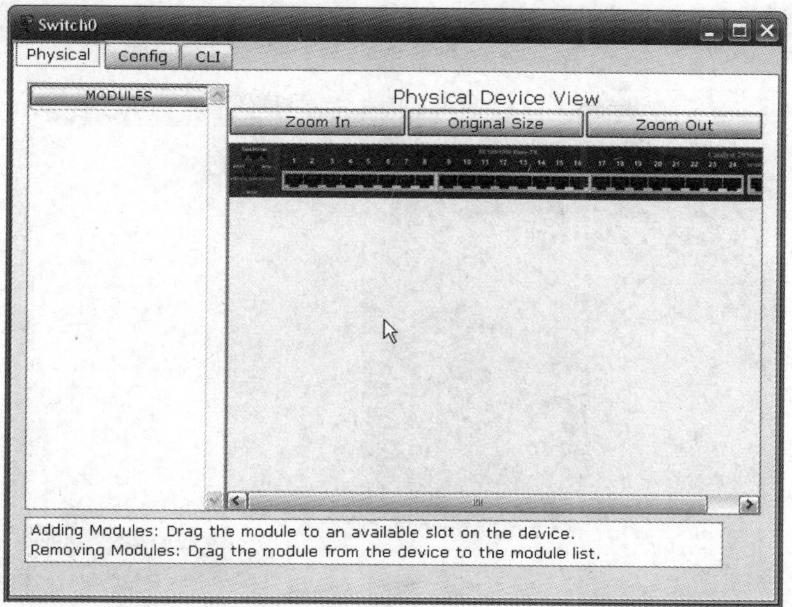

图 5.12　设备模块信息

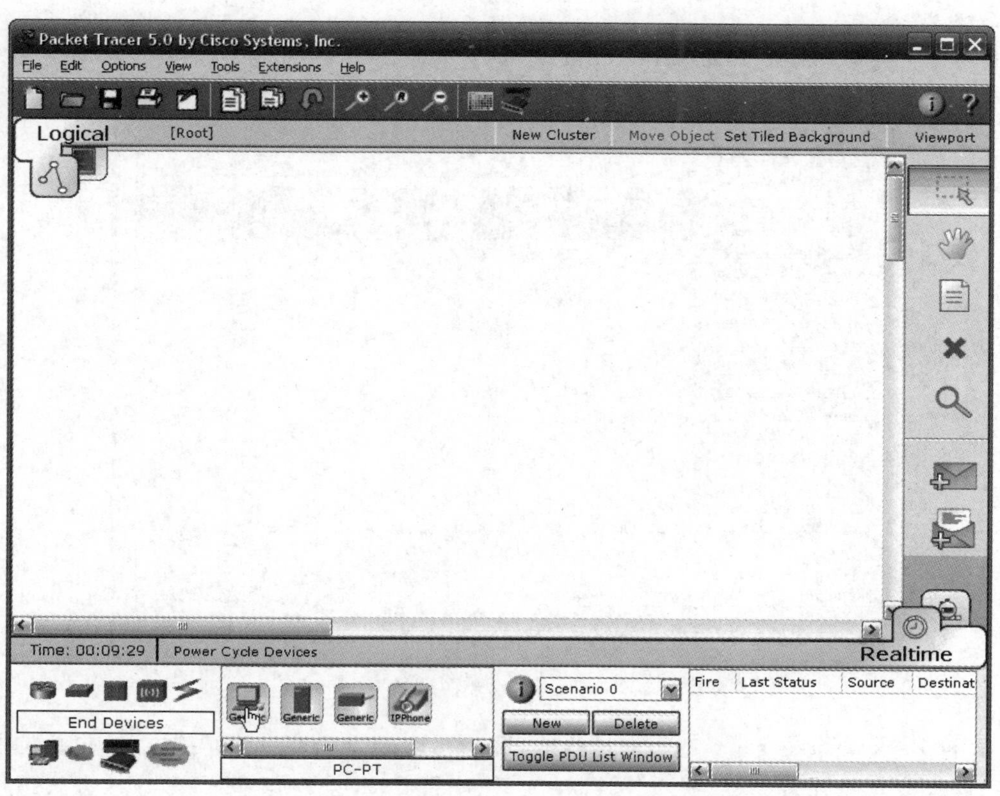

图 5.13　添加计算机

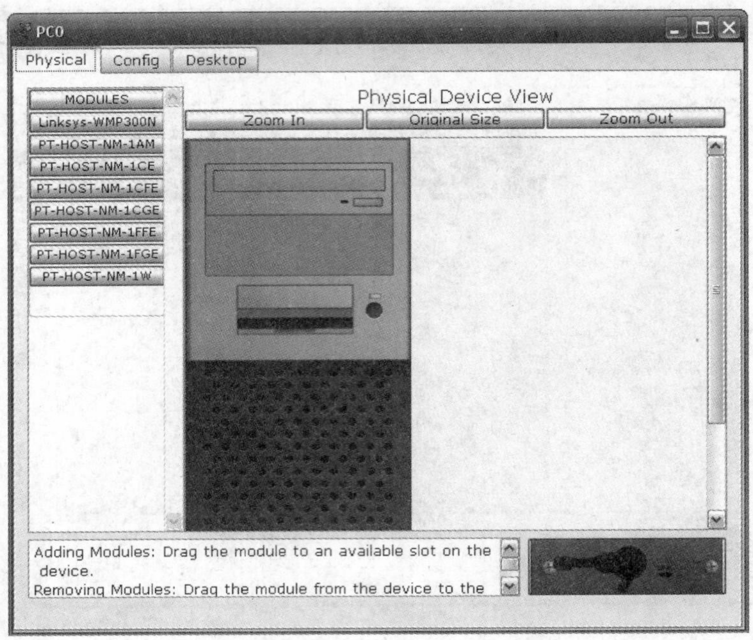

图 5.14　查看计算机并可以给计算机添加功能模块

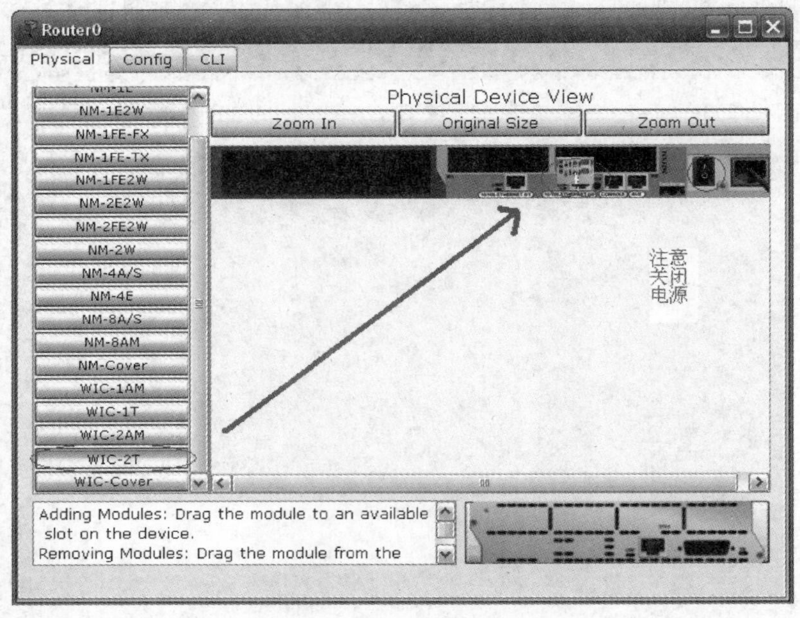

图 5.15　路由器添加模块

思科 Packet Tracer 5.0 有很多连接线，每一种连接线代表一种连接方式，包括控制台连接、双绞线交叉连接、双绞线直连连接、光纤、串行 DCE 及串行 DTE 等连接方式可供选择。如果不能确定应该使用哪种连接，可以使用自动连接，让软件自动选择相应的连接方式，如图 5.16 所示。

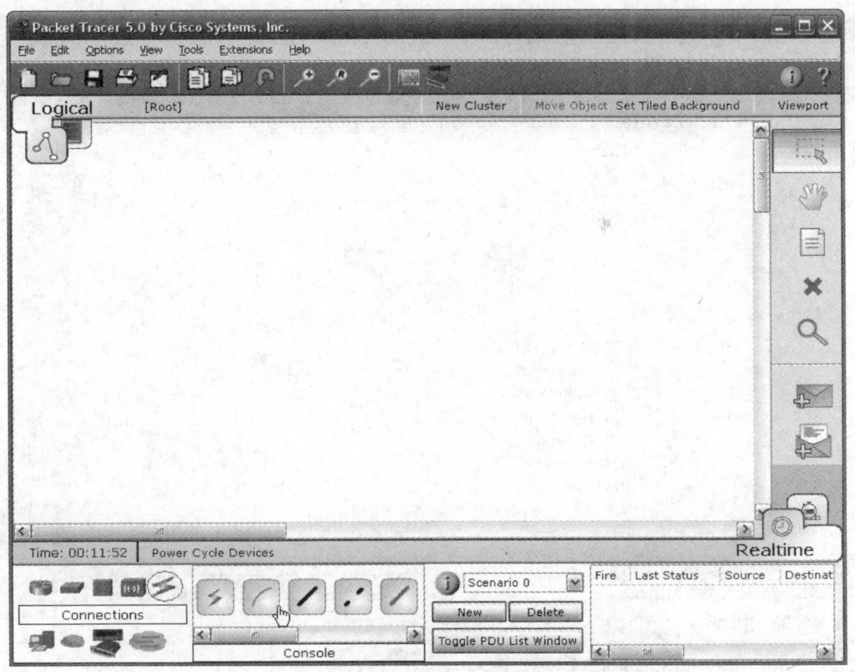

图 5.16　添加连接线

单击设备，可选择需要连接的接口，设备连接后，可根据网络拓扑图显示的颜色判断设备连接是否通畅，红色表示该连接线路不通，绿色表示连接通畅，如图 5.17～图 5.19 所示。

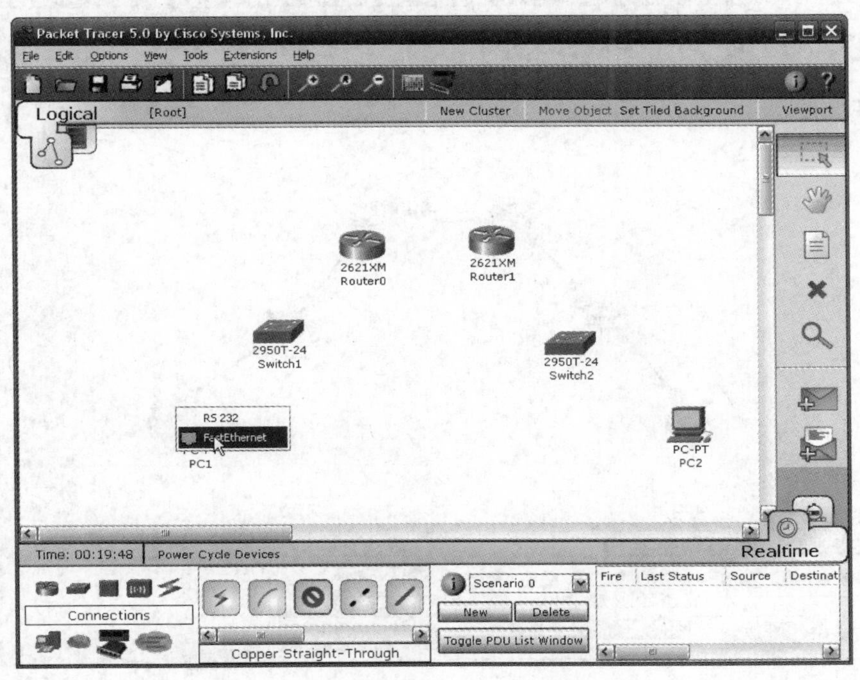

图 5.17　连接计算机与交换机过程 1

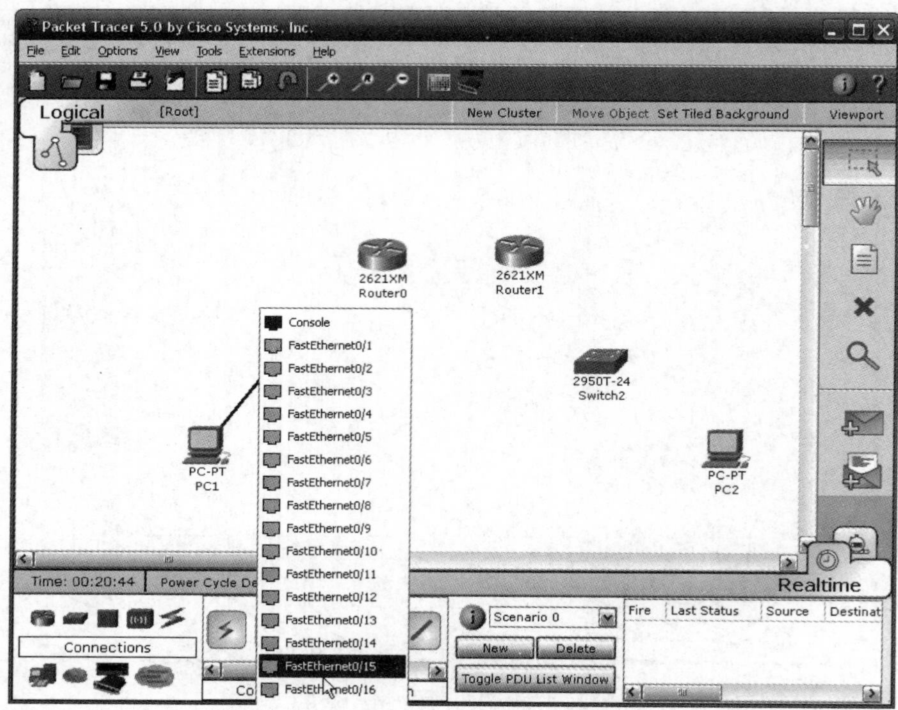

图 5.18　连接计算机与交换机过程 2

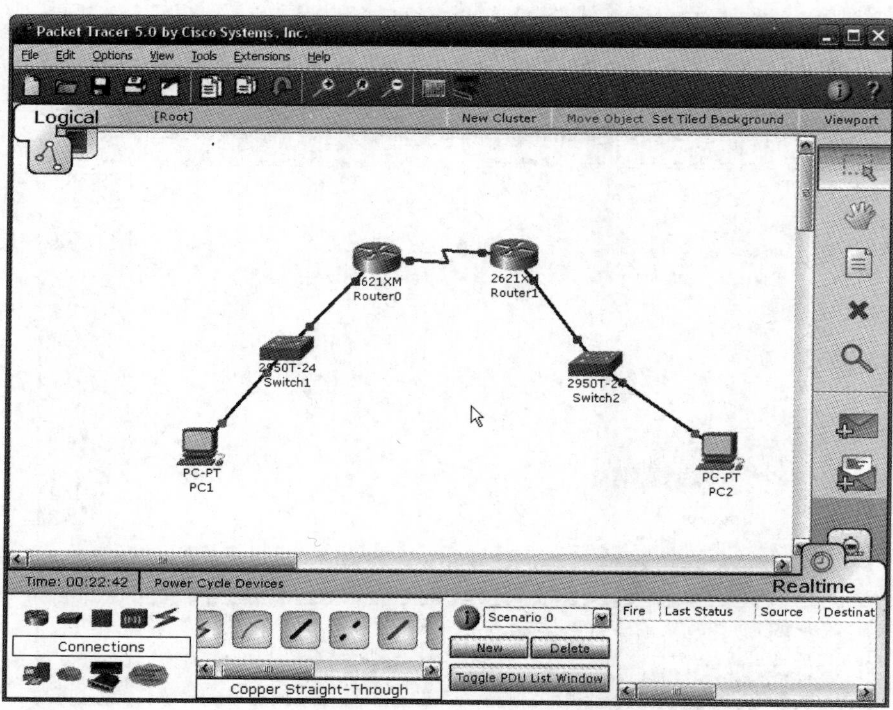

图 5.19　网络拓扑图

单击要配置的设备，如果是网络设备（交换机、路由器等），在弹出的对话框中切换到Config或CLI，在图形界面或命令行界面对网络设备进行配置。如果在图形界面下配置网络设备，下方会显示对应的IOS命令，如图5.20和图5.21所示。

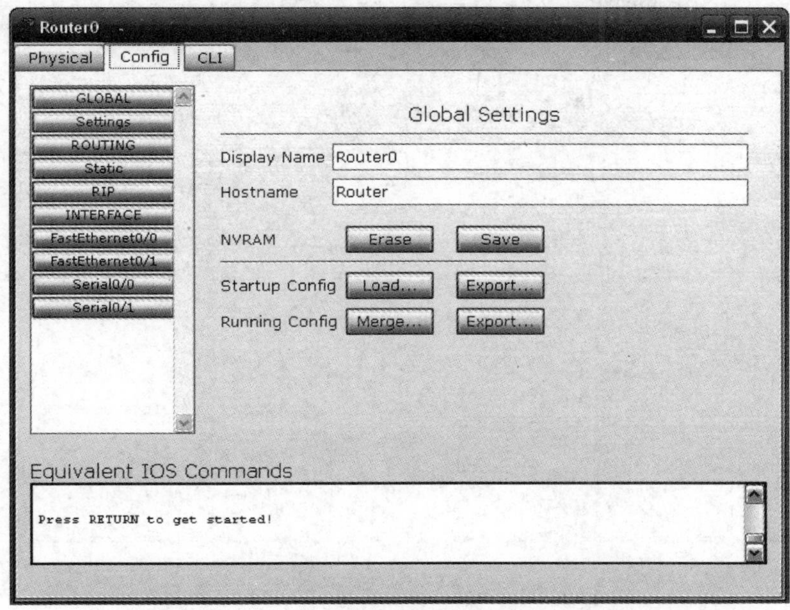

图5.20　网络配置设备

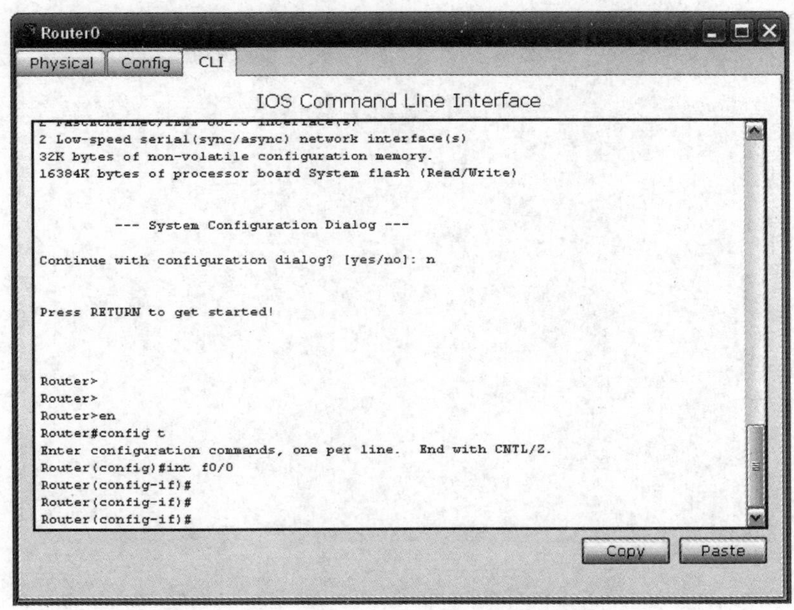

图5.21　CLI命令行配置

单击计算机设备，可以对计算机进行配置，并根据网络环境进行TCP/IP属性配置，如图5.22和图5.23所示。

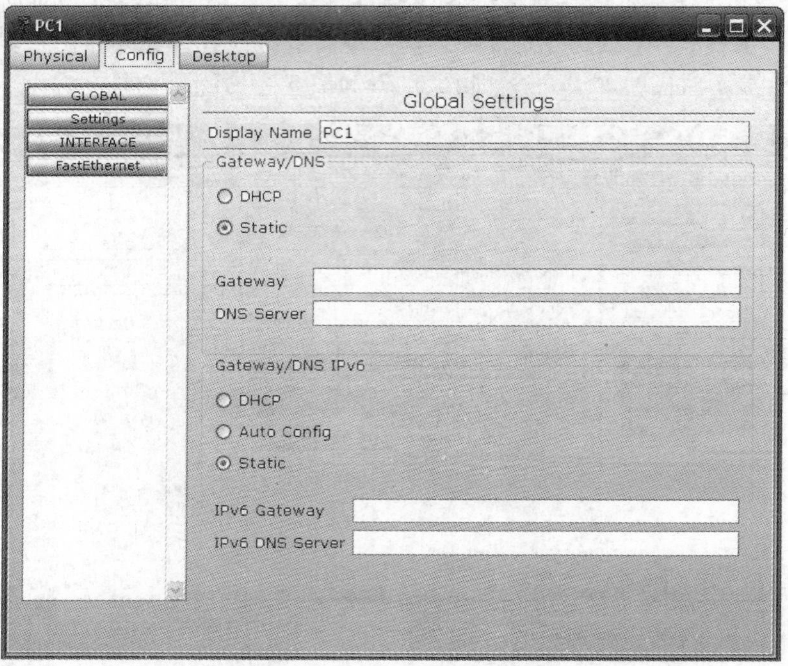

图 5.22　配置计算机

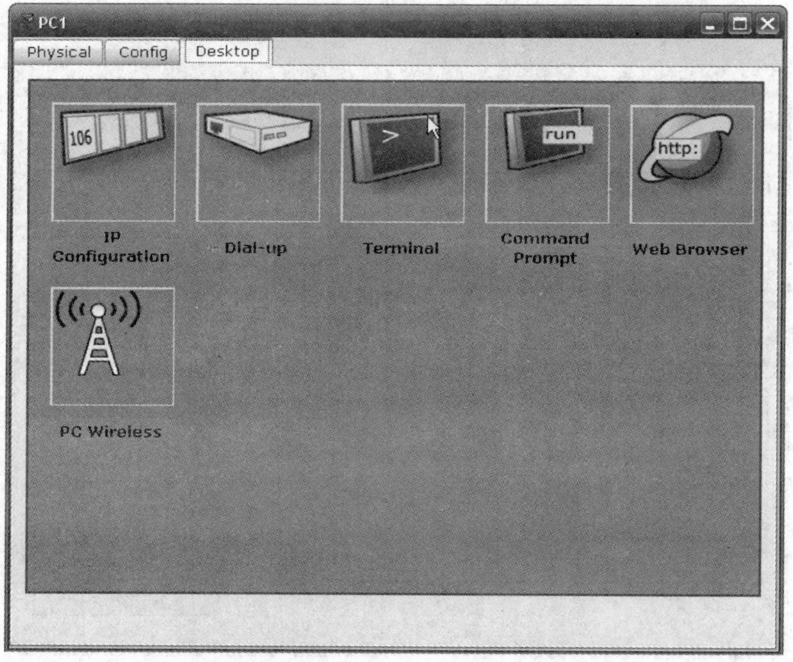

图 5.23　计算机所包含的程序

Packet Tracer 5.0 还可以模拟计算机 RS-232 接口与思科网络设备的 Console 接口相连接，用终端软件对网络设备进行配置，如图 5.24～图 5.26 所示。

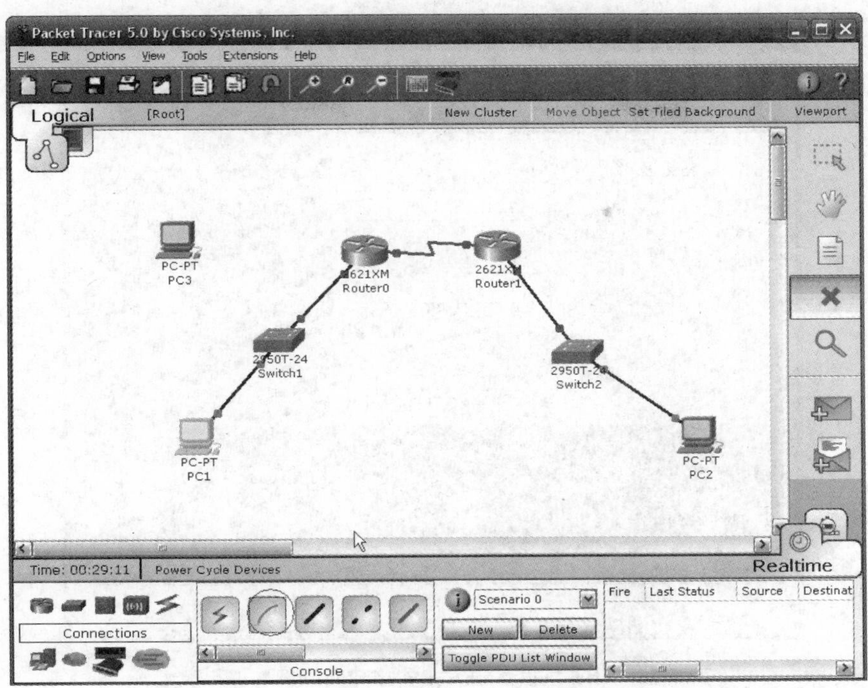

图 5.24　添加计算机与交换机控制台连接

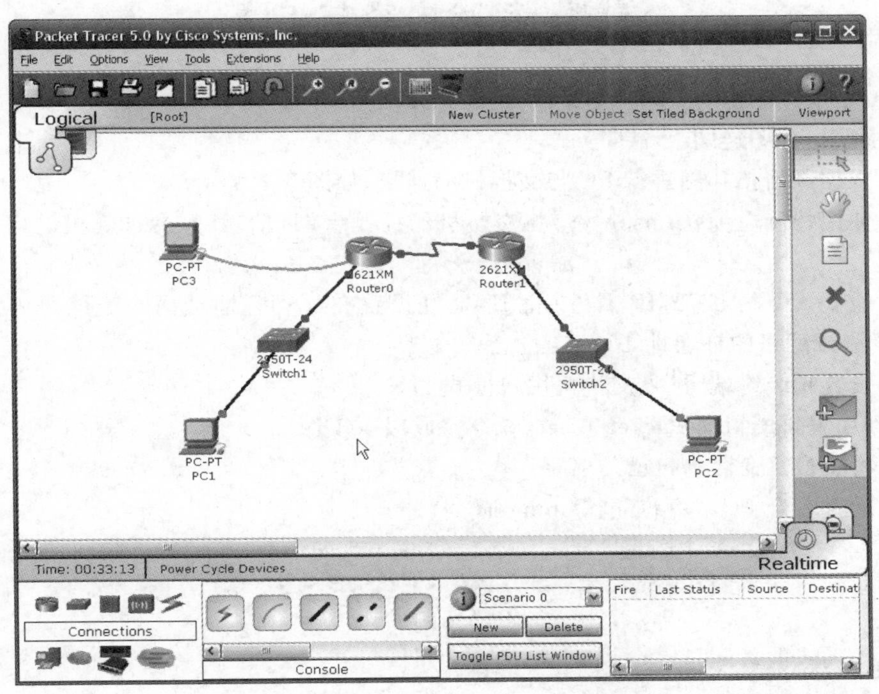

图 5.25　控制台连接成功

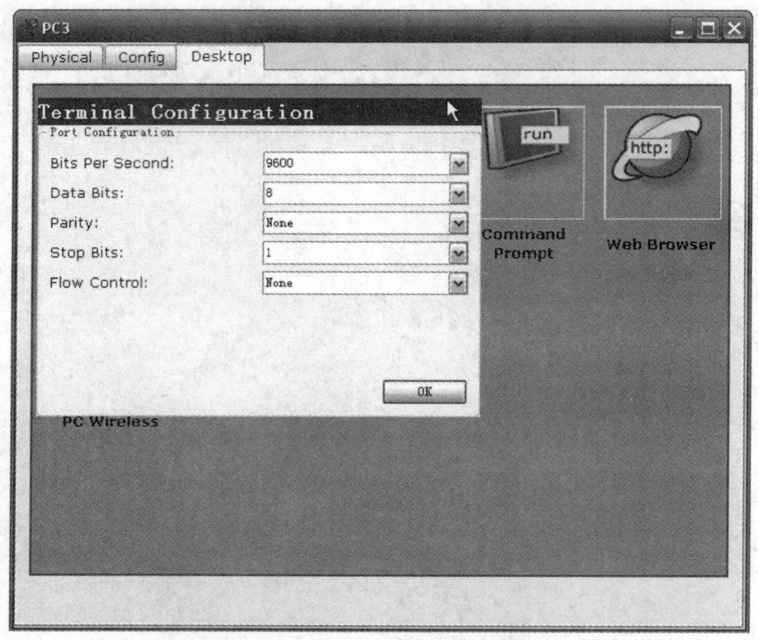

图 5.26　计算机以终端方式连接到网络设备进行配置

5.4　实验内容与步骤

以下实验中采用 Cisco 2950 交换机，配置方法与 Cisco 2924 类似。

1. 根据拓扑图连网

(1) 根据网络拓扑图进行 PC 与交换机的连接，如图 5.3 所示。

(2) 使用特制电缆(Console 线)将交换机的控制台端口和某一台计算机的串行口连接起来。

(3) 设置 PC 的 TCP/IP 属性(将 IP 地址设置在与管理地址同一个网段内)，并使用 ping 命令测试网络的连通性。

(4) 设置超级终端，进入交换机用户模式

2. 利用思科模拟器 Packet Tracer 5.0 完成以下工作

(1) 将交换机命名为自己的名字。

(2) 配置 5 台 PC，并相互能够 ping 通。

5.5　练习与思考

1. 选择题

(1) 以太网交换机中的端口/MAC 地址映射表是(　　)。

A. 是交换机的生产厂商建立的

B. 是交换机在数据转发过程中通过学习动态建立的

C. 是由网络管理员建立的

D. 是由网络用户利用特殊的命令建立的

(2) 非屏蔽双绞线的交叉电缆可用于下列哪两种设备间的通信?(　　)

A. 集线器(普通端口)到集线器(使用级联端口)

B. PC到集线器

C. PC到交换机

D. PC到PC

(3) 配置交换机名字的工作模式是(　　)。

A. 用户模式　　B. 特权模式　　C. 端口模式　　D. 线路模式

(4) 远程登录到交换机所使用的命令是(　　)。

A. ping 192.168.1.1

B. ip address 192.168.1.1 255.255.255.0

C. telnet 192.168.1.1

D. tracert 192.168.1.1

2. 思考与讨论题

(1) 交换机与集线器有什么不同?

(2) 二层交换机的地址学习功能是如何进行的?

(3) 登录交换机是如何实现的?

(4) 配置交换机管理地址时,为什么要输入命令 no shutdown?

实训 6　虚拟局域网的配置和应用

6.1　实 验 目 的

1. 理解 VLAN 划分的方法；
2. 掌握端口 VLAN(port VLAN)的功能和配置方法；
3. 掌握思科模拟器软件 Packet Tracer 5.0 模拟交换机实现 VLAN 的划分。

6.2　实 验 要 求

1. 设备要求：两台 PC(安装 Windows 2000/XP/2003 操作系统、装有网卡)，思科模拟器软件 Packet Tracer 5.0；
2. 每组一人，单独完成。

6.3　实验预备知识

1. VLAN 简介

VLAN(Virtual Local Area Network)虚拟局域网是一种将局域网内的设备通过逻辑地址划分成为独立网段来进行管理的技术。IEEE 于 1999 年颁布了用以标准化 VLAN 实现方案的 802.1Q 协议标准。

VLAN 扩大了交换机的应用和管理功能。VLAN 是建立在物理网络基础上的一种逻辑子网，因此建立 VLAN 需要相应支持 VLAN 技术的网络设备。当网络中的不同 VLAN 间进行相互通信时，需要路由的支持，这时就需要增加路由设备。要实现路由功能，既可采用路由器，也可采用三层交换机来完成。

VLAN 的最大特点是不受物理位置的限制，可以根据用户的需要进行灵活的划分。基于端口的 VLAN 划分方法是较为常用的，许多厂商的交换机产品都支持这一功能。本实验将用模拟器软件 Packet Tracer 5.0 新建一台交换机并实现端口 VLAN 的划分，给学生一个从概念到应用的初步认识。

2. VLAN 优点

使用 VLAN 具有以下优点：

(1) 分割广播域

一个 VLAN 就是一个逻辑广播域，通过对 VLAN 的创建，隔离了广播，缩小了广播范围，可以控制广播风暴的产生。

(2) 提高网络整体安全性

通过路由访问列表和 MAC 地址分配等 VLAN 划分原则，可以控制用户访问权限和逻辑网段大小，将不同用户群划分在不同 VLAN，从而提高交换式网络的整体性能和安全性。

(3) 网络管理简单、直观

对于交换式以太网，如果对某些用户重新进行网段分配，需要网络管理员对网络系统的物理结构重新进行调整，甚至需要追加网络设备，增大网络管理的工作量。而对于采用 VLAN 技术的网络来说，一个 VLAN 可以根据部门职能、对象组或者应用将不同地理位置的网络用户划分为一个逻辑网段。在不改动网络物理连接的情况下可以任意将工作站在工作组或子网之间移动。利用虚拟网络技术，大大减轻了网络管理和维护工作的负担，降低了网络维护费用。在一个交换网络中，VLAN 提供了网段和机构的弹性组合机制。

3. VLAN 的划分

从技术角度讲，VLAN 的划分可依据不同原则，一般有以下三种划分方法。

(1) 基于端口的 VLAN 划分

这种划分是把一个或多个交换机上的几个端口划分一个逻辑组，这是最简单、最有效的划分方法。该方法只需网络管理员对网络设备的交换端口进行重新分配即可，不用考虑该端口所连接的设备。

(2) 基于 MAC 地址的 VLAN 划分

MAC 地址其实就是指网卡的标识符，每一块网卡的 MAC 地址都是唯一且固化在网卡上的。MAC 地址由 12 位十六进制数表示，前 8 位为厂商标识，后 4 位为网卡标识。网络管理员可按 MAC 地址把一些站点划分为一个逻辑子网。

(3) 基于路由的 VLAN 划分

路由协议工作在网络层，相应的工作设备有路由器和路由交换机(即三层交换机)。该方式允许一个 VLAN 跨越多个交换机，或一个端口位于多个 VLAN 中。

就目前来说，对于 VLAN 的划分主要采取上述第 1、3 种方式，第 2 种方式为辅助性方案。

端口 VLAN 根据交换机的端口来定义 VLAN 用户，即：先从逻辑上把局域网交换机的端口划分成 VLAN，然后根据用户的 IP 地址在 VLAN 中划分子网。端口 VLAN 的划分方法分为单交换机端口 VLAN 划分和多交换机端口 VLAN 划分；前者支持在一台交换机上划分多个 VLAN、再将不同的端口指定到不同的 VLAN 中进行管理；后者可以使一个 VLAN 跨越多个交换机并且同一台交换机上的不同端口可以属于不同的 VLAN。

4. VLAN 的配置操作

配置端口 VLAN 时要考虑两个问题：

一是 VLAN ID，每一个 VLAN 都需要一个唯一的 VLAN 号：VLAN ID。不同类型的交换机提供的 VLAN 号范围可能不同，但一般都支持 1～98 这一范围。

二是 VLAN 所包含的成员端口，设置时需要指定该端口的设备号和端口号；设备号是指成员端口所在的交换机号(即该交换机在堆叠单元中的编号)，一般从 0 开始；端口号是指该端口在所属设备中的编号，一般在交换机的面板上都有明显标识。如：一台快速以太网交换机，设备号为 0，端口号为 5，一般写成 Fastethernet 0/5，或简写成 f 0/5。

(1) 查看交换机的 VLAN 配置

查看交换机的 VLAN 配置可以使用 show vlan 命令。如图 6.1 所示，交换机返回的信息显示了当前交换机配置的 VLAN 个数、VLAN 编号、VLAN 名字、VLAN 状态以及每个 VLAN 所包含的端口号。

```
Switch_A #          (进入特权模式)
Switch_A # show vlan
```

```
cisco2924#
cisco2924#
cisco2924#show vlan
VLAN Name                             Status    Ports
---- -------------------------------- --------- -------------------------------
1    default                          active    Fa0/1, Fa0/2, Fa0/3, Fa0/4,
                                                Fa0/5, Fa0/6, Fa0/7, Fa0/8,
                                                Fa0/9, Fa0/10, Fa0/11, Fa0/12,
                                                Fa0/13, Fa0/14, Fa0/15, Fa0/16,
                                                Fa0/17, Fa0/18, Fa0/19, Fa0/20,
                                                Fa0/21, Fa0/22, Fa0/23, Fa0/24
1002 fddi-default                     active
1003 token-ring-default               active
1004 fddinet-default                  active
1005 trnet-default                    active

VLAN Type  SAID       MTU   Parent RingNo BridgeNo Stp  BrdgMode Trans1 Trans2
---- ----- ---------- ----- ------ ------ -------- ---- -------- ------ ------
1    enet  100001     1500  -      -      -        -    -        1002   1003
1002 fddi  101002     1500  -      -      -        -    -        1      1003
1003 tr    101003     1500  1005   0      -        -    srb      1      1002
1004 fdnet 101004     1500  -      -      1        ibm  -        0      0
1005 trnet 101005     1500  -      -      1        ibm  -        0      0
cisco2924#
```

图 6.1　查看 VLAN 的配置

(2) 添加 VLAN

如果要添加一个编号为 10，名字为 test 10 虚拟网络，则添加步骤如下：

```
Switch_A # configure terminal
Switch_A(config) #                          (进入全局配置模式)
Switch_A(config) # VLAN 10                  (添加 VLAN 10)
Switch_A(config - vlan) #                   (自动进入 VLAN 10 的配置模式)
Switch_A(config - vlan) # name test 10      (给 VLAN 10 命名为 test 10)
Switch_A(config - vlan) # exit              (退出 VLAN 10 的配置模式)
```

添加 VLAN 之后，可以使用 show vlan 再次查看交换机的 VLAN 配置，确认新的 VLAN 已经添加成功。

(3) 为 VLAN 分配端口

交换机将某一端口(例如端口 1)分配给某一个 VLAN 的过程如下：

① 执行 configure terminal 命令进入全局配置模式；

② 利用 interface Fa0/1 通知交换机配置的端口号为 1；

③ 使用 switchport mode access 和 switchport access vlan10 命令把交换机的端口 1 分配给 VLAN 10；

④ 执行 exit 命令退出配置终端模式。

按照同样的方式，可以将交换机的端口 2 分配给 VLAN 10。之后，利用 show vlan 命令显示交换机的 VLAN 配置信息，端口 1 和端口 2 将出现在 VLAN10 中。

(4) 删除 VLAN

当一个 VLAN 的存在没有任何意义时，可以将它删除。删除 VLAN 的步骤如下：

① 利用 configure terminal 命令进入 VLAN 的全局配置模式；

② 执行 no vlan 10 命令将 VLAN 10 删除；

③ 使用 exit 命令退出。

注意，在一个 VLAN 删除后，原来分配个这个 VLAN 的端口将处于非激活状态，它们不会自动分配给其他的 VLAN。只有把它们再次分配给另一个 VLAN，才能激活它们。

6.4 实验内容与步骤

1. 根据拓扑图连网

(1) 根据网络拓扑图连网，如图 6.2 所示，在 Packet Tracer 5.0 中用 UTP 线连接各种设备组成交换式以太网。

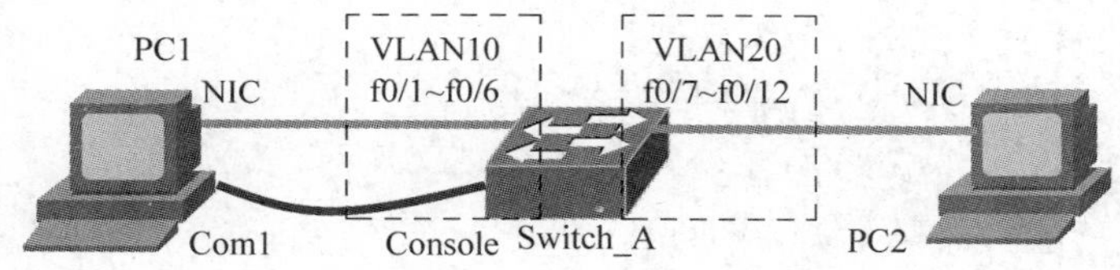

图 6.2　交换式以太网拓扑图

(2) 使用特制电缆(Console 线)将交换机的控制台端口和某一台计算机的串行口连接起来。

(3) 设置 PC 的 TCP/IP 属性(将 IP 地址设置在同一个网段内)，并使用 ping 命令测试网络的连通性。

2. 实验前进行测试

设置 PC1 和 PC2 在一个子网内，如表 6.1 所示。

表 6.1　PC1 和 PC2 的地址设置

PC1	192.168.1.X	255.255.255.0
PC2	192.168.1.Y	255.255.255.0

在未对交换机进行 VLAN 划分时，PC1 和 PC2 是可以通信的，用 ping 命令测试，两台主机是可以 ping 通的。这是由于在交换机中系统默认创建了一个 VLAN1，同时所有的端口都添加在 VLAN1 中，所以任意端口之间是可以相互通信的。

如果 ping 不通，说明这台交换机并非默认状态。即曾被设置过其他的 VLAN，可以在用户状态下通过 show vlan 命令来查看 VLAN 情况。

3. 创建 VLAN 并配置

(1) 在交换机中添加两个 VLAN

```
Switch(config)#
```

```
Switch(config)# VLAN 10
Switch(config-vlan)# name test10
Switch(config-vlan)# exit
Switch(config)# VLAN 20
Switch(config-vlan)# name test20
Switch(config-vlan)# exit
```

请将具体的设置情况填入表 6.2。

表 6.2 VLAN 的设置情况

VLAN 编号	VLAN 名	添加 VLAN 的命令
VLAN10	Test10	
VLAN20	Test20	

(2) 将交换机端口分配给 VLAN

VLAN 10 被分配的端口 0/1：

```
Switch(config)# interface fastethernet 0/1
Switch(config-if)#
Switch(config-if)# switchport  access vlan 10
```

重复上述步骤，将 0/2～0/6 分配给 VLAN 10。

VLAN 20 被分配的端口 0/7：

重复上述步骤，将 0/7～0/12 分配给 VLAN 20

4. 保存设置

```
Switch # write memory
```

5. 结果验证

(1) 分别将 PC1 和 PC2 同时连到 VLAN 10 或 VLAN 20 所在的端口中，再利用 ping 命令测试，请将 ping 的结果填入表 6.3 并进行分析。

表 6.3 ping 命令测试结果 1

使用 ping 命令	ping 的结果	结　论
主机 A→端口 1 主机 B→端口 2	端口 1→2：连通 端口 2→1：连通	A、B 同在 Vlan 10 内
主机 A→端口 7 主机 B→端口 8		

(2) 将 PC1 接入 VLAN 10 所在的端口，再将 PC2 连到 VLAN 20 所在的端口中，再利用 ping 命令测试，请将 ping 的结果填入表 6.4 并进行分析。

表 6.4 ping 命令测试结果 2

使用 ping 命令	ping 的结果	结　论
主机 A→端口 1 主机 B→端口 7	端口 1→7： 端口 7→1：	

6. 删除 VLAN

在交换机的 VLAN 数据库中删除两个 VLAN,并将端口重新分配给默认 VLAN 1(激活端口)。使用的命令分别写入表 6.5。

表 6.5 删除 VLAN 命令

删除 VLAN 的命令	
将端口重新分配给默认 VLAN 的命令	在全局配置模式下,用命令: 在端口配置模式下,用命令:

6.5 练习与思考

1. 选择题

(1) 以太网交换机划分 VLAN 有多种方法,(①　　)不包括在内。在用户配置 VLAN 时,应从(②　　)开始。

① A. 基于 MAC 地址的划分　　B. 基于 IP 组播的划分
　C. 基于网络层协议的划分　　D. 基于域名的划分

② A. VLAN0　　B. VLAN1　　C. VLAN2　　D. VLAN3

(2) 在下面关于 VLAN 的描述中,不正确的是(　　)。

A. VLAN 把交换机划分成多个逻辑上独立的交换机
B. 主干链路(Trunk)可以提供多个 VLAN 之间通信的公共通道
C. 由于包含了多个交换机,所以 VLAN 扩大了冲突域
D. 一个 VLAN 可以跨越交换机

(3) 如果要彻底退出路由器或者交换机的配置模式,输入的命令是(　　)。

A. exit　　B. no config-mode　　C. Ctrl+C　　D. Ctrl+Z

(4) 虚拟局域网中继协议(VTP)有三种工作模式,即服务器模式、客户机模式和透明模式,以下关于这三种工作模式的叙述中,不正确的是(　　)。

A. 在服务器模式下可以设置 VLAN 信息
B. 在服务器模式下可以广播 VLAN 信息
C. 在客户机模式下不可以设置 VLAN 信息
D. 在透明模式下不可以设置 VLAN 信息

2. 思考与讨论题

(1) 请调查校园网的 VLAN 划分情况,并请访问网络中心的技术人员如此划分 VLAN 的原因。

(2) 划分 VLAN 以后,属于不同 VLAN 的 PC 之间不能通信,请问可以采用什么方法使之能通信?

(3) 划分 VLAN 既可以按静态方式划分,也可以按动态方式划分。请查阅交换机的使用说明书,配置一个动态 VLAN,并验证配置的结果是否正确。

(4) 阅读以下说明,回答问题 1~7。

【说明】 图 6.3 是在网络中划分 VLAN 的连接示意图。VLAN 可以不考虑用户的物

理位置，而根据功能、应用等因素将用户从逻辑上划分为一个个功能相对独立的工作组，每个用户主机都连接在支持 VLAN 的交换机端口上，并属于某个 VLAN。

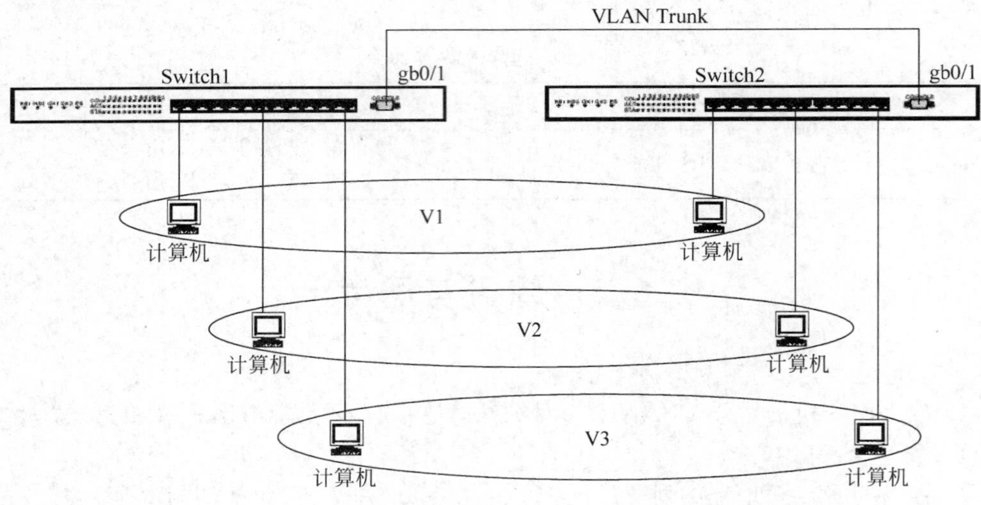

图 6.3　划分 VLAN 的连接示意图

【问题 1】　同一个 VLAN 中的成员可以形成一个广播域，从而实现何种功能？

【问题 2】　在交换机中配置 VLAN 时，VLAN1 是否需要通过命令创建？为什么？

【问题 3】　创建一个名字为 V2 的虚拟局域网的配置命令如下，请给出空白处的配置内容：

```
Switch(config)#            (进入 VLAN 配置模式)
Switch(vlan)#              (创建 V2 并命名)
Switch(vlan)#              (完成并退出)
```

【问题 4】　使 Switch1 的千兆端口允许所有 VLAN 通过的配置命令如下，请给出空白处的配置内容：

```
Switch1(config)# interface gigabit 0/1 (进入千兆端口配置模式)
Switch1(config-if)# switchport
Switch1(config-if)# switchport
```

【问题 5】　若 Switch1 和 Switch2 没有千兆端口，在图 6.3 中能否实现 VLAN Trunk 的功能？若能，如何实现？

【问题 6】　将 Switch1 的端口 6 划入 V2 的配置命令如下，请给出空白处的配置内容：

```
Switch1(config)# interface fastEthernet 0/6  (进入端口 6 配置模式)
Switch1(config-if)# switchport ________
Switch1(config-if)# switchport ________
```

【问题 7】　若网络用户的物理位置需要经常移动，应采用什么方式划分 VLAN？

实训 7　网络数据包的监听与分析

7.1　实 验 目 的

1. 掌握虚拟机的使用，熟练使用虚拟机构建实验环境；

2. 掌握 WireShark 抓包工具的使用；

3. 掌握通过观察网络数据进行分析从而了解网络协议运行情况。

7.2　实 验 要 求

1. 一人一组，单独完成；

2. 设备要求：计算机若干台（安装 Windows 2000/XP/2003 操作系统、装有网卡），局域网环境，主机装有 Ethereal 工具。

7.3　实验预备知识

1. 虚拟机软件简介

（1）定义

虚拟机软件可以在一台计算机上模拟出若干台计算机，每台计算机可以运行单独的操作系统而互不干扰，可以实现一台计算机“同时”运行几个操作系统，还可以将这几个操作系统连成一个网络。

（2）虚拟机的层次结构

传统计算机运行着与其硬件体系结构很适合的主机操作系统。引入虚拟化后，不同用户应用程序由自身的操作系统（即客户操作系统）管理，并且那些客户操作系统可以独立于主机操作系统同时运行在同一个硬件上，这通常是通过新添加一个称为虚拟化层（Virtualization Layer）的软件来完成，该虚拟化层又称为虚拟机监视器（Virtual Machine Monitor，VMM）。如图 7.1 所示，虚拟机处于上面框中，其中应用程序与其自身的客户操作系统运行在被虚拟化的 CPU、内存和 I/O 资源之上。虚拟化软件层的主要功能是将一个主机的物理硬件虚拟化为可被各虚拟机互斥使用的虚拟资源，这可以在不同的操作层实现。

（3）虚拟机的优点

① 较完美的多系统方案。

② 一台计算机的局域网。多个虚拟机之间，虚拟机与宿主机之间，可以组成一个虚拟

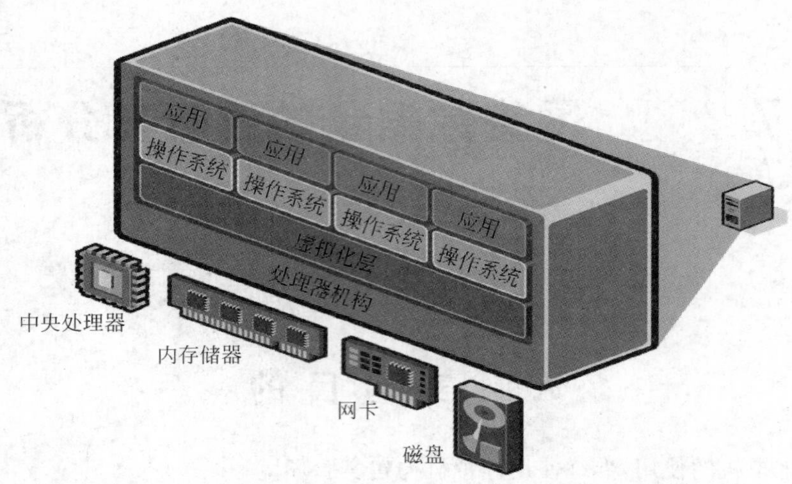

图 7.1 虚拟机层次结构

的局域网。

③ 安全可靠。虚拟机事实上是在硬盘上的映像文件。不需要专门划分分区,只需要分区空间足够大。

虚拟机和宿主机相互隔离。虚拟机里面发生的任何事情,都不会影响宿主机。

对虚拟机的管理方便。可以直接对虚拟机文件复制、粘贴、删除。

④ 学习和测试的环境。通过虚拟机环境,可以利用有限的资源学习。例如:在虚拟机中练习分区,格式化等操作;构建虚拟网络,路由配置实验等;系统/软件测试(C/S或者 B/S)。

(4) 目前 PC 上主要的虚拟机软件

目前业内流行的虚拟机软件有三种,第一种是 VMWare,官网地址是 http://www.vmware.com/cn。第二种是 Windows Virtual PC,官网地址是 http://www.microsoft.com/zh-cn/download/details.aspx?id=3702。第三种是 Oracle VM VirtualBox,其官网地址是 https://www.virtualbox.org/。本实验涉及的虚拟化软件属于第一种 VMWare 软件。运行虚拟机软件的操作系统叫 Host OS,在虚拟机里运行的操作系统叫 Guest OS。

(5) VMWare Workstation 的安装

从网上下载源程序进行安装。具体的安装过程可参考附录 B 虚拟机使用。

2. 网络分析协议工具简介

Network Packet Analyzer,是一种网络分析程序,可以帮助网络管理员捕获、交互式浏览网络中传输的数据包和分析数据包信息等。网络封包分析软件的功能是获取网络封包,并尽可能显示出最为详细的网络封包资料。网络封包分析软件的功能可想象成电工技师使用电表来测量电流、电压和电阻的工作,只是将场景移植到网络上,并将电线替换成网络线。网络管理员使用网络分析程序来检测网络问题,网络安全工程师使用网络分析程序来检查资讯安全相关问题,开发者使用网络分析程序来为新的通信协议除错,普通使用者使用网络分析程序来学习网络协议的相关知识,当然,有的人也会“居心叵测”的用它来寻找网络安全漏洞。

网络分析程序不是入侵侦测软件(Intrusion Detection Software，IDS)。对于网络上的异常流量行为，网络分析程序不会产生任何警示或是提示。然而，仔细分析网络分析程序获取的封包，能够帮助使用者对于网络行为有更清楚的了解。网络分析程序不会对网络封包产生内容的修改，它只会反映出目前流通的封包资讯。网络分析程序本身也不会送出封包至网络上。

这里给出了5个最好的网络数据包分析工具。

(1) WireShark

WireShark(前称 Ethereal)是一个网络封包分析软件，界面可见图7.2，官网下载地址为 http://www.wireshark.org/download.html，在实训三以太网帧格式的构成中已经有所介绍，附录D也有相应内容，读者可以参考。

图7.2 WireShark运行界面

(2) Microsoft Network Monitor

Microsoft Network Monitor 是一个免费网络数据包分析器，只能在 Windows 系统下运行。它提供了一个专业的网络实时流量的图形界面。同时，它可以捕捉和查看300多个公共和微软专有网络协议，包括无线网络数据包。界面如图7.3所示，官网下载地址：http://www.microsoft.com/downloads/en/details.aspx? FamilyID=983b941d-06cb-4658-b7f6-3088333d062f&displaylang=en。

(3) Capsa Packet Sniffer

Capsa Packet Sniffer 是一个网管必备的网络数据包分析器，它包括网络监测，故障排

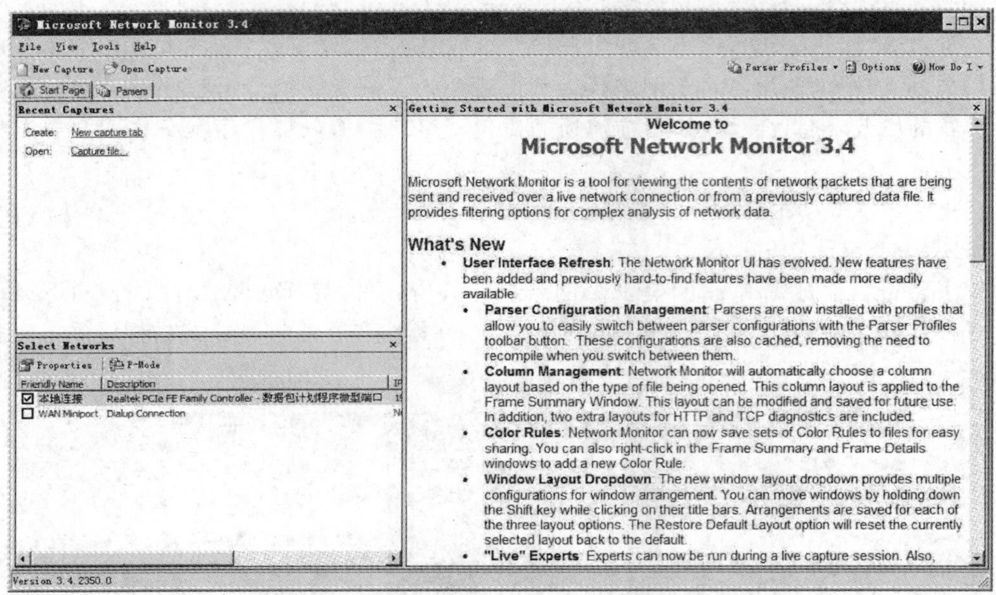

图 7.3　Microsoft Network Monitor 运行界面

除和网络诊断等功能。界面如图 7.4 所示，官网下载地址：http://www.colasoft.com/capsa/capsa-free-edition.php。

图 7.4　Capsa Packet Sniffer 运行界面

(4) NetworkMiner

NetworkMiner 是一个运行在 Windows 平台上的网络取证分析工具，通过嗅探或者分析 PCAP 文件可以侦测到操作系统，主机名称和开放的网络端口主机，其运行界面如图 7.5 所示，官网下载地址：http://sourceforge.net/projects/networkminer/files/networkminer/。

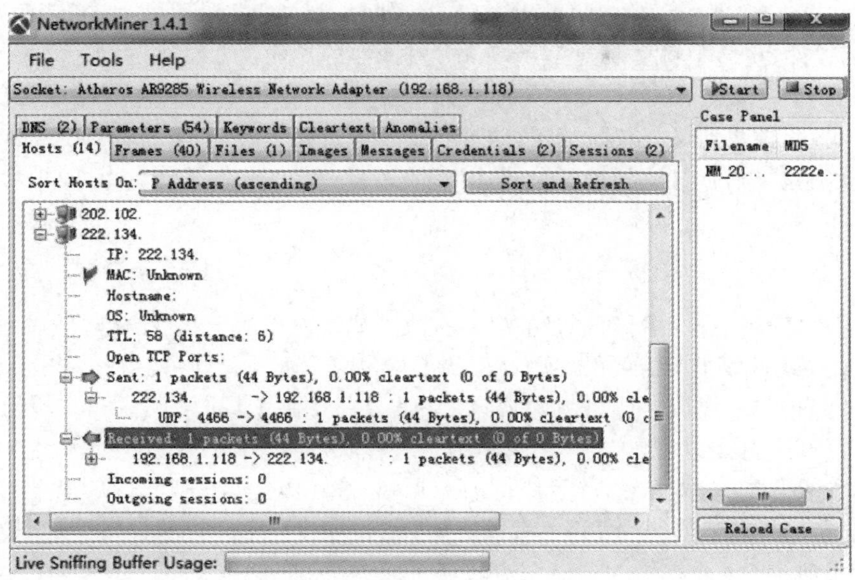

图 7.5 NetworkMiner 运行界面

(5) SniffPass

SniffPass 可以嗅探本机和局域网中(前提是要在出口网关上运行 SniffPass 并进行嗅探)的 POP3、IMAP4、SMTP、FTP 和 HTTP 等协议。界面如图 7.6 所示，官网下载地址：http://www.nirsoft.net/utils/password_sniffer.html。

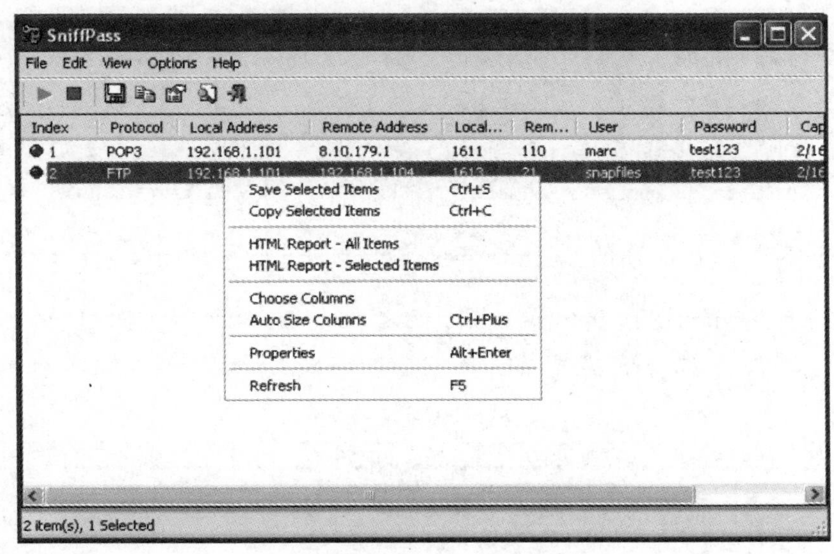

图 7.6 SniffPass 运行界面

3. 本实验采用的软件

(1) 虚拟机软件

本实验采用 VMWare 虚拟机，在虚拟机中安装 Windows XP 系统。

(2) 网络协议分析软件

为了让读者更进一步的掌握 WireShark 软件，本实验采用实训 3 已经介绍过的 WireShark 软件，实验中将要用到 WireShark 过滤器的功能。

WireShark 过滤器有两种类型，一种是捕捉过滤器，作用是用来捕获感兴趣的数据包，在捕获数据包之前先定义好包过滤器，这样在捕获数据包过程中，就只能捕获到设定好的那些类型的数据包。捕捉过滤器使用的是 Libcap 过滤器语言，在 Tcpdump 的手册中有详细的解释，基本结构是：

```
[not] primitive [and|or [not] primitive … ]
```

另外一种是显示过滤器，用法是捕获本机收到或者发出的全部数据包，然后通过显示过滤器让 Ethereal 只显示所需要的那些类型的数据包。下面主要介绍这种方法。

在捕获数据包完成后，可以根据“协议”、“是否存在某个域”、“域值”和“域值之间的比较”等四个规则来过滤数据包。

例如，如果只需查看使用 ARP 协议的数据包，在 Ethereal 窗口中的 Filter 中输入 arp (注意是小写)，然后按 Enter 键或单击 Apply 按钮，Ethereal 就会只显示 ARP 协议的数据包，如图 7.7 所示。

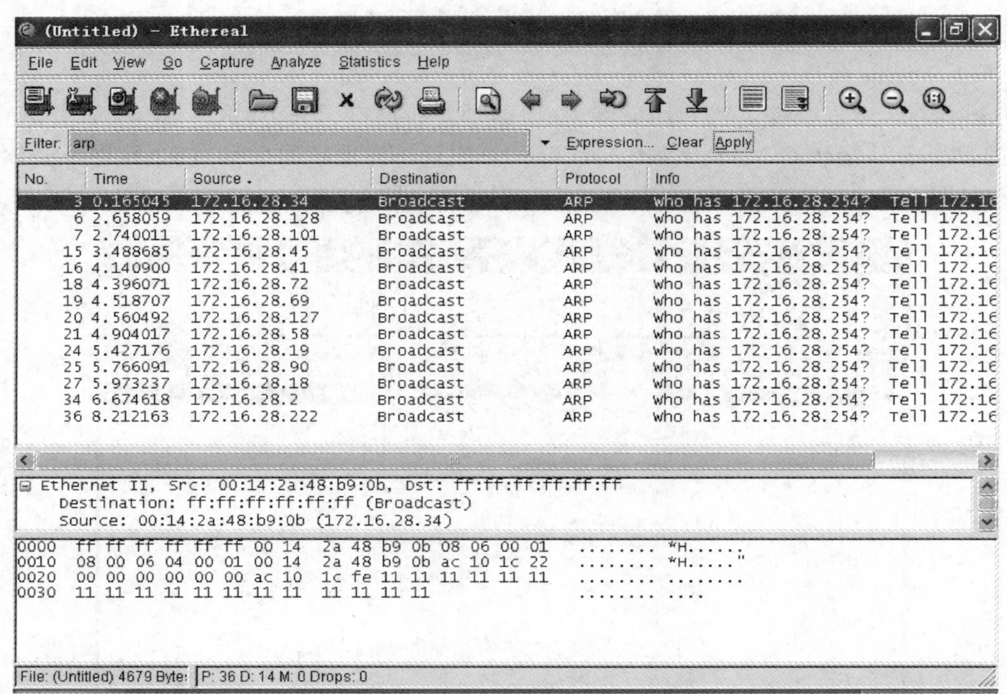

图 7.7 使用协议进行过滤

域值比较表达式可以使用==、>、!=等操作符来构造显示过滤器，例如 ip. addr==10. 1. 10. 20，ip. addr!=10. 1. 10. 20，frame. pkt_len>10 等。域值可以从 Expression 文本框中进行选择，如图 7. 8 所示。

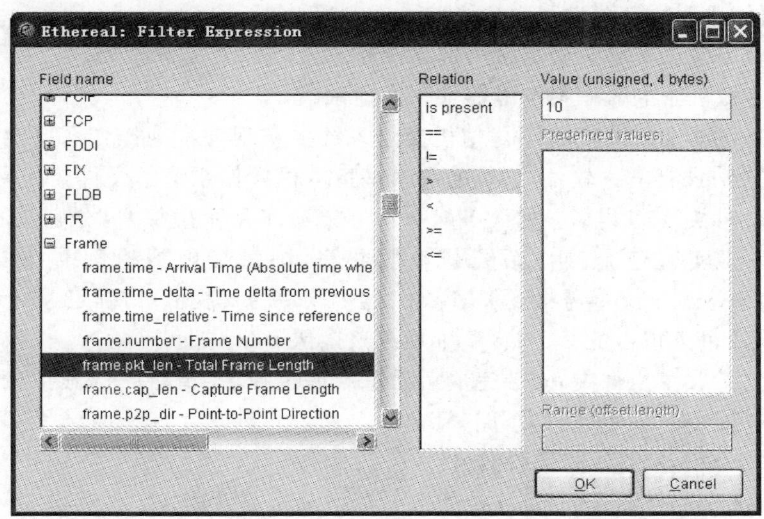

图 7. 8　添加域值比较表达式

组合表达式还可以使用 and、or 和 not 等逻辑操作符，其中逻辑与 and 也可用 && 表示，例如 ip. addr==172. 16. 28. 211&&frame. pkt_len < 100；逻辑或 or 也可用||表示，例如 ip. addr==172. 16. 28. 211||ip. addr==172. 16. 28. 254，逻辑非 not 也可用！表示，例如！llc，如图 7. 9 所示。

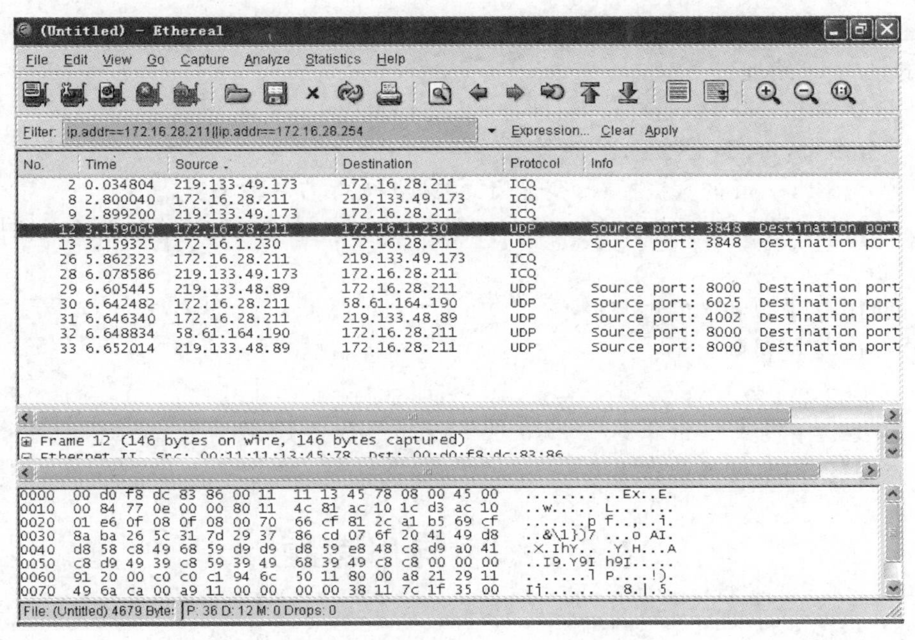

图 7. 9　组合表达式的应用

7.4 实验内容与步骤

1. 虚拟机的设置

(1) 本实验中操作系统为虚拟机中的 XP 系统。

(2) 设置虚拟机中的操作系统能够共享本地硬盘。

此为本实验的难点。VMware 虚拟机操作系统要实现与本地操作系统文件夹共享,第一需要安装 VMware Tools 软件,这里的共享是指本机操作系统的文件与 VMware 中安装的操作系统的文件夹实现共享。加入 VMware 中新建了两个虚拟机,分别是不同的操作系统,那么如果需要实现各个操作系统与本机共享,则每个虚拟机都需要安装 VMware Tools。安装 VMware Tools 需找到 VMware 这个软件的安装目录,确定 VMware-Tools 的安装路径,从而通过虚拟机的 CD/DVD 中加载该镜像 ISO。

第二需要设置共享文件夹,安装完成后需重启后选择"菜单栏"→"虚拟机"→"设置"→"选项"→"共享文件夹"→"添加共享路径"命令。

2. 使用 WireShark 工具捕获数据包

(1) 当前网络中主要的网络协议是什么?请记录实验数据。

主要的网络协议:

(2) 当前网络中主要数据包大小在什么范围?请记录实验数据。

数据包大小范围:

3. 协议分析

(1) 设置源主机的 TCP/IP 属性,并记录其 IP 地址;设置目的主机的 TCP/IP 属性,使其与源主机在同一个网络内,记录 IP 地址。

源主机 IP 地址:

目的主机 IP 地址:

(2) 启动 Ethereal 的 Capture-Start 命令,使 Ethereal 捕获数据包。此时,在 CMD 命令行窗口中,完成"ping 目的主机 IP"的命令。

(3) 停止 Ethereal 的数据捕获,获得相关数据并显示在主界面。

(4) 使用显示过滤器 Filter,在 Filter 中输入 icmp,只显示 ICMP 协议的相关数据包,完成如下分析:

① ICMP 请求包和应答包个数:

② ICMP 数据包的大小:

③ TTL(Time to Live)。

(5) 命令行下输入 ping www. baidu. com,抓取并分析 IP 数据包,详细说明每个字段的作用,重点分析 TTL 的值的作用。

7.5 练习与思考题

思考与讨论

(1) 捕捉并分析局域网上的所有 Ethernet Broadcast 帧。在 WireShark 软件中选择菜单 Capture→Capture Filters 命令，弹出 Capture Filters 界面。Filter name 选项为 Filter 名称，Filter string 选项设置为 ether broadcast，如图 7.10 所示。设置完成后，选择菜单 Capture→Start 命令，开始捕捉数据包。

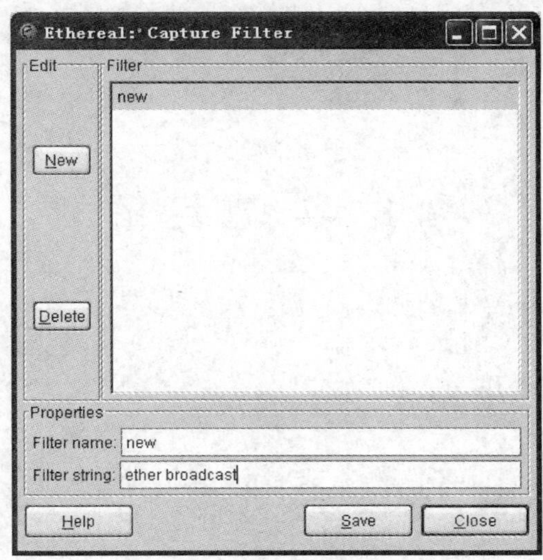

图 7.10 设置 Capture Filters

① 观察并分析哪些主机在发广播帧，这些帧的高层协议是什么？

② 该 LAN 的共享网段上连接了多少台计算机？一分钟内有几个广播帧？是否发生广播风暴？

(2) 请设计课余实验，使用 WireShark 软件抓取 FTP 的密码或 HTTP 的密码。

(3) 请列举出三种以上网络协议分析软件，请比较不同点。

实训 8　ARP 地址解析的应用

8.1　实 验 目 的

1. 理解地址解析协议 ARP 的概念、工作过程及用途；
2. 理解 IP 地址和 MAC 地址的区别；
3. 掌握 ARP 命令的使用。

8.2　实 验 要 求

1. 设备要求：计算机若干台(装有 Windows 2000/XP/2003 操作系统、装有网卡且联网)；
2. 每组两人，合作完成。

8.3　实验预备知识

1. IP 地址与物理地址

在学习 IP 地址时，很重要的一点就是要分清一个主机的 IP 地址与物理地址的区别。物理地址就是在单个物理网络内部对一台计算机进行寻址时所使用的地址。在局域网中，由于物理地址已固化在网卡的 ROM 中，因此常常将物理地址称为硬件地址或 MAC 地址，然而有些网络的物理地址并不是 MAC 地址，比如 X.25 网络。

在互联网中，IP 地址能够屏蔽各个物理网络地址的差异，为上层用户提供"统一"的地址形式，而且这种"统一"是通过在物理网络上覆盖一层 IP 软件实现的，并不对物理地址做任何修改。高层软件通过 IP 地址来指定源地址和目的地址，而低层的物理网络通过物理地址发送和接收信息。在数据的封装过程中，网络层将 IP 地址放入 IP 数据报(IP 协议使用的数据单元)的首部，而数据链路层将物理地址放在 MAC 帧(数据链路层的数据单元)的首部。IP 数据报与 MAC 帧的关联如图 8.1 所示。

假如一个网络上的两台主机 A 和 B，它们的 IP 地址分别是 I_A 和 I_B，物理地址为 M_A 和 M_B。在主机 A 需要将信息传送到主机 B 时，使用 I_A 和 I_B 作为源地址和目的地址。但是，信息最终的传递必须利用下层的物理地址 M_A 和 M_B 实现。那么，主机 A 怎么将主机 B 的 IP 地址 I_B 映射到它的物理地址 M_B 上呢？

将 IP 地址映射到物理地址的实现方法有多种，例如静态表格、直接映射等，每种网络都

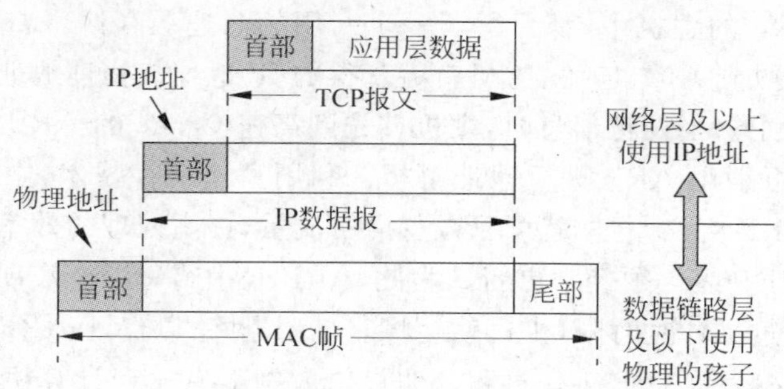

图 8.1　IP 地址与物理地址的区别

可以根据自身的特点选择适合于自己的映射方法。地址解析协议(Address Resolution Protocol, ARP)是以太网经常使用的映射方法,它充分利用了以太网的广播能力,将 IP 地址与物理地址进行动态绑定。

2. 地址解析协议的基本思想

以太网一个很大的特点就是具有强大的广播能力。针对这种具备广播能力、物理地址长但长度固定的网络,IP 互联网采用动态绑定方式进行 IP 地址到物理地址的映射,并制定了相应的协议——地址解析协议(ARP)。

假定在一个以太网中,主机 A 欲获得主机 B 的 IP 地址(I_B)与 MAC 地址(M_B)的映射关系,如图 8.2 所示,相应的 ARP 协议工作过程为:

(1) 主机 A 广播发送一个带有 I_B 的请求信息包,请求主机 B 用它的 IP 地址 I_B 和 MAC 地址 M_B 的映射关系进行响应。

(2) 于是,以太网上的所有主机接收到这个请求信息(包括主机 B 在内)。

(3) 主机 B 识别该请求信息,并向主机 A 发送带有自己的 IP 地址 I_B 和 MAC 地址 M_B 映射关系的响应信息包。

(4) 主机 A 得到 I_B 与 M_B 的映射关系,并可以在随后的发送过程中使用该映射关系。

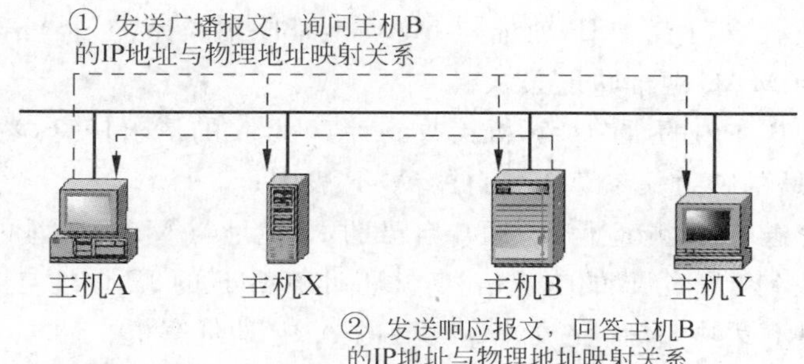

图 8.2　ARP 协议的基本思想

3. ARP 的工作过程

由于 IP 地址有 32 位,而物理地址有 48 位,因此,它们之间不是一个简单的映射(转换)关系。此外,在一个网络上可能经常会有新的计算机加入进来,或撤走一些计算机。更换计算机的网卡也会使其物理地址改变。可见在计算机中应存放一个从 IP 地址到物理地址的映射表,并且能够经常动态更新。ARP 协议很好地解决了这些问题。

在每台使用 ARP 的主机中，都保留了一个专用的高速缓存区（Cache），用于保存已知的 ARP 表项。一旦收到 ARP 应答，主机就将获得的 IP 地址与物理地址的映射关系存入高速 Cache 的 ARP 表中。当发送信息时，主机首先到高速 Cache 的 ARP 表中查找相应的映射关系，若找不到，再利用 ARP 进行地址解析。利用高速缓存技术，主机不必为每个发送的 IP 数据报使用 ARP 协议，这样就可以减少网络流量，提高处理的效率。为了保证主机中 ARP 表的正确性，ARP 表必须经常更新。为此，ARP 表中给每一个表项都分配了一个计时器，一旦某个表项超过了计时时限，主机就会将它自动删除，以保证 ARP 表的有效性。

下面举例说明完整的 ARP 工作过程。假设以太网上有 4 台计算机，分别是计算机 A、B、X 和 Y，如图 8.3 所示。现在，计算机 A 的应用程序需要和计算机 B 的应用程序交换数据。在计算机 A 发送信息前，必须首先得到计算机 B 的 IP 地址与 MAC 地址的映射关系。一个完整的 ARP 软件的工作过程如下：

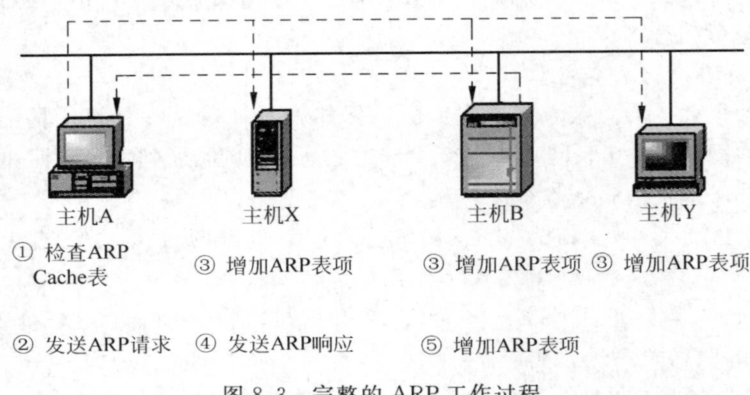

图 8.3 完整的 ARP 工作过程

① 计算机 A 检查自己高速 Cache 中的 ARP 表，判断 ARP 表中是否存有计算机 B 的 IP 地址与 MAC 地址的映射关系。如果找到，则完成 ARP 地址解析；如果没有找到，则转至下一步；

② 计算机 A 广播含有自身 IP 地址与 MAC 地址映射关系的请求信息包，请求解析计算机 B 的 IP 地址与 MAC 地址映射关系；

③ 包括计算机 B 在内的所有计算机接收到计算机 A 的请求信息，然后将计算机 A 的 IP 地址与 MAC 地址的映射关系存入各自的 ARP 表中；

④ 计算机 B 发送 ARP 响应信息，通知自己的 IP 地址与 MAC 地址的对应关系；

⑤ 计算机 A 收到计算机 B 的响应信息，并将计算机 B 的 IP 地址与 MAC 地址的映射关系存入自己的 ARP 表中，从而完成计算机 B 的 ARP 地址解析。

计算机 A 得到计算机 B 的 IP 地址与 MAC 地址的映射关系后就可以顺利地与计算机 B 通信了。在整个 ARP 工作期间，不但计算机 A 得到了计算机 B 的 IP 地址与 MAC 地址的映射关系，而且计算机 B、X 和 Y 也都得到了计算机 A 的 IP 地址与 MAC 地址的映射关系。如果计算机 B 的应用程序需要立刻返回数据给计算机 A 的应用程序，那么，计算机 B 就不必再次执行上面描述的 ARP 请求过程了。

网络互联离不开路由器，如果一个网络（如以太网）利用 ARP 协议进行地址解析，那么，与这个网络相连的路由器也应该实现 ARP 协议。

8.4　实验内容与步骤

本实验指导可在实验室网络中完成。

1. 查看 Cache 中的 ARP 表

(1) 选择"开始"→"运行"命令,输入 cmd,然后按 Enter 键,输入 arp-a 相关命令,查看本机的高速 Cache 中的 ARP 表项。记录实验结果,并完成下表(此表可增行):

Internet Address	Physical Address	Type

(2) 将同组成员的 IP 地址与 MAC 地址的映射关系加入到 ARP 表中。因为主机在向一个站点发送信息之前必须得到目的站点 IP 地址与 MAC 地址的映射关系,因此,可以利用 ping 命令向一个站点发送信息的方法,将这个站点 IP 地址与 MAC 地址的映射关系加入到 ARP 表中;如果要加入 172.16.28.7 与其 MAC 地址的对应关系,可使用 ping 172.16.28.7 命令,如图 8.4 所示。

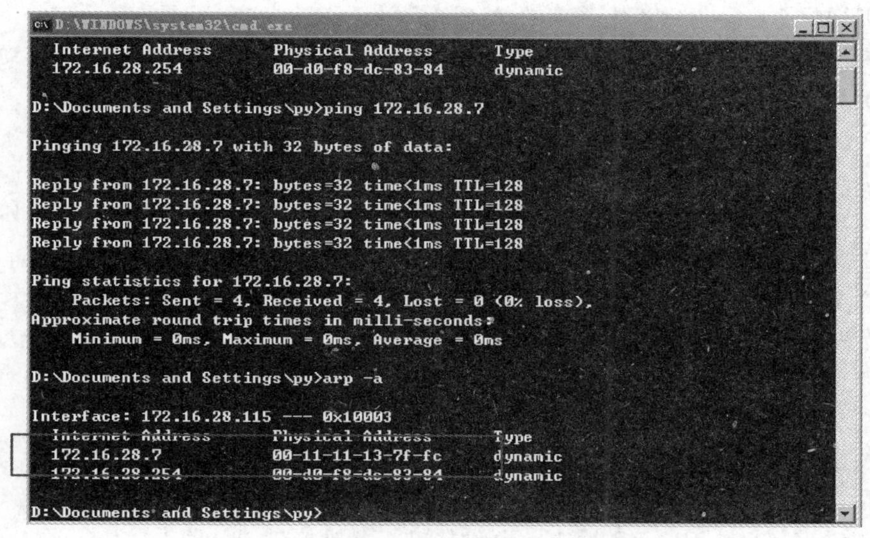

图 8.4　使用 ping 命令动态加入 ARP 表项

2. 添加静态表项

(1) 在命令行窗口(cmd 窗口)用 arp-s 命令将同组成员的 IP 地址与其 MAC 地址的对应关系加入到 ARP 表中,然后用 ARP 相关命令查看是否添加成功。请添加一个静态 ARP 表项,记录结果。

添加命令:

查看命令:

查看结果：

(2) 与用 ping 命令添加的 ARP 表项进行比较，说明它们之间的异同。

比较结果与结论。

3. 删除 ARP 表项

使用 arp -d 命令将 ARP 表中的所有表项删除，并记录此过程。

8.5 练习与思考

1. 选择题

(1) 下列关于 ARP 的叙述哪一项是错误的？(　　)

A. ARP 全称为 Address Resolution Protocol，地址解析协议

B. ARP 病毒向全网发送伪造的 ARP 欺骗广播，自身伪装成网关

C. 在局域网的任何一台主机中，都有一个 ARP 缓存表，该表中保存这网络中各个计算机的 IP 地址和 MAC 地址的对照关系

D. ARP 协议的基本功能就是通过目标设备的 MAC 地址，查询目标设备的 IP 地址，以保证通信的顺利进行

(2) 下列哪个命令可以实现静态 IP 地址和 MAC 地址的绑定？(　　)

A. arp -a　　B. arp -s　　C. arp -d　　D. arp -g

(3) 下列哪个命令可以清空当前的 ARP 缓存表？(　　)

A. arp -a　　B. arp -s　　C. arp -d　　D. arp -g

(4) 下列关于 ARP 的叙述哪一项是错误的？(　　)

A. ARP 协议的基本功能就是通过目标设备的 IP 地址，查询目标设备的 MAC 地址，以保证通信的顺利进行

B. 当局域网内某台主机运行 ARP 欺骗的木马程序时，会欺骗局域网内所有主机，让所有上网的流量必须经过病毒主机，但不会欺骗路由器

C. 辅助解决 ARP 地址欺骗，NBTSCAN 命令可以取到 PC 的真实 IP 地址和 MAC 地址，相关命令 nbtscan -r 192.168.16.0/24

D. 通过伪造 IP 地址和 MAC 地址实现 ARP 欺骗，能够在网络中产生大量的 ARP 通信量使网络阻塞

(5) 关于如何防止 ARP 欺骗，下列措施哪种是正确的？(　　)

A. 不一定要保持网内的机器 IP/MAC 是一一对应的关系

B. 基于 Linux/BSD 系统建立静态 IP/MAC 捆绑的方法是：建立/etc/ethers 文件，然后再/etc/rc.d/rc.local 最后添加 arp -s

C. 网关设备关闭 ARP 动态刷新，使用静态路由

D. 不能在网关上使用 TCPDUMP 程序截取每个 ARP 程序包

(6) 由于 ARP 欺骗导致网吧频繁掉线的叙述下列哪项是错误的？(　　)

A. 中病毒特征：网吧不定时的掉线(重启路由后正常)

B. 传奇杀手木马是通过 ARP 欺骗，来或取局域网内发往外网的数据。从而截获局域内一些网游的用户名和密码

C. 中木马的机器能虚拟出一个路由器的 MAC 地址 IP 地址。当病毒发作时，局域网内就会多出一个路由器的 MAC 地址

D. 网络执法官可以监控局域网内所有机器的 MAC 地址和 IP 地址，而且无须设置相同网段，即可实现

(7) 下列有关 ARP 欺骗的叙述哪项是错误的？(　　)

A. ARP 协议并不只在发送了 ARP 请求才接收 ARP 应答

B. 当计算机接收到 ARP 应答数据包的时候，就会对本地的 ARP 缓存进行更新，将应答中的 IP 和 MAC 地址存储在 ARP 缓存中

C. 交换机不是把数据包进行端口广播，它将通过自己的 ARP 缓存来决定数据包传输到哪个端口上

D. 局域网的网络数据流通是根据 IP 地址传输进行，并不是按照 MAC 地址进行传输的

(8) RARP 协议用于(　　)。

A. 根据 IP 地址查询对应的 MAC 地址

B. IP 协议运行中的差错控制

C. 把 MAC 地址转换成对应的 IP 地址

D. 根据交换的路由信息

(9) 在通常情况下，下列说法是错误的是(　　)。

A. 高速缓冲区中的 ARP 表是由人工建立的

B. 高速缓冲区中的 ARP 表是由主机自动建立的

C. 高速缓冲区中的 ARP 表是动态的

D. 高速缓冲区中的 ARP 表保存了主机 IP 地址与物理地址的映射关系

(10) 下列情况中需要启动 ARP 请求的是(　　)。

A. 主机需要接收信息，但 ARP 表中没有源 IP 地址与 MAC 地址的映射关系

B. 主机需要接收信息，但 ARP 表中已具有源 IP 地址与 MAC 地址的映射关系

C. 主机需要发送信息，但 ARP 表中没有目的 IP 地址与 MAC 地址的映射关系

D. 主机需要发送信息，但 ARP 表中已具有目的 IP 地址与 MAC 地址的映射关系

2. 思考与讨论题

(1) 有人将 ARP 列入网络接口层，即认为 ARP 不在 IP 层，这样对吗？

(2) 假定在一个局域网中计算机 A 发送 ARP 请求分组，希望找出计算机 B 的硬件地址。这时局域网上的所有计算机都能收到这个广播发送的 ARP 请求分组。试问这时由哪一个计算机使用 ARP 响应分组将计算机 B 的硬件地址告诉计算机 A？

(3) 一个主机要向另一个主机发送 IP 数据报。是否使用 ARP 就可以得到该目的主机的硬件地址，然后直接用这个硬件地址将 IP 数据报发送给目的主机？

(4) 为了验证 ARP 协议的工作过程，请设计并实现以下实验。

① 假设一台计算机广播了一个 ARP 请求之后，收到两个应答，第一个应答表明硬件地址是 H1，第二个应答声明硬件地址是 H2，那么 ARP 软件首先从第一个应答中取出 H1 与 IP 的绑定信息，放入高速缓存中，然后从第二个应答中取出 H2 与 IP 地绑定信息后，检测高

速缓存中已存在发送方 IP 的地址绑定信息，这时会以 H2 与 IP 的绑定信息替代高速缓存中已有的 H1 与 IP 的绑定。请设计实验验证 ARP 以上的工作，并描述实验方法与实验过程。

② ARP 还引入了一种优化策略：在一台计算机回答了一个 ARP 请求之后，此计算机将会把报文中的发送方地址绑定加入自己的高速缓存中，以便以后加以利用。请设计实验验证 ARP 以上的工作，并描述实验方法和实验过程。

实训9 子网规划与划分

9.1 实验目的

1. 掌握子网规划的方法；
2. 掌握在内部局域网上划分、应用和测试逻辑子网的方法；
3. 理解IP协议与MAC地址的关系；
4. 熟悉ARP命令的使用：arp [-d]，[-a]。

9.2 实验要求

1. 设备要求：计算机四台以上（安装Windows 2000/XP/2003操作系统、装有网卡）、交换机一台、UTP网线；
2. 分组要求：四人一组，合作完成。

9.3 实验预备知识

1. 子网编址的方法

在IP互联网中，A类、B类、C类IP地址是经常使用的IP地址。由于经过网络号和主机号的层次划分，它们能适应于不同的网络规模。使用A类IP地址的网络可以容纳1600万台主机，而使用C类IP地址的网络仅仅可以容纳254台主机。但是，随着计算机的发展和网络技术的进步，个人计算机应用迅速普及，小型网络（特别的小型局域网）越来越多。这些网络多则拥有几十台主机，少则拥有两三台主机，对于这样一些小规模网络即使采用一个C类地址仍然的一种浪费（可以容纳254台主机），因而在实际应用中，人们开始寻找新的解决方案以克服IP地址的浪费现象，其中子网编址就是其中之一。

IP地址具有层次结构，标准的IP地址分为网络号和主机号两层。为了避免IP地址的浪费，子网编址的主机号部分进一步划分成子网部分和主机部分，如图9.1所示。

为了创建一个子网地址，网络管理员从标准IP地址的主机号部分"借"位并把它们指定为子网号部分。只要主机号部分能够剩余两位，子网地址可以借用主机号部分的任何位数（但至少应借用2位）。因为B类网络的主机号部分只有两个字节。故而最多只能借用14位创建子网。而在C类网络中，由于主机号部分只有一个字节，故最多只能借用6位去创建子网。

128.168.0.0是一个B类IP地址。它的主机号部分有两个字节。在图9.2中，借用了

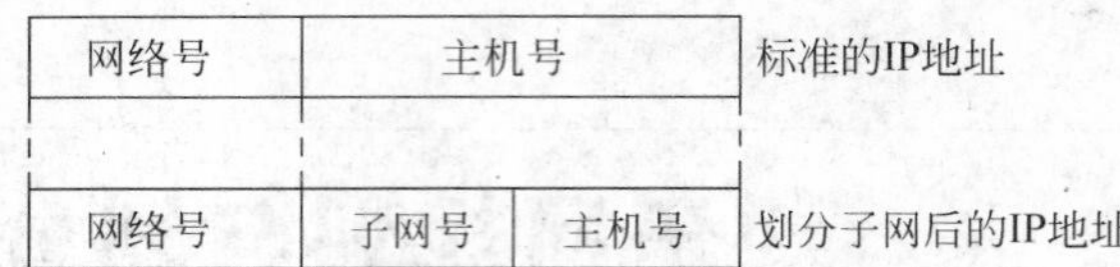

图 9.1 子网编址的层次结构

其中的一个字节作为子网号。

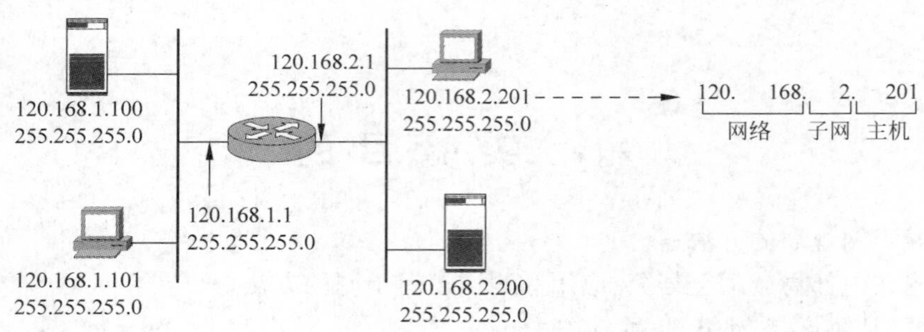

图 9.2 借用 B 类 IP 地址的一个字节作为子网号

当然，如果从 IP 地址的主机号部分借用来创建子网，相应子网中的主机数目就会减少。例如一个 C 类网络，它用一个字节表示主机号，可以容纳的主机数为 254 台。当利用这个 C 类网络创建子网时，如果借用 2 位子网号，那么可以剩下的 6 位表示子网号的主机，可以容纳的主机数为 62 台；如果借用 3 位作为子网号，那么仅可以使用剩下的 5 位来表示子网中的主机，可以容纳的主机数也可以减少到 30 台。

2. 子网的规划方法

子网规划，就是根据子网个数要求及每个子网的有效主机地址个数要求，确定借几位主机号作为子网号，然后写出借位后的子网个数、每个子网的有效主机地址个数、子网地址、子网掩码和有效主机地址。子网规划和 IP 地址分配在网络规划中占有重要地位。在确定借几位主机号作为子网号时应使子网号部分产生足够的子网，而剩余的主机号部分能容纳足够的主机。例如，一个网络被分配了一个 C 类地址 211.87.40.0。如果该网络有 10 个子网组成，每个子网包含 10 台主机，那么应该怎样规划和使用 IP 地址呢？

从表 9.1 中可以看出，子网位数为 4 位，子网掩码为 255.255.255.240，可以产生 14 个子网，每个子网容纳 14 台主机，满足例子中 10 个子网，每个子网 10 台主机的要求，因此可以采取这种规划方案。如果存在多种可选方案，可以在其中选出最佳方案（目的是在为将来的扩展留有余地的同时尽量提高 IP 地址的利用率）。211.87.40.0 在掩码为 255.255.255.240 时的地址分配情况参见表 9.2。

表 9.1 C 类网络子网划分对应关系表

子网号位数	子网数	主机数	子网掩码
2	2	62	255.255.255.192
3	6	30	255.255.255.224
4	14	14	255.255.255.240
5	30	6	255.255.255.248
6	62	2	255.255.255.252

表 9.2 211.87.40.0 在掩码为 255.255.255.240 时的地址分配表

子网	子网号	子网地址	每一个子网的有效主机地址范围	子网掩码
1	0001	211.87.40.16	211.87.40.17～30	255.255.255.240
2	0010	211.87.40.32	211.87.40.33～46	255.255.255.240
3	0011	211.87.40.48	211.87.40.49～62	255.255.255.240
4	0100	211.87.40.64	211.87.40.65～78	255.255.255.240
5	0101	211.87.40.80	211.87.40.81～94	255.255.255.240
6	0110	211.87.40.96	211.87.40.97～110	255.255.255.240
7	0111	211.87.40.112	211.87.40.113～126	255.255.255.240
8	1000	211.87.40.128	211.87.40.129～142	255.255.255.240
9	1001	211.87.40.144	211.87.40.145～158	255.255.255.240
10	1010	211.87.40.160	211.87.40.161～174	255.255.255.240
11	1011	211.87.40.176	211.87.40.177～190	255.255.255.240
12	1100	211.87.40.192	211.87.40.193～206	255.255.255.240
13	1101	211.87.40.208	211.87.40.209～222	255.255.255.240
14	1110	211.87.40.224	211.87.40.225～238	255.255.255.240

与标准的 IP 地址相同，子网编址也为子网网络和子网广播保留了地址编号。在子网编址中以二进制全 0 结尾的 IP 地址是子网地址，用来表示子网；而以二进制全 1 结尾的 IP 地址则是子网直接广播地址，为子网广播所保留。由于 C 类地址最后一个字节的 4 位用作划分子网，因此子网中的主机号只能用剩下的 4 位来表达。在这 4 位中，全 0 的表示该子网网络，全 1 的表示子网广播，其余的可以分配给子网中的主机。

为了与标准的 IP 编址保持一致，二进制全 0 或全 1 的子网号不能分配给实际的子网。在上面的例子中，除 0 和 15 外(二进制 0000 和 1111)，其他的子网号都可进行分配。

IP 协议规定，用一个 32 比特的子网掩码来表示子网号字段的长度。子网掩码由一连串的 1 和一连串的 0 组成，1 对应于网络号和子网号字段，而 0 对应于主机号字段。将 IP 地址和它的子网掩码进行与运算，就可以判断出 IP 地址中哪些位表示网络号和子网号，哪些位表示主机号。

32 位全为 1 的 IP 地址(255.255.255.255)为有限广播地址，如果在子网中使用该广播地址，广播将被限制在本子网内。

需要注意的是，进行子网互连的路由器也需要占用有效的 IP 地址，因此，在计算机网络中(或子网中)需要使用的 IP 数时，不要忘记连接该网络(或子网)的路由器。在图 9.3 中，尽管子网 3 只有两台主机，但由于两个路由器分别有一条连线与该网相连。因此，该子网需要 4 个有效的 IP 地址。

3. 在内部局域网上划分逻辑子网

尽管子网编址的初衷是为了避免小型或微型网络浪费 IP 地址，但是，有时候将一个大规模的物理网络划分成几个小规模的子网还有其他的好处：由于各个子网在逻辑上是独立的，因此没有路由器的转发，子网之间的主机不可能相互通信，尽管这些主机处于同一个物理网络中。

在本次实验中，以四台计算机为一组，将组装好的以太网在逻辑上划分成若干个子网，

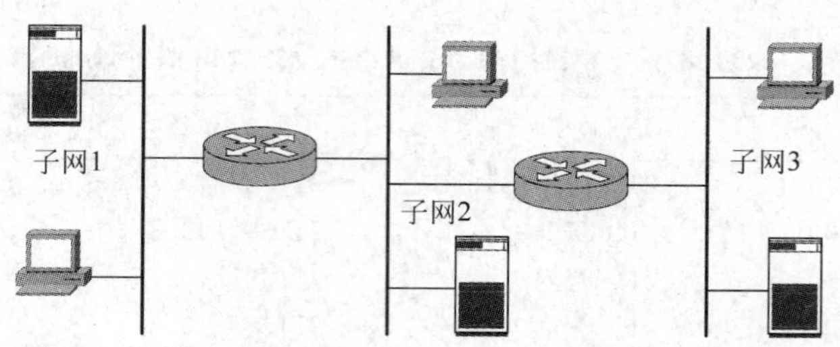

图 9.3　路由器的每个连接要占用 1 个有效的 IP 地址

四台计算机有两台属于同一个子网，另两台属于另一个子网，以便相互验证测试。分配给该网络的网络地址使用保留用于私有网络地址分配的 C 类网络地址 192.168.1.0～192.168.254.0，第一组可以使用 192.168.1.0，第二组可以使用 192.168.1.0，以此类推。

如果要求划分成多个子网的网络有 5 个子网组成，每个子网包含 15 台主机，那么应该怎样在逻辑上划分子网呢？以第一组为例，分配给该组的网络地址是 192.168.1.0。从表 9.1 中可以看出，子网位数为 3 位，子网掩码为 255.255.255.224，可以产生 6 个子网，每个子网容纳 30 台主机，满足子网 5 个，每个子网 15 台主机的要求，因此可以采取这种规划方案。这样，子网掩码为 255.255.255.224，子网号可在 1～6 之间选择，而每个子网中的主机号从 1 开始直到 30。表 9.3 给出了这个 C 类网在掩码为 255.255.255.240 时的地址分配表，图 9.4 给出了按照这种方案进行子网划分的具体例子。

表 9.3　192.168.1.0 在掩码为 255.255.255.224 时的地址分配表

子　网	子 网 号	子 网 地 址	每一个子网的有效主机地址范围	子 网 掩 码
1	001	192.168.1.32	192.168.1.33～.62	255.255.255.224
2	010	192.168.1.64	192.168.1.65～.94	255.255.255.224
3	011	192.168.1.96	192.168.1.97～.126	255.255.255.224
4	100	192.168.1.128	192.168.1.129～.158	255.255.255.224
5	101	192.168.1.160	192.168.1.161～.190	255.255.255.224
6	110	192.168.1.192	192.168.1.193～.222	255.255.255.224

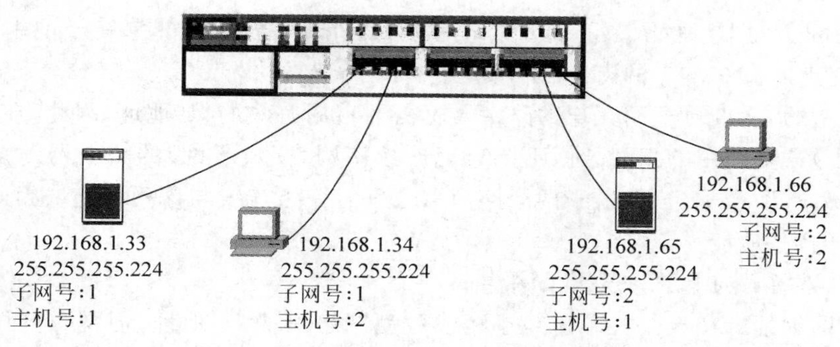

图 9.4　将一个以太网在逻辑上划分成若干个子网

4. 应用和测试

在子网划分方案定好之后，就可以动手修改计算机的配置了。配置方法如下。

(1) 启动 Windows 2000 Server,选择“开始”→“设置”→“控制面板”→“网络拨号连接”→“本地连接”→“属性”命令,进入“本地连接属性”对话框,如图 9.5 所示。

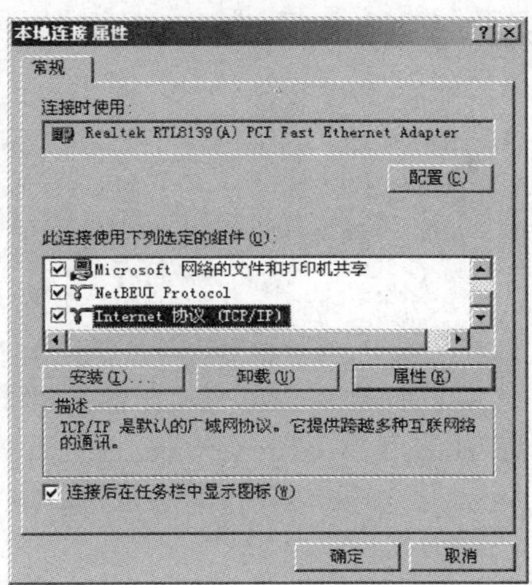

图 9.5 “本地连接属性”对话框

(2) 选中“此连接使用下列选定的组件”列表中的“Internet 协议(TCP/IP)”,单击“属性”按钮,打开“Internet 协议(TCP/IP)属性”对话框,如图 9.6 所示。

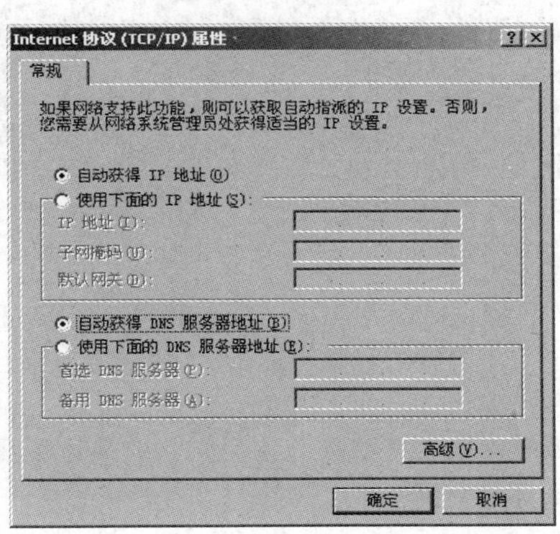

图 9.6 “Internet 协议(TCP/IP)属性”对话框

(3) 按照图 9.4 给出的 IP 地址分配方案,修改计算机原有的 IP 地址配置,将正确的 IP 地址和子网掩码分别填入“IP 地址”和“子网掩码”文本框,如图 9.7 所示。单击“确定”,返回“本地连接属性”界面。

(4) 通过单击“本地连接属性”界面中的“确定”按钮,完成 IP 地址的修改和配置。

利用 ipconfig 命令可以获得主机的当前配置信息,而 ipconfig 命令显示的某些信息是不可能通过 Windows 图形界面得到的。在配置完成后,可以使用 ipconfig 命令去查看网络 IP 地址。子网掩码等配置情况,如图 9.8 所示。

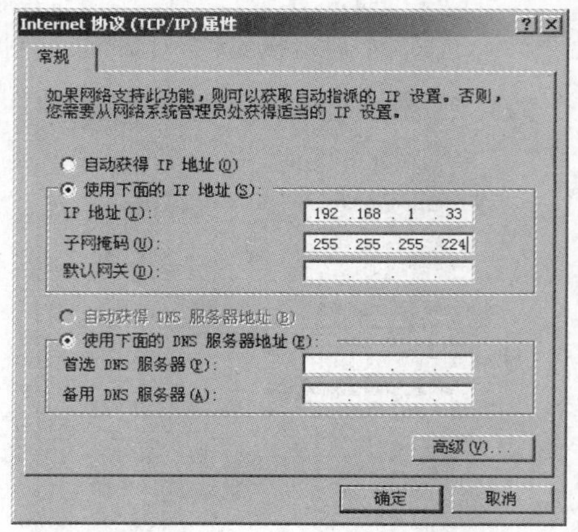

图 9.7　配置“IP 地址”和“子网掩码”

```
C:\WINNT\system32\cmd.exe
Microsoft Windows 2000 [Version 5.00.2195]
(C) 版权所有 1985-2000 Microsoft Corp.

C:\>ipconfig

Windows 2000 IP Configuration

Ethernet adapter 本地连接:

        Connection-specific DNS Suffix  . :
        IP Address. . . . . . . . . . . . : 192.168.1.33
        Subnet Mask . . . . . . . . . . . : 255.255.255.224
        Default Gateway . . . . . . . . . :

C:\>_
```

图 9.8　利用 ipconfig 命令获得主机的当前配置信息

ping 命令依然是测试子网的划分、IP 分配和计算机配置是否正确的重要工具。用一台计算机去 ping 与自己处于同一子网的另一台计算机(如利用 IP 地址为 192.168.1.33 的计算机去 ping IP 地址为 192.168.1.34 的计算机)，观察 ping 命令输出是结果，然后，再用这台计算机去 ping 与自己处于不同子网的计算机(如 IP 地址为 192.168.1.162 的计算机)，观察 ping 命令的输出结果有何变化。

9.4　实验内容与步骤

实验一

(1) 两人一组，设置两台主机的 IP 地址与子网掩码：

A：10.2.2.2　255.255.254.0

B：10.2.3.3　255.255.254.0

(2) 两台主机均不设置默认网关。

(3) 用 arp -d 命令清除两台主机上的 ARP 表，然后在 A 与 B 上分别用 ping 命令与对方通信，观察并记录结果，并分析原因。

(4) 在两台 PC 上分别执行 arp -a 命令，观察并记录结果，并分析原因。

提示：由于主机将各自通信目标的 IP 地址与自己的子网掩码相与后，发现目标主机与自己均处于同一网段(10.2.2.0)，因此通过 ARP 协议获得对方的 MAC 地址，从而实现在同一网段内网络设备间的双向通信。

实验二

(1) 将 A 的子网掩码改为：255.255.255.0，其他设置保持不变。

(2) 在两台 PC 上分别执行 arp -d 命令清除两台主机上的 ARP 表。然后在 A 上用 ping 命令与 B 通信，观察并记录结果。

(3) 在两台 PC 上分别执行 arp -a 命令，观察并记录结果，并分析原因。

提示：A 将目标设备的 IP 地址(10.2.3.3)和自己的子网掩码(255.255.255.0)相"与"得 10.2.3.0，和自己不在同一网段(A 所在网段为：10.2.2.0)，则 A 必须将该 IP 分组首先发往默认网关。

实验三

(1) 按照实验 2 的配置，接着在 B 上用 ping 命令与 A 通信，观察并记录结果，并分析原因。

(2) 在 B 上执行 arp -a 命令，观察并记录结果，并分析原因。

提示：B 将目标设备的 IP 地址(10.2.2.2)和自己的子网掩码(255.255.254.0)相"与"，发现目标主机与自己均位于同一网段(10.2.2.0)，因此，B 通过 ARP 协议获得 A 的 MAC 地址，并可以正确地向 A 发送 Echo Request 报文。但由于 A 不能向 B 正确地发回 Echo Reply 报文，故 B 上显示 ping 的结果为"请求超时"。

在该实验操作中，通过观察 A 与 B 的 ARP 表的变化，可以验证：在一次 ARP 的请求与响应过程中，通信双方就可以获知对方的 MAC 地址与 IP 地址的对应关系，并保存在各自的 ARP 表中。

根据上述实验，完成以下问题。

(1) 分别叙述各实验的记录结果并分析其原因。

(2) 请画出 C 类地址的子网划分选择表。

(3) 在 B 类网络中，能使用掩码 255.255.255.139 吗？为什么？

(4) 说出地址和子网掩码的不同？

9.5 练习与思考

1. 练习题

(1) 192.168.1.1 代表的是(　　)地址。

A. A 类地址　　B. B 类地址　　C. C 类地址　　D. D 类地址

(2) 224.0.0.5 代表的是(　　)地址。

A. 主机地址　　B. 网络地址　　C. 组播地址　　D. 广播地址

(3) 192.168.1.255 代表的是(　　)地址。

A. 主机地址　　B. 网络地址　　C. 组播地址　　D. 广播地址

(4) 对于一个没有经过子网划分的传统C类网络来说,允许安装多少台主机?( )

A. 1024　　B. 65 025　　C. 254　　D. 16

E. 48

(5) IP地址219.25.23.56的默认子网掩码有几位( )。

A. 8　　B. 16　　C. 24　　D. 32 8

(6) 国际上负责分配IP地址的专业组织划分了几个网段作为私有地址网段,可以供人们在私有网络自由分配使用,以下属于私有地址的网段是( )。

A. 10.0.0.0/8　　B. 172.16.0.0/12　　C. 192.168.0.0/16　　D. 224.0.0.0/8

(7) 保留给自环测试的IP地址是( )。

A. 127.0.0.0　　B. 127.0.0.1　　C. 224.0.0.9　　D. 126.0.0.1

2. 思考题

(1) 128.168.0.0,255.255.0.0是一个B类网;128.168.0.0,255.255.255.0是一个什么网?128在128~191之间是B类网,掩码写255.255.255.0对不对?为什么?用斜线表示法表示上述两个网。

(2) 6台计算机接入一台交换机进行实验。设第一组各计算机的IP地址和掩码如下表,用ping命令测试各台计算机的连通性,并将子网号填入下表。

IP地址	掩码为255.255.255.192		掩码为255.255.255.224		掩码为255.255.255.240	
	子网号	ping	子网号	ping	子网号	ping
192.168.1.161						
192.168.1.190						
192.168.1.65						
192.168.1.78						
192.168.1.97						
192.168.1.118						

(3) 如果将C类192.168.10.0网络划分13个子网,求各子网的子网掩码、网络地址、广播地址、以及可容纳的最多主机数。

(4) 一个子网IP地址为10.32.0.0,子网掩码为255.224.0.0的网络,它允许的最大主机地址是什么?

(5) 如果对192.168.0.0/24、192.168.1.0/24、192.168.2.0/24、192.168.3.0/24进行子网聚合,求新网络的子网掩码。

(6) 192.168.2.16/28子网中每个子网最多可以容纳多少台主机。

(7) IP地址是202.112.14.137,子网掩码为255.255.255.224的网络地址和广播地址分别是什么?

(8) 请写出172.16.22.38/27地址的子网掩码、广播地址以及该子网可容纳的主机数各是多少?

实训 10　网络互联与路由配置

10.1　实验目的

1. 掌握静态路由的配置技术；
2. 深入理解路由表、IP 路由选择原理。

10.2　实验要求

1. 设备要求：交换机或集线器一台，Windows XP 系统计算机两台、Windows Server 2003 系统计算机两台、直通双绞线四根；
2. 每组四人，合作完成。

10.3　实验预备知识

1. 网络互联

网络互联是为了将两个或者两个以上具有独立自治能力、同构或异构的计算机网络连接起来，实现数据流通，扩大资源共享的范围，或者容纳更多的用户。它具体体现为：局域网与局域网(LAN/LAN)的互联、局域网与广域网(LAN/WAN)的互联或局域网经广域网的互联。

进行网络互联的中间设备，按照 ISO 的术语，也称为中继(Relay)系统。

按工作层次，网络互联设备有四种，如图 10.1 所示。

转发器
(物理层中继)

网桥
(数据链路层中继)

路由器
(网络层中继)

网关
(网络层以上层的中继)

图 10.1　四种网络互联设备

网络互联设备是网络互联的关键，它既可以是专门的设备，也可以利用计算机配置成器。网络互联设备在内部执行各子网的协议，成为子网的一部分；实现不同子网协议之间的转换(协议转换包括协议数据格式的转换、地址映射、速率匹配、网间流量控制等)，保证执行两种不同协议的网络之间可以进行互联通信。

2. 网关

有时,人们将上述的网桥、路由器和网关名词统称为网关,或信关。习惯上,根据连接两个子网时所使用的网关个数,将网络互联划分为两种类型,如表 10.1 所示。

表 10.1 网络互联的两种类型

单网关互联	通过某个专门的互联部件连接两个或两个以上的网络(子网),称为单网关互联。该互联部件同时作为各互联子网上的节点,执行各子网的协议或规程。当两个子网执行不同协议时,单网关进行必要的协议转换,如图 10.2 所示。 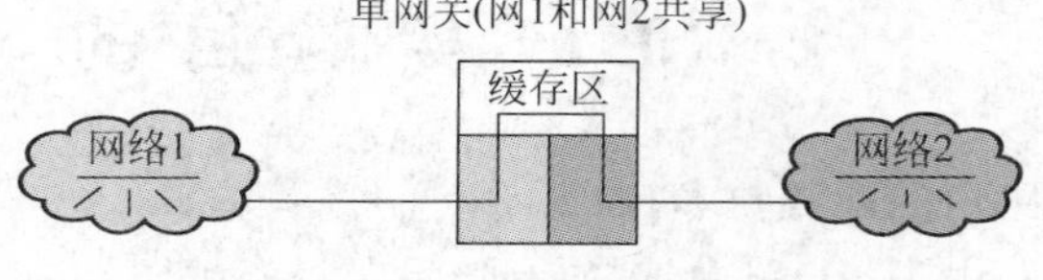 图 10.2 单网关互联
半网关互联	通过一对提供互联功能的部件进行两个网络的互联,称为半网关互联,每个网关仅仅执行"一半"的互联功能。从 OSI/RM 的观点来看,互联部件只能屏蔽对应层之下各层次的差异,要求通信双方执行相同的高层协议,如图 10.3 所示。 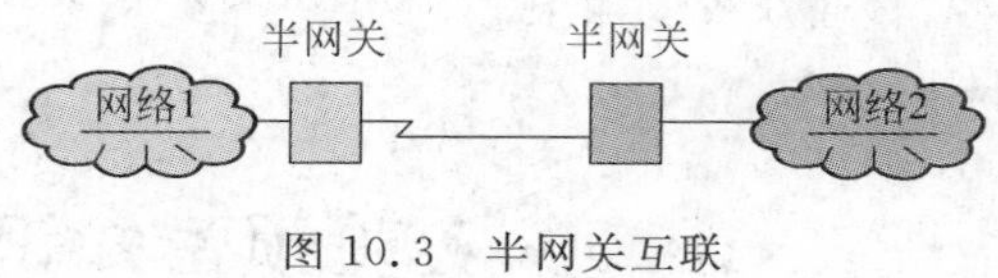 图 10.3 半网关互联

3. 路由器

路由器用于网络之间的数据传输、用于分隔不同的网络。路由器是根据网络传输的数据包所含的 IP 地址进行转发的。当源和目标之间存在多条通路时,路由器根据使用的路由协议自动选择优化的传输路径。

RIP 协议就是按照距离向量算法,用跳数作为度量值,默认启用负载均衡功能,不考虑带宽的情况下进行路由选择。不随各网络地址发送子网掩码信息的路由选择协议被称为有类别的选择协议(RIPv1、IGRP),当采用有类别路由选择协议时,属于同一类网络中的所有子网络都必须使用同一子网掩码。采用无类别路由选择协议,在同一类网络中可使用不同的子网掩码。无类别路由选择协议包括开放最短路径优先(OSPF)、EIGRP、RIPV2、中间系统到中间系统(IS-IS)和边界网关协议版本 4(BGP4)。

路由器可选用专用的连接设备,像交换机一样,必须外接计算机运行路由器操作系统 IOS 并对其进行配置。复杂路由器可能有多个以太口、同步串行口、异步通信口和 ISDN 端口。

最简单的路由器是一台计算机(拥有一块或两块以上以太网卡、两个同步串行接口卡)。

10.4 实验内容与步骤

1. 实验拓扑图

本次实验拓扑图如图 10.4 所示。

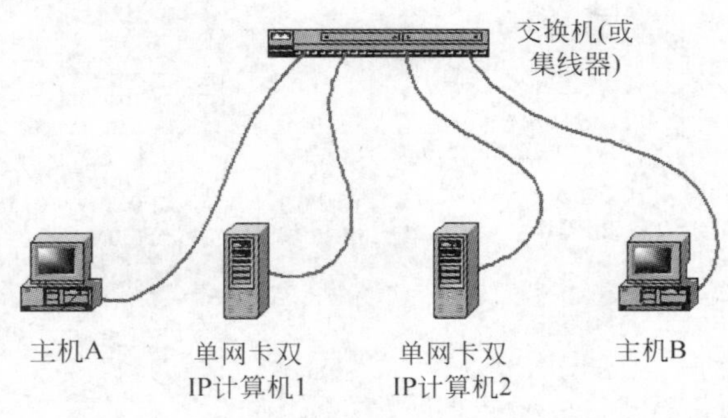

图 10.4 实验拓扑图

2. 实验方案

实验方案如图 10.5 和图 10.6 所示。可根据实验环境,自行选择。本次实验根据作者所在实验室环境选择单网卡多 IP 方案。

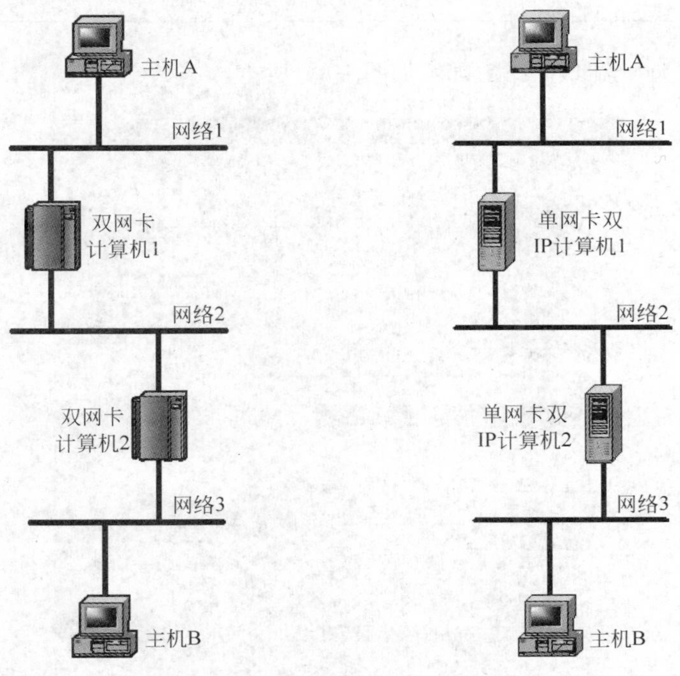

图 10.5 双网卡(或多网卡)方案　　　图 10.6 单网卡多 IP 地址方案

3. 实验逻辑拓扑图

实验逻辑拓扑图如图 10.7 所示。

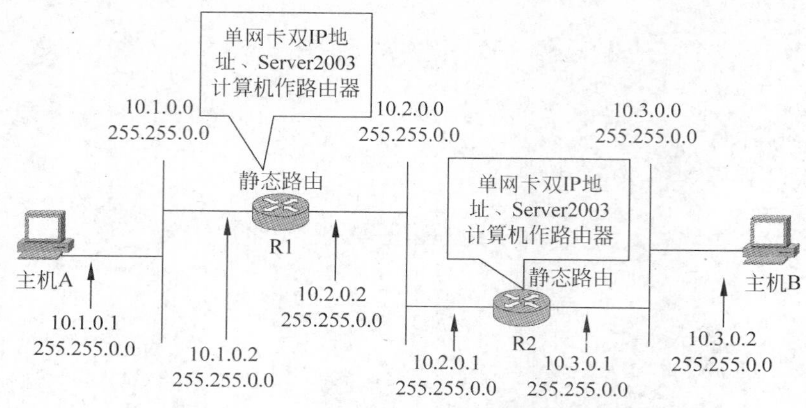

图 10.7　实验逻辑拓扑图

4. TCP/IP 属性设置

(1) 按逻辑图对主机设置，将参数写入表 10.2 中。

表 10.2　主机 TCP 属性设置

Host	IP 地址	子网掩码	默认网关
A			
B			

主机 A 的 IP 地址和默认路由配置如图 10.8 所示。

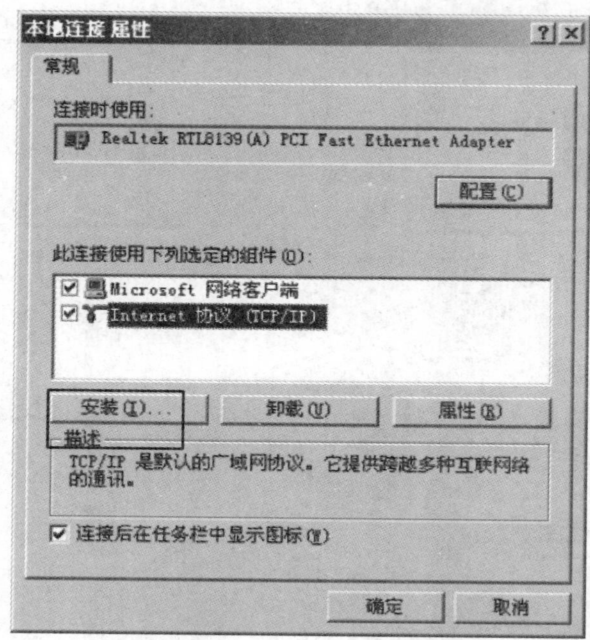

图 10.8　主机 A 配置

主机 B 的 IP 地址和默认路由配置方法如图 10.9 所示。

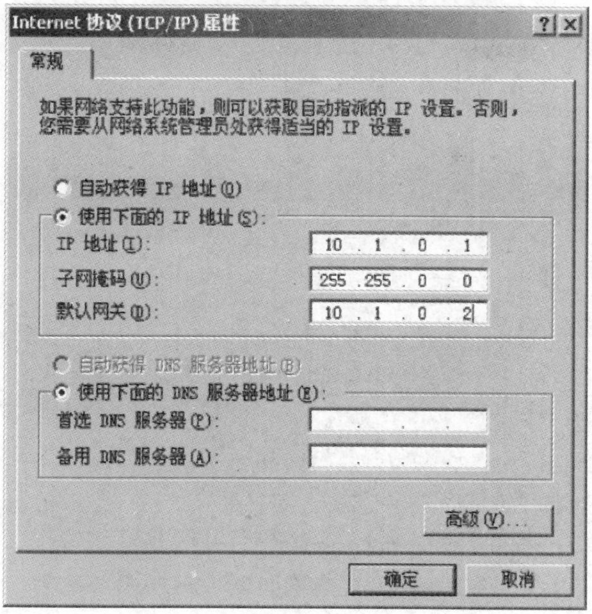

图 10.9　主机 B 配置

(2) 按逻辑图对 R1、R2 设置

配置路由器 R1 计算机的 IP 地址，打开 R1 Internet 协议属性对话框，如图 10.10 所示，单击“高级”按钮，打开“高级 TCP/IP 设置”对话框，如图 10.11 所示。

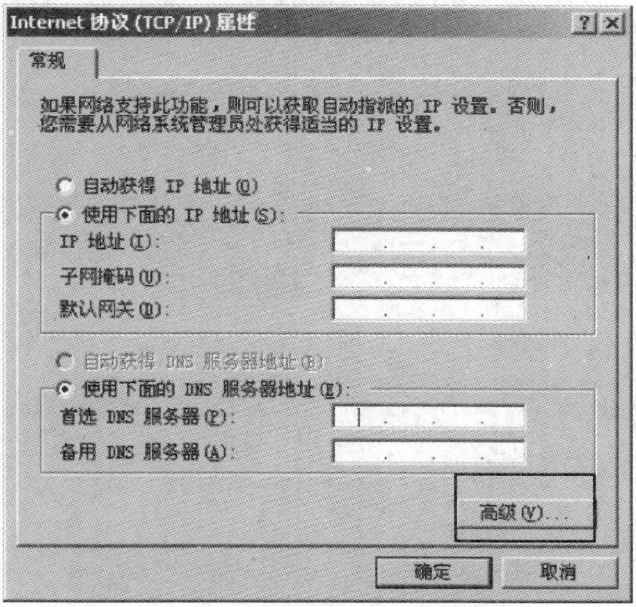

图 10.10　路由器 R1“属性”对话框

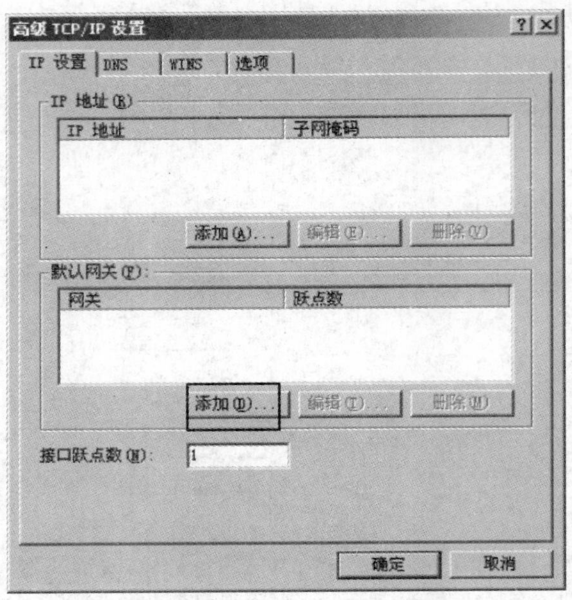

图 10.11　路由器 R1“设置”对话框

在“IP 地址”框中分别添加路由器 R1 的两个 IP 地址：

IP：10.1.0.2　子网掩码：255.255.0.0

IP：10.2.0.2　子网掩码：255.255.0.0

配置结果如图 10.12 所示。

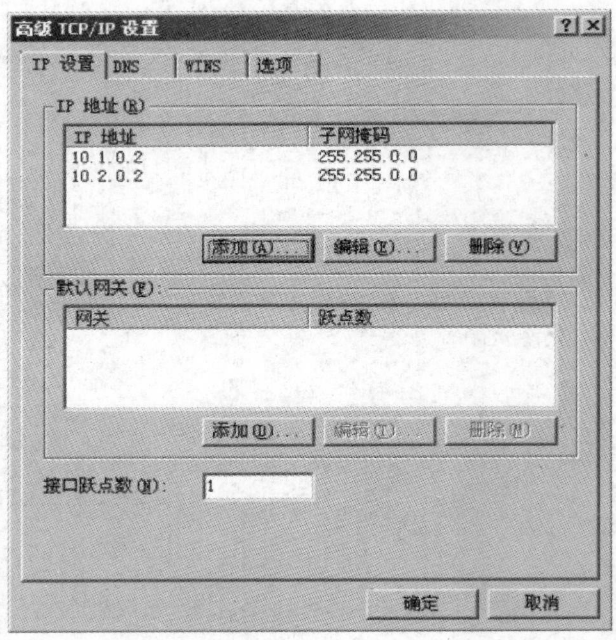

图 10.12　路由器 R1 配置结果

路由器 R2(计算机)IP 地址的配置方法与 R1 相同。

5. 静态路由的配置

(1) 配置路由器 R1(计算机)的静态路由

启动 R1 系统,选择"开始"→"程序"→"管理工具"→"路由和远程访问"命令,(如图 10.13 所示)打开"路由和远程访问"页面。

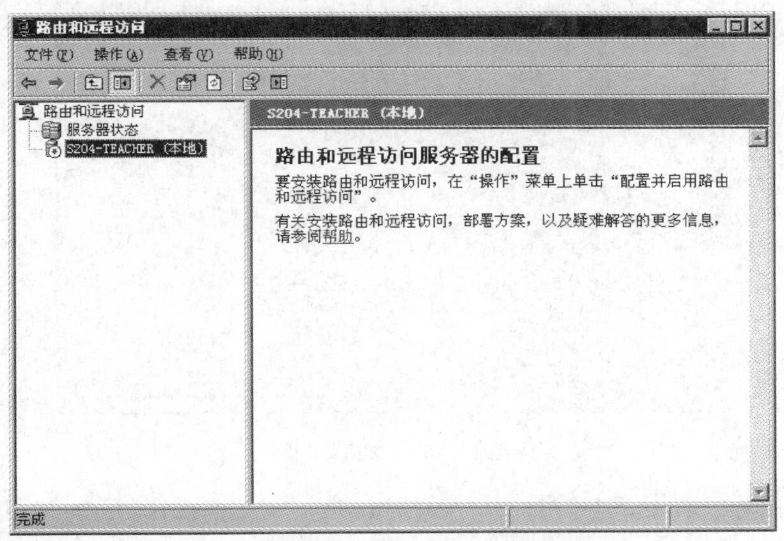

图 10.13　处于禁止状态时的路由远程访问窗口

在"操作"菜单上单击"配置并启用路由和远程访问"命令,进入如图 10.14 所示"路由和远程访问服务器安装向导"界面。

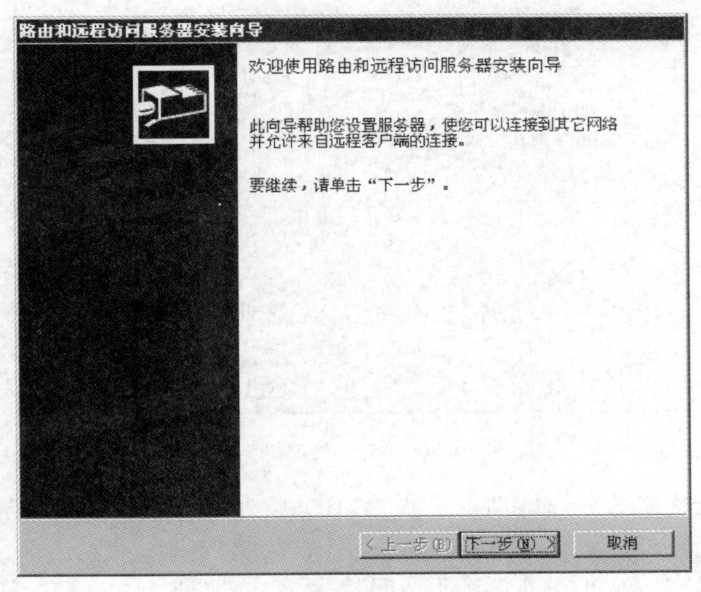

图 10.14　"安装向导"界面

单击下一步，进入“配置”界面，如图10.15所示。

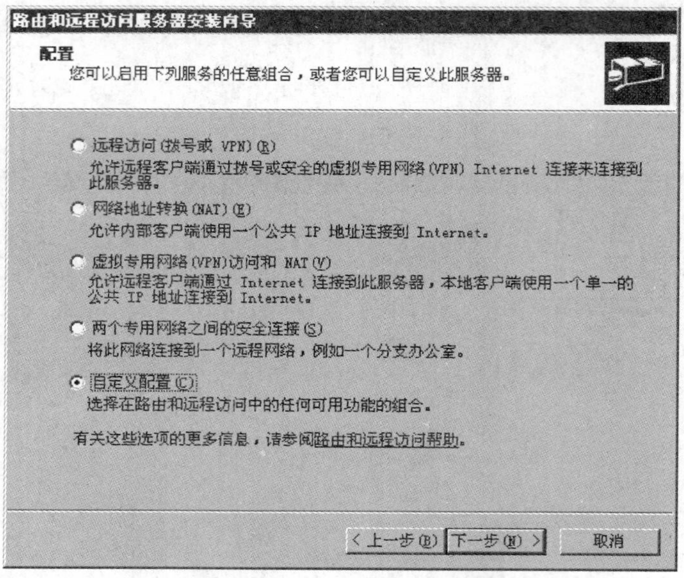

图10.15　“配置”界面

选择“自定义配置”选项，单击“下一步”按钮，进入“自定义配置”界面，如图10.16所示。

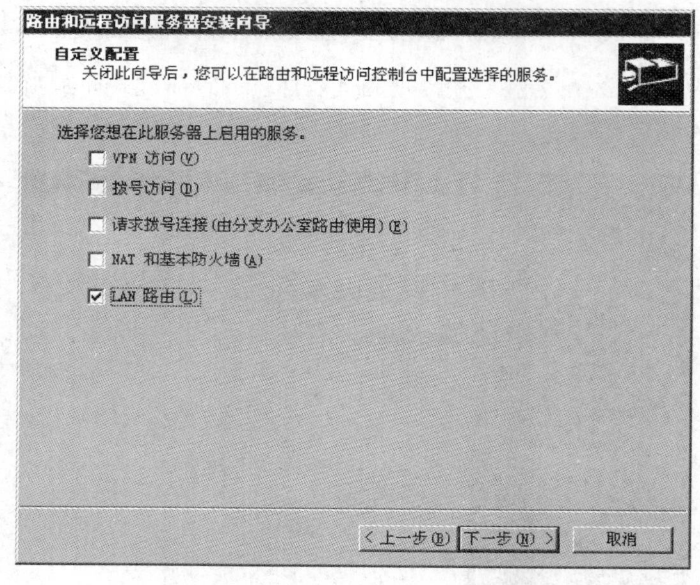

图10.16　“自定义配置”界面

选择“LAN路由”选项，单击“下一步”按钮，进入“完成安装向导”界面，如图10.17所示。

单击“完成”按钮，弹出“路由和远程访问”对话框，如图10.18所示。单击“是”按钮，进行初始化，如图10.19所示。初始化完成后进入如图10.20所示的“路由和远程访问”界面。

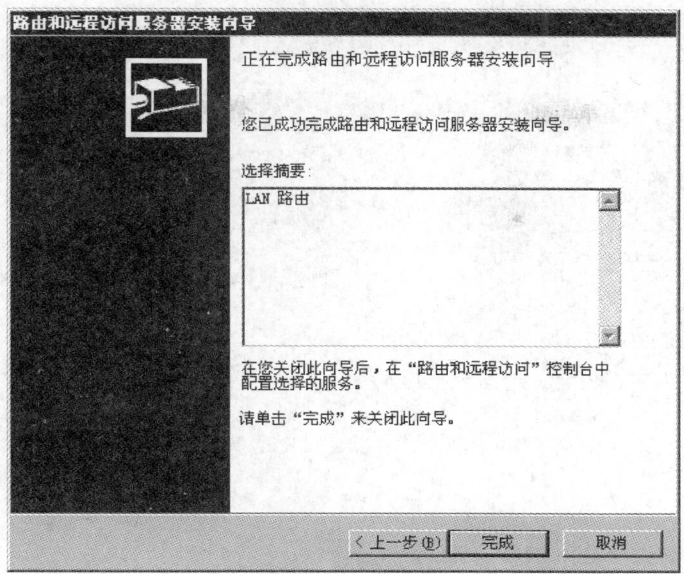

图 10.17 “完成安装向导”界面

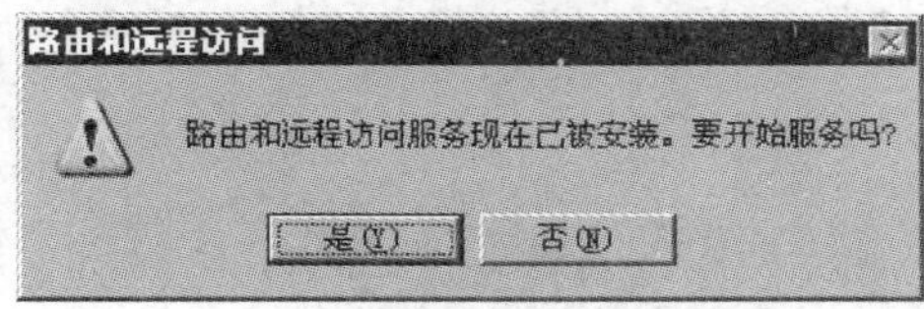

图 10.18 配置路由和远程访问过程 5

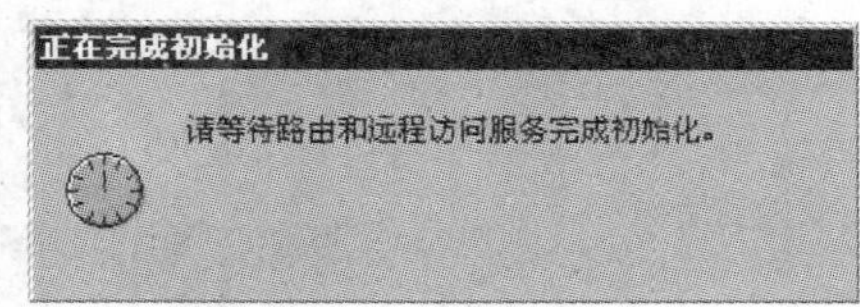

图 10.19 “正在完成初始化”对话框

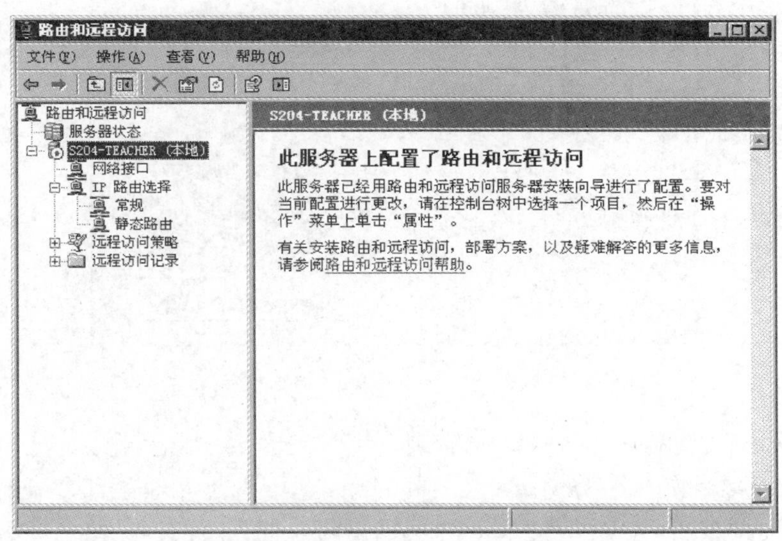

图 10.20 路由和远程访问启动后的程序窗口

右击图 10.21 中左窗口的“静态路由”命令，打开“静态路由”对话框，如图 10.22 所示，设置目标为 10.3.0.0，网络掩码 255.255.0.0，网关 10.2.0.1，跃点数为 1。

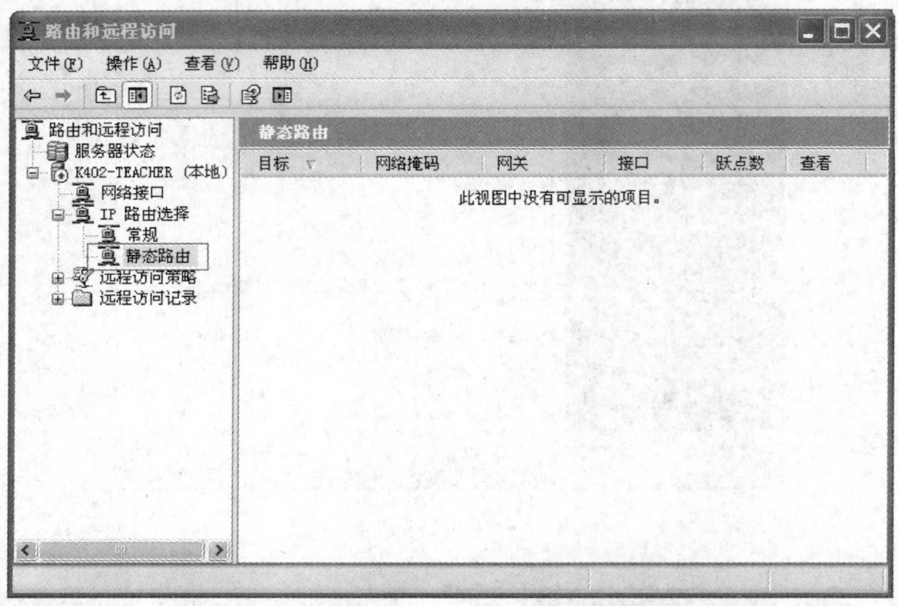

图 10.21 配置静态路由过程

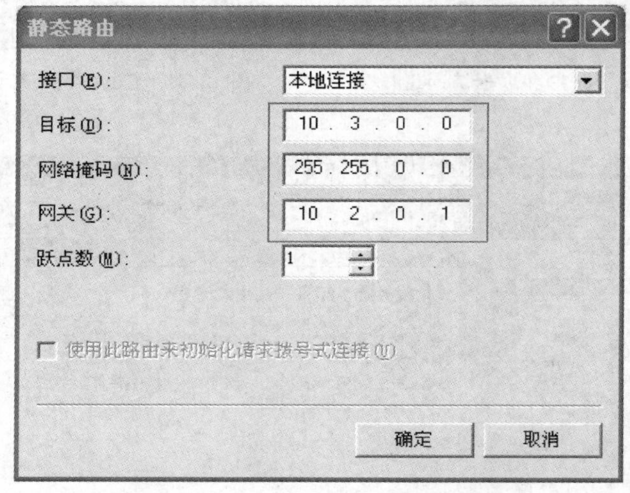

图 10.22 “静态路由”对话框

单击“确定”按钮，添加结果如图 10.23 所示。

同理可配置路由器 R2(计算机)的静态路由。

(2) 显示与查看 A、B 的路由表

选择“开始”→“运行”→cmd 命令，在命令行对话框中输入 route print，记录结果如表 10.3 所示。

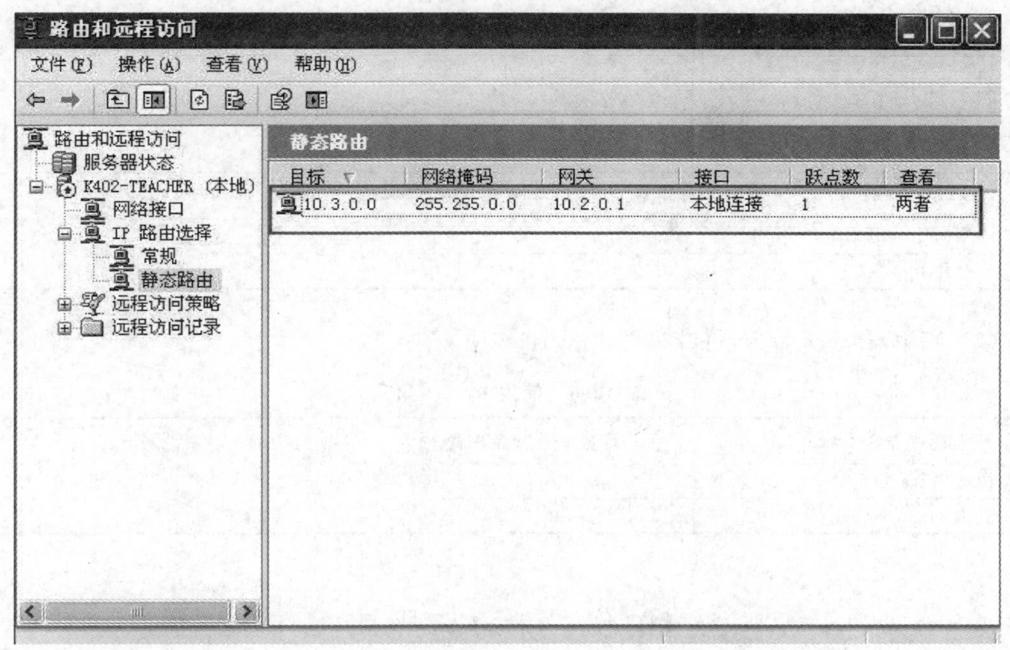

图 10.23 增加的静态路由显示

表 10.3 主机路由表

Host	Route table		
A	到达 10.3.0.0 的路由表项(主要)		
	目的网络	子网掩码	下一跳
	10.3.0.0		
	若还有		
B	到达 10.1.0.0 的路由表项(主要)		
	目的网络	子网掩码	下一跳
	10.1.0.0		
	若还有		

显示与查看 R1 和 R2 的路由表,内容如表 10.4 所示。

表 10.4 路由器路由表

Host	Route table		
R1	到达 10.3.0.0 的路由表项(主要)		
	目的网络	子网掩码	下一跳
	10.3.0.0		
	若还有		
R2	到达 10.1.0.0 的路由表项(主要)		
	目的网络	子网掩码	下一跳
	10.1.0.0		
	若还有		

6. 实验验证

在计算机 A、B 上测试路由。

(1) 使用 ping 命令，将结果记入表 10.5 中。

表 10.5 使用 ping 测试

ping	现象	解释	结论
A 机上→B			
B 机上→A			

(2) 使用 tracert 命令，将结果记入表 10.6 中。

表 10.6 使用 tracert 测试

使用命令 tracert	现象(记录经由路径)	结论和解释
A 机上：tracert -d 10.3.0.2		
B 机上：tracert -d 10.1.0.1		

10.5 练习与思考

1. 选择题

(1) 转发器(中继器)通过执行哪一层的协议来实现网络互连？(　　)

A. 物理层　　B. 数据链路层　　C. 网络层　　D. 运输层

(2) 网桥(桥接器)通过执行哪一层及其下层的协议转换来实现网络互连？(　　)

A. 数据链路层　　B. 网络层　　C. 运输层　　D. 会话层

(3) 路由器(信由)通过执行哪一层及其下层的协议转换来实现网络互连？(　　)

A. 数据链路层　　B. 网络层　　C. 运输层　　D. 会话层

(4) 通过执行运输层及以上各层协议转换，或者实现不同体系结构的网络协议转换的互连部件称为什么？(　　)

A. 集线器　　B. 交换机　　C. 路由器　　D. 网关

(5) 内部网关协议 RIP 是一种广泛使用的基于(　①　)的协议。RIP 所规定的一条通路上最多可包含的路由器的数量是(　②　)。

① A. 状态链路算法　　B. 距离向量算法

C. 集中式路由算法　　D. 固定路由算法

② A. 1 个　　B. 16 个

C. 15 个　　D. 无限多个

(6) 以下协议中支持变长子网掩码(VLSM)和路由汇聚功能(Route Summarization)的是(　　)。

A. IGRP　　B. OSPF　　C. VTP　　D. RIPv1

2. 思考与讨论题

(1) 路由器具有哪些主要特点？在一个互连网中能否用一个很大的交换机来代替互连网中的很多路由器？

(2) 以太网交换机的二层交换和三层交换的主要区别是什么？

(3) 路由表中只给出到下一跳路由器的 IP 地址，然后在下一个路由表中再给出到下一跳路由器的 IP 地址，最后到达目的网络进行直接交付。采用这样的方法有什么好处？

(4) 路由器到底有没有运输层？如果有，似乎和“运输层只存在与分组交换网外的主机中”相矛盾；如果没有，那么路由选择协议 RIP 又怎样使用 UDP 来传送呢？

实训 11　路由器常规配置

11.1　实验目的

1. 了解路由器的几种模式：用户模式、特权模式、全局配置模式等；
2. 掌握配置路由器的名字、密码方法；
3. 掌握查看路由器接口的 IP 配置信息方法；
4. 掌握配置路由器 FastEthernet 接口 IP 地址方法；
5. 掌握配置 Router0 的静态路由、查看路由表方法。

11.2　实验要求

1. 设备要求：计算机至少一台(安装有 Windows 2000/XP/2003 操作系统、装有网卡)，思科模拟器软件 Packet Tracer 5.0，或者两台三层交换机，作为每个小组的三层路由设备；两台二层宽带交换机，作为每个小组的二层接入交换机；四台模块化路由器，作为每个小组的路由实验环境。

2. 每组一人，单独完成。

11.3　实验预备知识

1. 路由器的组成

硬件：主要由处理器、内存、接口、控制端口等物理硬件和电路组成。其实就是一种具有多个输入端口和多个输出端口的专用计算机，与一台普通计算机主机的硬件结构大致相同。

软件：IOS(Internetworking Operating System)，IOS 存在多个不同版本，类似 DOS 或 Linux 环境。

1) 路由器的处理器

路由器的处理器(CPU)负责处理数据包所需的工作，如协议转换、维护路由表、选择最佳路由和转发数据包。不同产品的路由器，其 CPU 也不尽相同，其处理数据包的速度在很大程度上取决于处理器的性能。

2) 路由器的内存

路由器主要采用 4 种类型的内存：ROM、Flash RAM、NVRAM 和 RAM。

ROM(只读存储器)保存着路由器 IOS 操作系统的引导程序,负责路由器的启动和诊断。它是路由器的启动软件,负责使路由器进入正常的工作状态。ROM 通常由一个或多个芯片组成,插接在路由器的主板上。

Flash RAM(闪存)保存 IOS 软件的扩展部分(相当于硬盘),维持路由器的正常工作。Flash 的内容可擦写(即可以对 IOS 进行升级),在系统断电后内容不会丢失。

NVRAM(非易失性 RAM)保存 IOS 在路由器启动时读入的启动配置数据。当路由器启动时,首先寻找该配置,将此处的配置数据加载到 RAM 中执行。NVRAM 在系统断电后内容不会丢失,因此在设备的相关配置成功后,就应该将配置数据保存到此内存中。

RAM(随机存储器)主要存放 IOS 系统的路由表和缓冲(运行配置)数据,IOS 通过 RAM 满足其所有常规存储的需要。RAM 在路由器或交换机启动或断电时,内容会丢失。对运行设备的现场配置参数均在 RAM 中,因此配置成功后一定要将 RAM 中的配置数据保存到 NVRAM 中。

路由器或交换机启动时,首先运行 ROM 中的程序,进行系统自检及引导,然后运行 Flash 中的 IOS,IOS 启动成功后,在 NVRAM 中寻找配置数据,并将它装入到 RAM 中运行相关配置。

3) 路由器的物理接口

路由器的物理接口如图 11.1 所示。

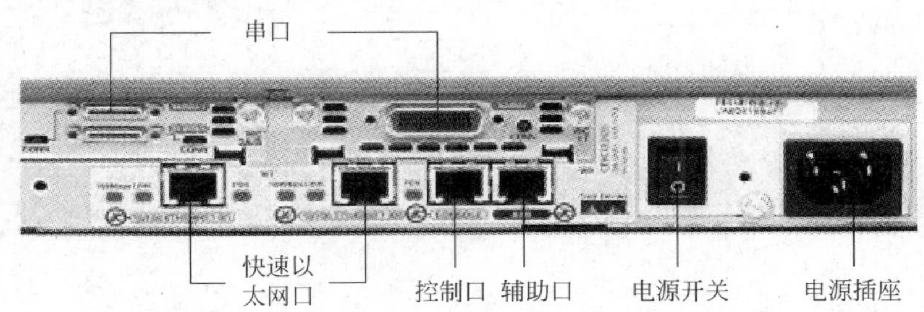

图 11.1　路由器的物理接口

(1) 局域网端口

AUI 端口:即粗缆口,连接 10Base-5 以太网络。

RJ45 端口:双绞线以太网端口,在路由器中,10Base-T 网的 RJ-45 端口标识为 ETH,100Base-TX 网的 RJ-45 端口标识为 10/100Base-TX。

SC 端口:光纤端口,连接快速以太网或千兆以太网路由器,以 100b FX 或 1000b FX 标注。

(2) 广域网端口

高速同步串口 Serial:可连接 DDN、帧中继和 X.25 等。

同步/异步串口 ASYNC:用于 Modem 或 Modem 池的连接,实现远程计算机通过公用电话网拨入网络。

ISDN BRI 端口:用于 ISDN 线路通过路由器实现与 Internet 或其他远程网络的连接,可实现 128Kbps 的通信速率。

(3) 配置端口

AUX 端口:该端口为异步端口,主要用于远程配置、拨号备份和 Modem 连接。

控制台端口：该端口为异步端口，主要连接终端或支持终端仿真程序计算机，在本地配置路由器。在网络管理中，网络管理员第一次配置交换机或路由器时，都要通过这个端口进行配置。

2. 路由器基本配置

路由器的基本配置包括：控制台连接方式、工作模式切换、密码配置和名称配置等。

1）建立连接

路由器的初始配置必须使用控制台端口，需要将一台计算机连接到路由器上，并建立双方之间的通信。用反接线一端通过 RJ-45 到 DB-9 连接器与计算机的串行口（如 COM1 口）相连，另一端与路由器的控制台端口相连，如图 11.2 所示。

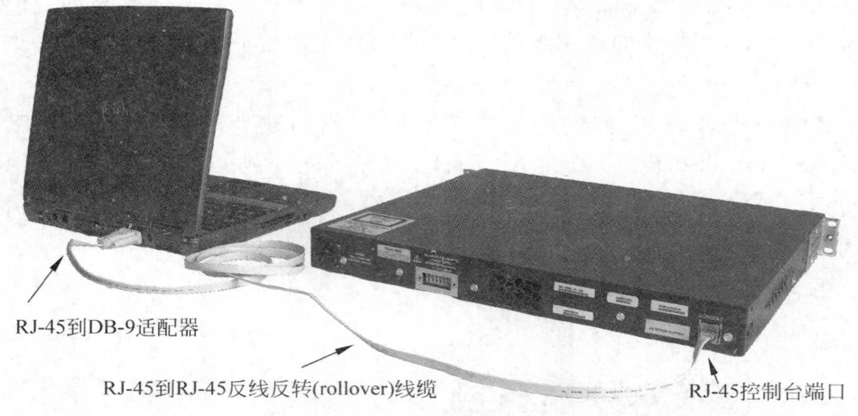

图 11.2　连接路由器

所谓路由器的初始配置是指第一次进行路由器的配置。第一次配置主要包括路由器的主机名、密码和管理 IP 地址的配置。

2）配置路由器

配置路由器有两种方式：一种是手工配置，这种方式是进入到路由器的 IOS 后，通过命令行的方式进行路由器配置；另一种是运行路由器所带的配置软件中的 Setup. exe 程序，这是一个 IOS 提供的交互式配置软件，适用于对 IOS 命令不太熟悉的新用户。

路由器配置时存在以下几种模式：User Mode（用户模式）、Privileged Mode（特权模式）、Global Configuration Mode（全局配置模式）、Interface Mode（接口/端口配置模式）、Subinterface Mode（子接口配置模式）和 Line Mode、Router Configuration Mode（路由配置模式），每种模式对应不同的提示符。

第 1 级：用户模式

路由器初始化完成后，首先要进入一般用户模式，在一般用户模式下，用户只能运行少数的命令，而且不能对路由器进行配置。在没有进行任何配置的情况下，默认的路由器提示符为：

```
Router>
```

在用户配置模式下键入“?”则可以查看该模式下所提供的所有命令集及其功能，出现的“--More—”表示屏幕命令还未显示完，此时可按 Enter 键或 Space 键显示余下的命令。

按 Enter 键，表示屏幕向下显示一行，按 Space 键表示屏幕向下显示一屏。

第 2 级：特权模式

在用户模式下先输入 enable，再输入相应的口令，进入第 2 级特权模式。特权模式的系统提示符是#，如果路由器为 Cisco1841，则提示如下：

```
Cisco1841 > enable
Password: ******
Cisco1841 #
```

在这一级别上，用户可以使用 show 和 debug 命令进行配置检查。这时还不能进行路由器配置的修改，如果要修改路由器配置，还必须进入第 3 级。

第 3 级：全局配置模式（全局模式）

这种模式下，允许用户修改路由器的配置。进入第 3 级的方法是在特权模式中输入命令 config terminal，或 conf t 则相应提示符为(config)#。如下所示：

```
Cisco1841 # config terminal
Cisco1841(config) #
```

此时，用户才能真正修改路由器的配置，比如配置路由器的静态路由表，详细的配置命令需要参考路由器配置文档。如果想配置具体端口，还需要进入第 4 级。

第 4 级：接口/端口配置模式

路由器中有各种接口/端口，如 10/100Mbps 以太网端口和同步端口等。要对这些端口进行配置，需要进入端口配置模式。比如，现在想对以太网端口 0 进行配置（路由器上的端口都有编号，参考路由器随机文档），需要使用命令 interface fastEthernet 0/0，如下所示：

```
Cisco1841(config) #  interface fastethernet 0/0
Cisco1841(config - if) #
```

3. 路由器的常用命令

路由器的操作系统是一个功能非常强大的系统，特别是在一些高档的路由器中，它具有相当丰富的操作命令，正确掌握这些命令对于配置路由器是最为关键的一步，一般来说都是以命令的方式对路由器进行配置。

(1) 帮助命令

在 IOS 操作中，无论任何状态和位置，都可以通过输入"?"得到系统的帮助。

(2) 常用命令

enable 从用户模式进入特权模式，需输入密码。

config terminal 从特权模式进入全局配置模式。

interface ethernet 0 从全局配置模式进入 Ethernet 端口配置模式。

Ctrl +Z 退回到特权模式。

exit 退出命令方式。

logout 退出命令方式。

hostname cisco2611 定义路由器机器名为 Cisco 2611，必须在全局配置模式下执行。

enable secretmypassword 设置特权模式密码为 mypassword，必须在全局配置模式下执行。

line con 0 从全局配置模式进入控制台端口配置模式。

line vty 0 4 从全局配置模式进入终端口配置模式。

password mypassword 设置登录密码为 mypassword,必须在端口配置模式下执行。

show ip interface brief 查看路由器接口的 IP 配置信息,必须在特权模式下执行。

show ip route 显示路由表,必须在特权模式下执行。

(3) 配置以太网端口信息

在配置模式中输入以下命令:

```
router(config)# interfacefastethernet 0/0
router(config-if) # ip address 202.102.224.25 255.255.255.0
```

第一条命令进入端口配置模式,第二条命令配置该端口的 IP 地址和子网掩码。需要指出的是,目前 Cisco 公司生产的路由器大多是基于模块化的,每个模块上可以有多个端口。比如一个具有两个以太网接口的网络模块,如果插在路由器槽位 0 上,则两个以太网端口就要用 fastethernet 0/0 和 fastethernet 0/1 来表示,在/符号的左边是模块的槽位号,右边是端口编号。

(4) 配置同步端口

在配置模式中输入以下命令:

```
router(config)# interface serial 0/0
router(config-if)# ip address 202.102.211.108 255.255.255.248
```

DDN 专线一般接入路由器的同步口,用 serial 0/0 表示,其中 0/0 代表端口位置。使用上面第一条命令进入端口配置模式,使用上面第二条命令配置该端口的 IP 地址和子网掩码。

(5) 添加静态路由表

在这种 Internet 接入方式中,采用的是静态路由方式,因此需要将一条静态路由记录加入,内容如下:

在全局配置模式中输入以下命令:

```
router(config)# ip router 0.0.0.0 0.0.0.0 202.102.211.107
```

这条命令表示,将内部网段上发给路由器的包转发给 DDN 专线另一端的地址 202.102.211.107。

(6) 查看配置

在特权模式中输入以下命令:

```
router# show running-config
```

如下是某个路由器的当前配置:

```
Building configuration...
Current configuration:
!
version 12.0
service config
```

```
!
hostname cisco2611
!
enable secret 5 $1$MJrb$o3NCu6DPwG/TGFBT7xiLv/
!
ip subnet - zero
ip domain - name pcworld.com.cn
ip name - server 202.102.224.1
!
interface Ethernet0/0
ip address 202.102.224.25 255.255.255.0
!
interface serial0/0
ip address 202.102.211.108 255.255.255.248
!
ip classless
ip default - network0.0.0.0
ip router0.0.0.0 0.0.0.0 202.102.211.107
no ip http server
!
line con 0
exec - timeout 1 0
password 7061C0731
login
transport input none
line aux 0
line vty 0 4
access - class2 in
password 7131F1F02
login
!
end
```

使用 show running-config 命令可以进行查看，若要查看存在 NVRAM 中的配置，需要使用 show startup-config 命令。

(7) 保存配置

当对路由器的配置进行修改之后，一定要将其存入 NVRAM 中才能在下一次启动时生效，为此，在特权模式中输入以下命令：

```
router# copy running-config startup-config
```

经过以上操作，路由器的配置工作基本完成。在路由器的不同操作级别上，都可以输入“?”符号来查看当前能够使用的命令有哪些。对于配置文件中不想要的语句，只需使用 no 命令，然后加上整条语句，即可删除。

11.4 实验内容与步骤

(1) 启动 Cisco Packet Tracer 软件;

(2) 在软件的逻辑工作台上添加一个模块化的路由器;

(3) 在软件的逻辑工作台上添加一台 PC;

(4) 在路由器与 PC 之间用监控线(Console)连接,路由器端接控制台端口,PC 端接 RS 232 端口,如图 11.3 所示。

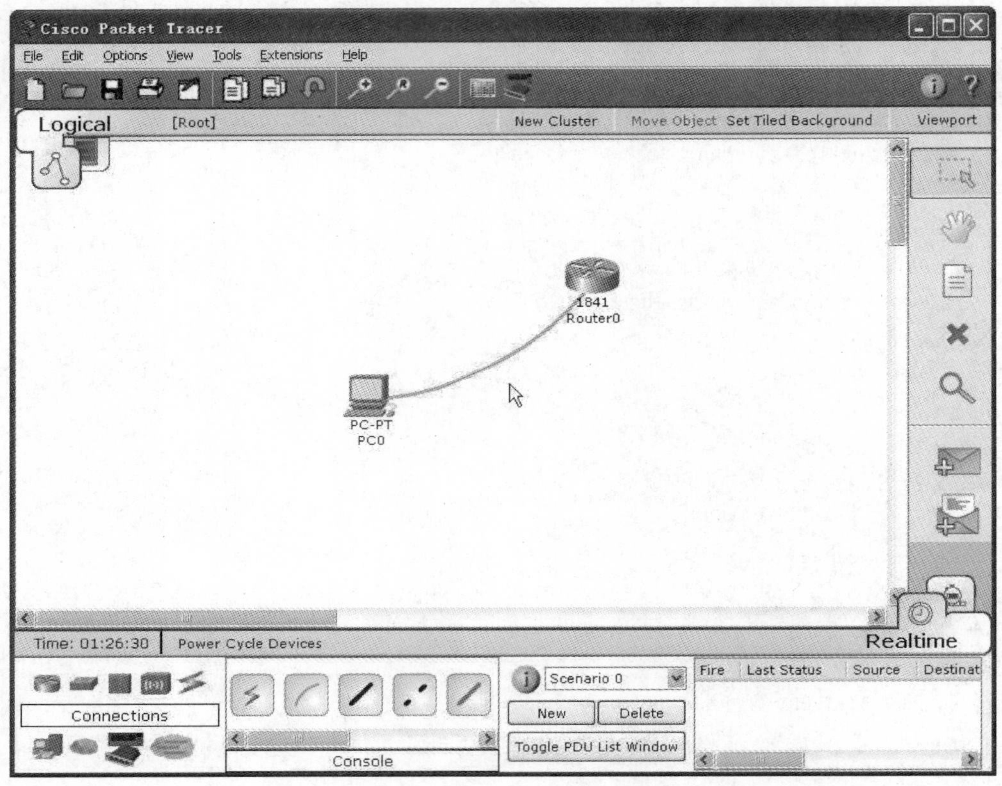

图 11.3 实验环境搭建

(5) 选择 PC0→Desktop→Terminal→Ok 命令,进入终端界面,按 Enter 键,完成从"监控口"进入路由器的"用户模式",如图 11.4 所示。

(6) 配置单个的路由器。

① 利用 hostname 命令定义路由器机器名为 Myrouter,必须在全局配置模式下执行。

② 利用 enable secret 命令设置特权模式进入密码为 mypassword,必须在全局配置模式下执行。

③ 利用 enable password 命令设置监控登录密码为 mypassword,必须在监控端口配置模式下执行。

④ 利用 show ip interface brief 查看路由器接口的 IP 配置信息,必须在特权模式下执行。

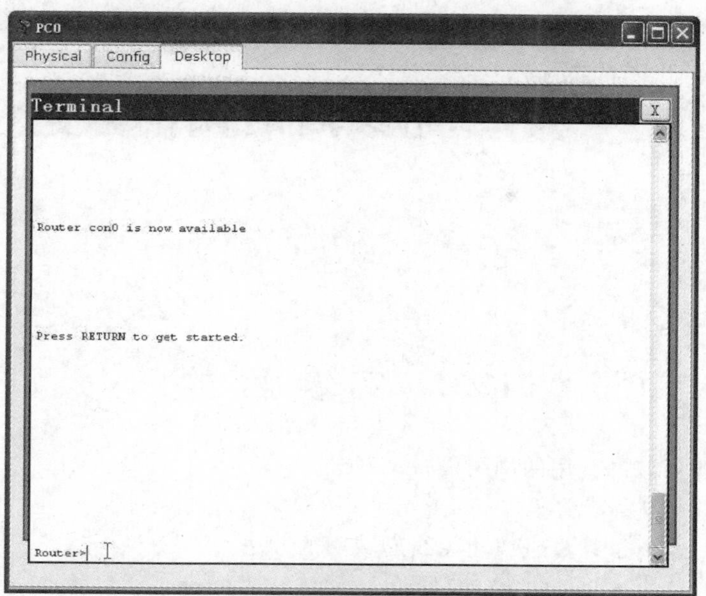

图 11.4 PC终端界面

⑤ 利用 show running-config 查看路由器的当前配置，必须在特权模式下执行。

⑥ 利用 banner login ＃Hello！Welcome administrator＃配置登录时的欢迎信息，注意必须放在两个＃号之间，在全局配置模式下执行。

⑦ 利用 Copy running-config startup-config 保存配置，必须在特权模式下执行。

⑧ 以文件名“实训 11 .pkt”保存本实验的配置，并退出 Packet Tracer。

11.5 练习与思考

1. 路由器各种模式的区别是什么，如何从一种模式转入另一种模式？
2. 使用 PC 的 Telnet 命令与 Console 监控在 PC 与路由器的连接上有什么不同？

实训 12　无线局域网的组建

12.1　实 验 目 的

1. 了解无线局域网常用的网络设备；
2. 掌握无线 AP 的设置；
3. 掌握三台及以上计算机组建无线局域网的方法。

12.2　实 验 要 求

1. 设备要求：TP-link TL-WR740N 型号无线路由器一台，USB 无线网卡一块、笔记本电脑两台，交换机一台，网线若干；
2. 每组一人，单独完成。

12.3　实验预备知识

1. 无线网络组建方案

(1) 无线网络组建有两种基本方案：一种是自组网。只要为每台计算机上安装无线网卡，就可以实现计算机之间的无线通信，构建成最简单的无线网络，叫作 Ad-Hoc(点对点或自组网)网络。Ad-Hoc 网络中，每个节点都是自治的移动用户，每个节点(终端)既是主机，又是路由器。如图 12.1 中，笔记本电脑、手机等既是主机，又充当了路由器的角色。Ad-Hoc 网络是非集中的控制结构：没有固定的基站，网络控制分布在各个终端，在需要的情况下，每一个终端都可以充当控制器。

配置要点：

① 安装并驱动网卡。

② 网络名称 SSID 相同。

③ 组网模式点到点。

注意：为检验效果，最好把无线网络的 IP 地址设成与有线网络不同的网段。

(2) 另一种方案是建立有基础设施的无线局域网。这个方案通过接入一个无线接入点(AP)，形成包括一个基站和若干移动站的基本服务集 BSS，将无线网络连接到有线网络主干，实现无线与有线的无缝连接，如图 12.2 所示。

注：基本服务集标识符 BSSID 就是 AP 的 MAC 地址，48bit。

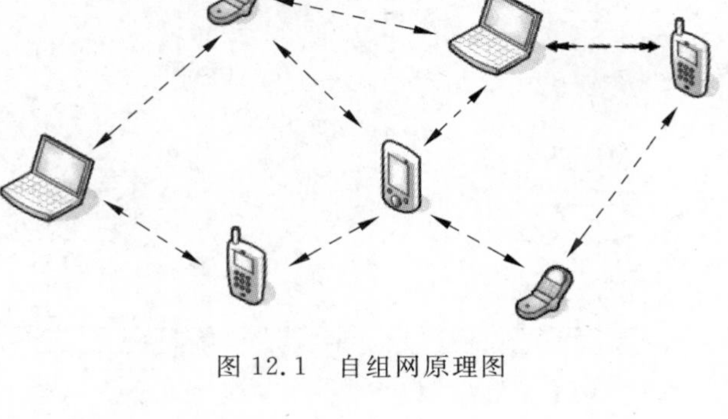

图 12.1　自组网原理图

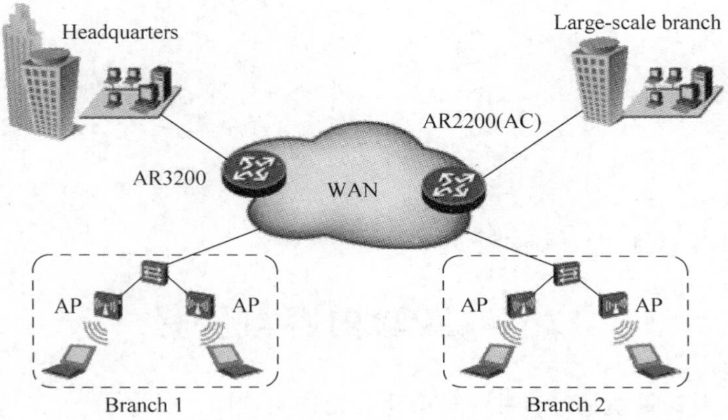

图 12.2　有基站的网络原理图

前一种方案无法实现与其他无线网络和有线网络的连接，该无线网络方案只适用于小型网络(一般不超过 20 台计算机)。后一种方案适用于将大量移动站连接到有线网络，为移动用户提供更灵活的接入方法。

(3) 无线漫游的无线网络。将多个 AP 各自形成的无线信号覆盖区域进行交叉覆盖，实现各覆盖区域之间无缝连接，或者设置无线网络专用天线，形成以固定有线网络为基础，无线覆盖为延伸的大面积服务区域 ESS。所有无线终端通过就近的 AP 接入网络，并访问整个网络资源，如图 12.3 所示。

2. SSID 介绍

SSID/ESSID(Service Set Identifier)是“服务区标识符匹配”、“业务组标识符”的英文缩写，最多可以有 32 个字符，通俗的说，就像有线局域网中的“工作组”标识一样，或者是无线客户端与无线路由器之间的一道口令，只有在完全相同的前提下才能让无线网卡访问无线路由器，这也是保证无线网络安全的重要措施之一。

配备无线网卡的无线工作站必须填写正确的 SSID，并与无线访问点(AP 或无线路由器)的 SSID 相同，才能访问 AP；如果出示的 SSID 与 AP 或无线路由器的 SSID 不同，那么 AP 将拒绝它通过本服务区/工作组上网。因此可以认为 SSID 是一个简单的口令，从而提供口令认证机制，实现一定的安全。要更改无线网卡的 SSID 除了在无线网卡配置程序中

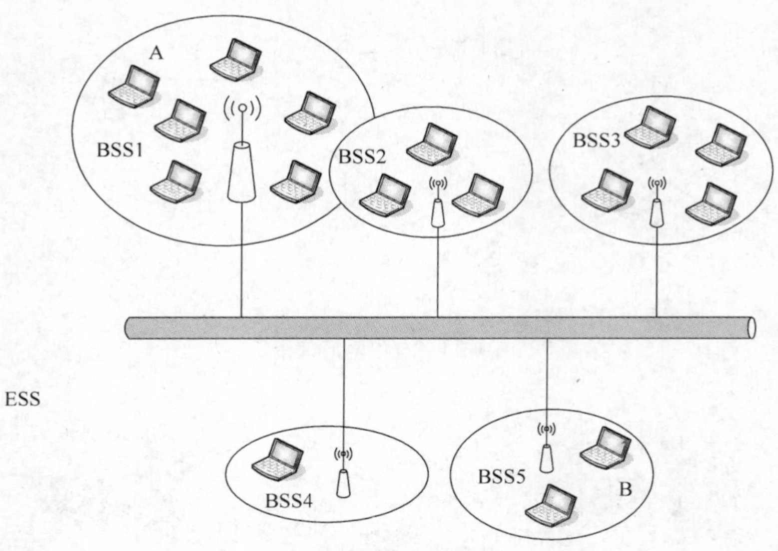

图 12.3　无线漫游的无线网络

更改外，还可在操作系统中直接更改。

12.4　实验内容与步骤

1. 三台及以上计算机通过无线 AP 组建的无线局域网

拓扑结果如图 12.4 所示。

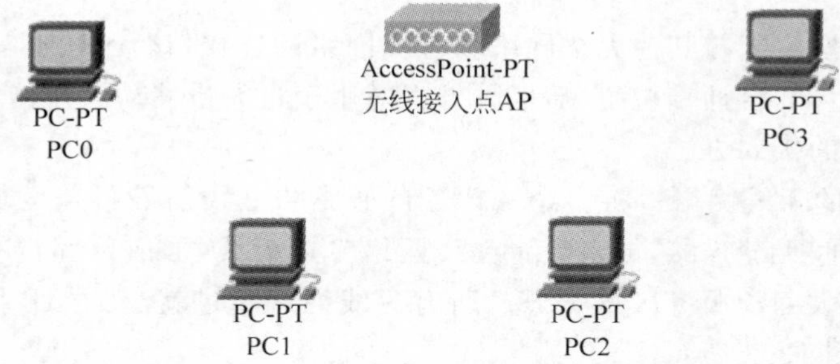

图 12.4　三台及以上计算机无线组网的实验拓扑图

2. 对无线 AP 进行安装、设置

(1) 设置安装有无线网卡计算机的 IP 地址

将该计算机的网关设置为 192.168.1.1，IP 地址设置为 192.168.1.2，子网掩码设置为 255.255.255.0。设置完成后，在浏览器中输入 http://192.168.1.1，就可以看到 AP 的设置界面，如图 12.5 所示。

(2) 设置无线网络的基本参数

基本参数包含以下内容，设置界面如图 12.6 所示。

① SSID：用于识别无线设备的服务集标志符。可采用默认值 TP-LINK，也可根据自

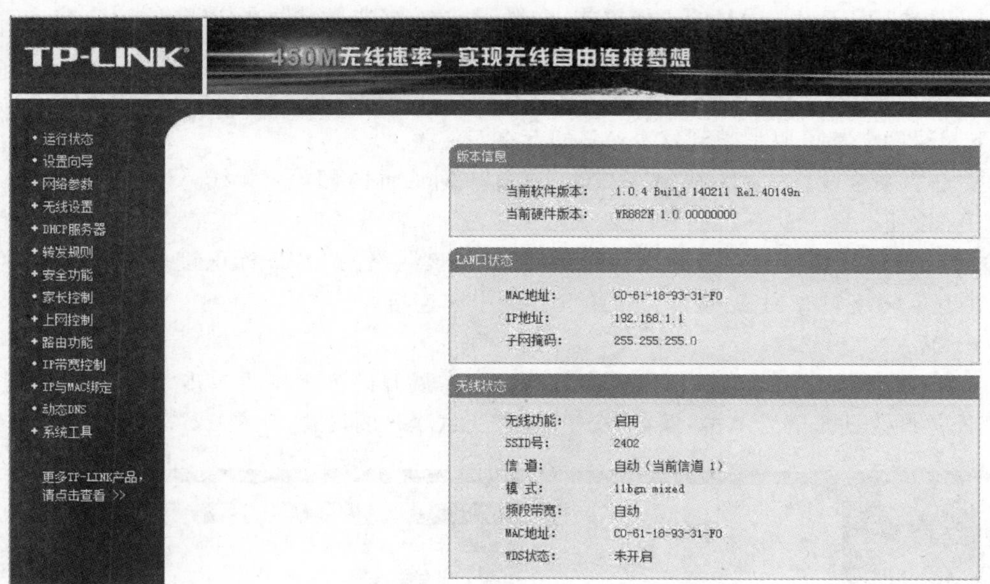

图 12.5　AP 设置页面

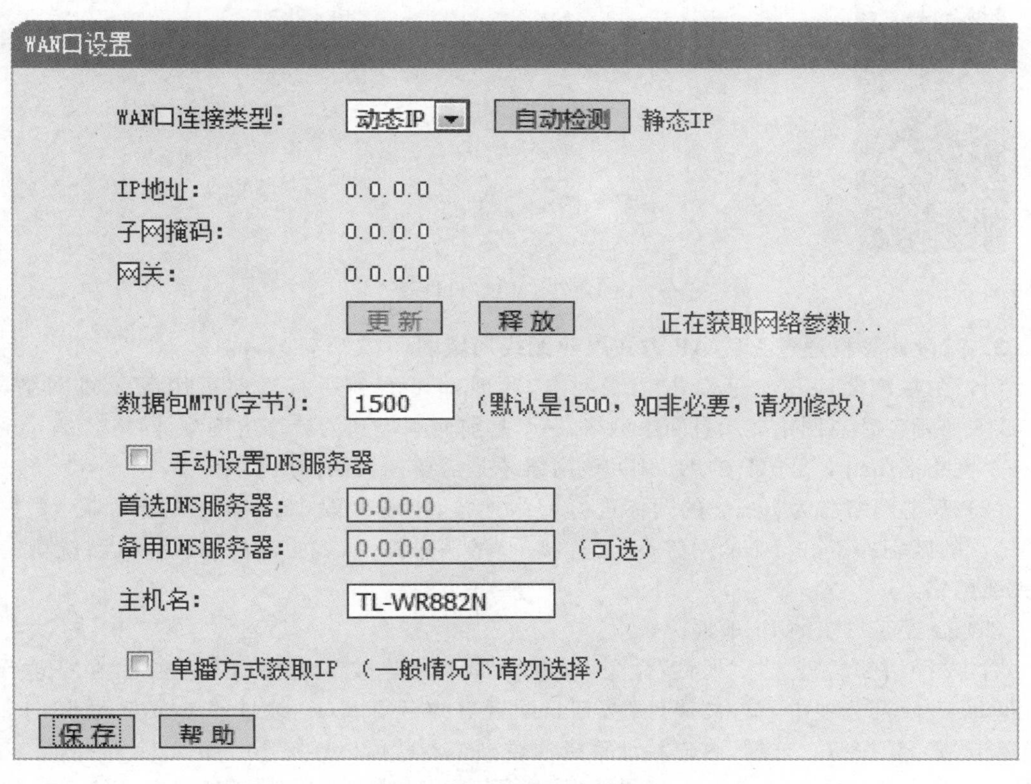

图 12.6　无线网络基本设置

己的喜好更改为一个容易记忆的数字、字母或两者的组合。

② 频道：用于确定本网络工作的频率段，选择范围从 1～11，默认是 6。

③ 模式：用于设置 AP 的工作模式，一般不必做改动，默认就可以。

④ 开启无线功能：使 TL-WR641G 的无线功能打开或关闭。

⑤ 允许 SSID 广播：默认情况下 AP 都是向周围空间广播 SSID 通告自己的存在，这种情况下无线网卡都可以搜索到这个 AP 的存在。

⑥ 开启安全设置：对无线网络安全设置。在对话框内配置完无线 AP 的基本参数后单击“保存”按钮。

这时，会在 WR641G 周围生成一个无线网络，该网络的 SSID 标识符是“TP-LINK”，工作信道是 6，网络没有加密，可以提供给无线网卡来连接。

(3) WAN 口设置

在 AP 的设置界面内，单击“网络参数”选项，在展开的列表中再单击“WAN 口设置”选项，设置各参数具体值后单击“保存”按钮，完成无线 AP 的设置，如图 12.7 所示。

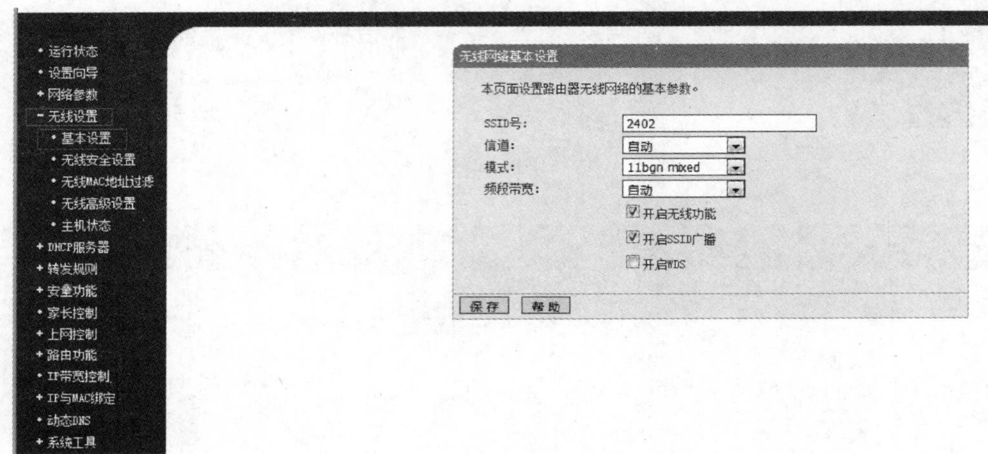

图 12.7　WAN 口设置

3. 三台计算机通过无线 AP 方式组建无线局域网

(1) 在客户端计算机上双击无线网卡，此时即可看到所有当前可用的无线网络，如图 12.8 所示。注意图中显示有两个网络，一个是前面刚提到的计算机网络，网络名是 nau-1，另一个网络名 nau-2 是 AP 的 ESSID，该网络才是需要连接的网络。

(2) 双击网络名为 nau-2 的图标进行网络连接，出现如图 12.9 所示的图。图 12.8 与图 12.9 的区别在于 nau-2 的网络有“已连接上”的信息提示，表明客户端计算机已成功连接上无线网络。

(3) 设置客户端的 IP 地址。

右击“网络邻居”，选择“属性”命令，右击“无线网络连接”，单击“属性”按钮，在“Internet 协议(TCP/IP)”选项中，单击“属性”按钮。配置客户计算机 IP 地址等参数如图 12.10 所示，单击“确定”按钮。这样，客户端计算机通过浏览器就可以连接 Internet 了。

(4) 当上述参数设置完毕后，在“常规”栏里就可以看到当前有哪些用户已经连接到无线 AP 上，如图 12.11 所示。

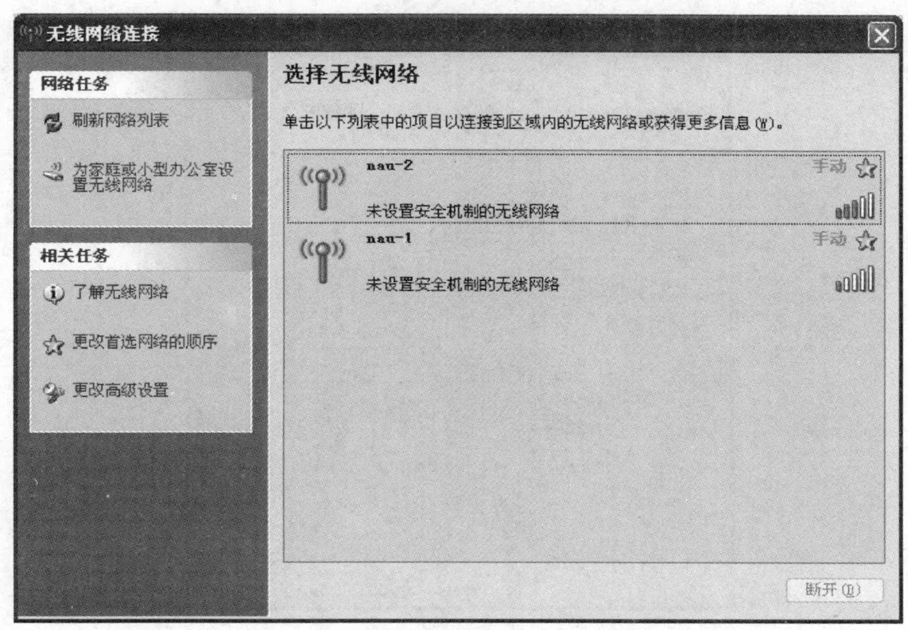

图 12.8　客户端无线网络属性的设置

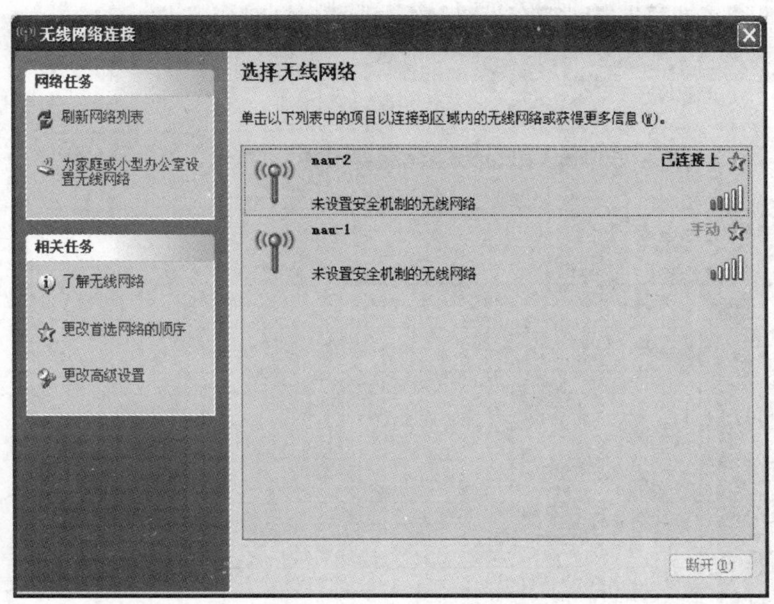

图 12.9　客户端连接成功示意图

(5) 验证网络连通性。

为检验两台计算机通过无线网卡组建点对点对等网的连通情况，可选择任意一台计算机，在 MS-DOS 下采用 ping 命令，如用 192.168.1.18 去 ping 192.168.1.2 结果如图 12.12 所示。其结果显示两台计算机连网情况良好。

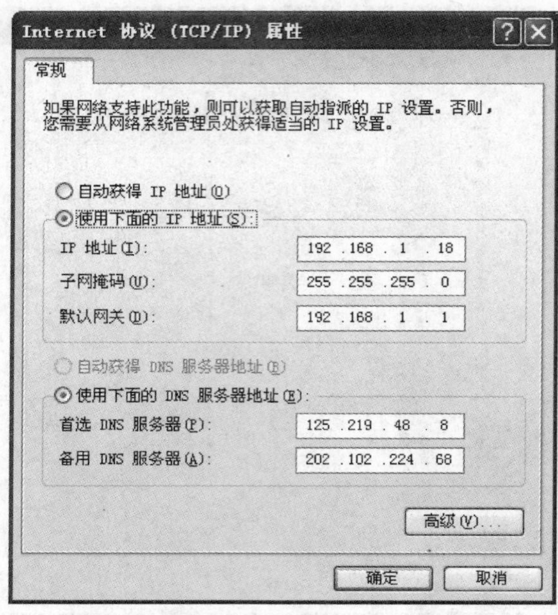

图 12.10　客户端 IP 地址设置

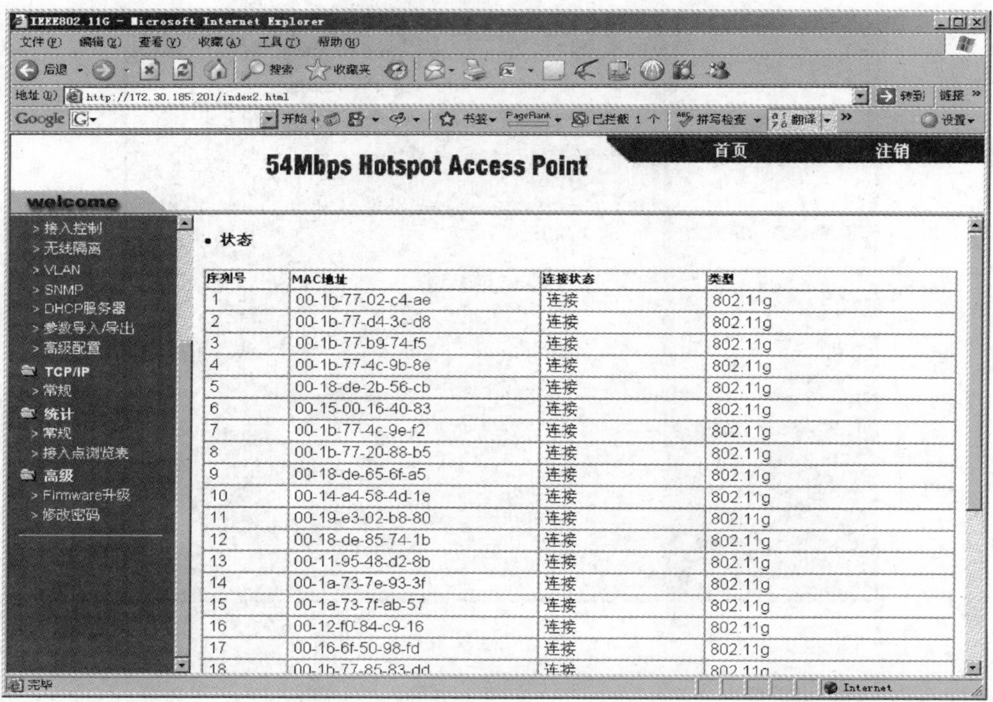

图 12.11　无线 AP 的“常规”栏显示内容

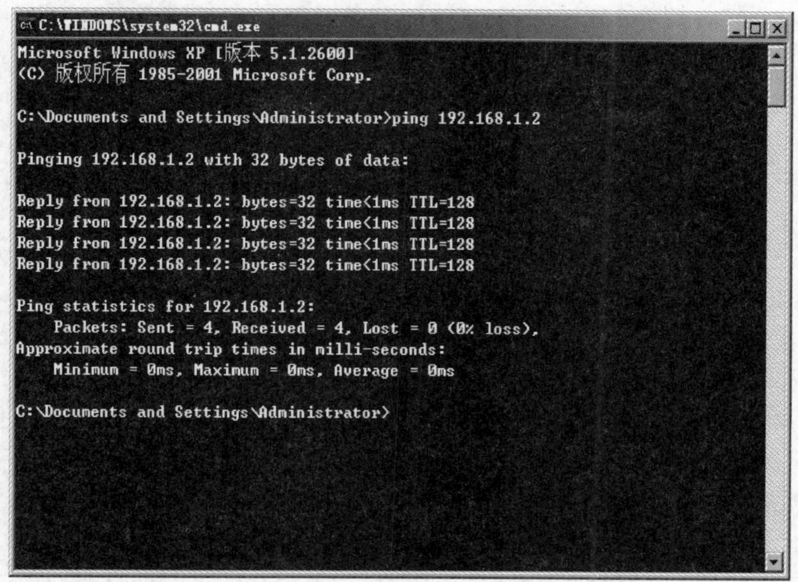

图 12.12　点对点无线网络的连通性测试

12.5　练习与思考

1. 选择题

(1) 无线局域网 WLAN 传输介质是(　　)。

A. 无线电波　　B. 红外线　　C. 载波电流　　D. 卫星通信

(2) IEEE 802.11b 射频调制使用(　　)调制技术,最高数据速率达(　　)。

A. 跳频扩频,5M　　B. 跳频扩频,11M

C. 直接序列扩频,5M　　D. 直接序列扩频,11M

(3) 无线局域网的最初协议是(　　)。

A. IEEE 802.11　　B. IEEE 802.5　　C. IEEE 802.3　　D. IEEE 802.1

(4) 当前网络 AP 设备能支持下列哪种管理方式?(　　)

A. SNMP　　B. SSH　　C. WEB　　D. TELNET

(5) 室内 AP 最好安装在下面哪个环境?(　　)

A. 强电井通风好　　B. 弱电井通风好

C. 强电井通风不好　　D. 弱电井通风不好

(6) 室内分布系统天线的等效全向辐射功率大于(　　),覆盖要使边缘场强达到最低要求(　　),一般规定在人员经常停留地区最高信号接收电平不超过(　　)。

A. 10dBm　　B. −25dBm　　C. −75dBm　　D. 30dBm

(7) WLAN 使用的信号检测软件包括(　　)。

A. Netstumbler 软件　　B. Wirelessmon 软件

C. Airmagnet 软件　　D. 以上都是

(8) 802.11 协议定义了无线的(　　)。

A. 物理层和数据链路层　　B. 网络层和 MAC 层

C. 物理层和介质访问控制层　　D. 网络层和数据链路层

(9) WLAN 设备描述中,以下哪一项不属于安全特性(　　)。

A. WEP　　B. QoS　　C. EAP　　D. ACL

(10) 每个好的无线网络均始于(　　)。

A. 低噪音底板　　B. 顶尖无线交换机

C. RF 扩频分析器　　D. 稳定的有线网络基础

(11) 合法的 IP 地址是(　　)。

A. 202:110:112:50　　B. 202、110、112、50

C. 202,110,112,50　　D. 202. 110. 112. 50

(12) AP 不支持下列哪种速率?(　　)

A. 自适应　　B. 6M　　C. 16M　　D. 54M

(13) 802.11b 和 802.11a 的工作频段、最高传输速率分别为(　　)。

A. 2.4GHz、11Mbps; 2.4GHz、54Mbps　　B. 5GHz、54Mbps; 5GHz、11Mbps

C. 5GHz、54Mbps; 2.4GHz、11Mbps　　D. 2.4GHz、11Mbps; 5GHz、108Mbps

(14) 无线联网技术相对于有线局域网的优势有(　　)。

A. 可移动性　　B. 临时性　　C. 降低成本　　D. 传输速度快

(15) 桥接无法建立无线链路,可能的原因有哪些?(　　)

A. 两个设备的信道不一样　　B. 两个设备的 ESSID 不一样

C. 两个设备的名字不一样　　D. 两个设备的 TCP/IP 模式不一样

(16) 中国的 2.4GHz 标准共有(　　)个频点,互不重叠的频点有(　　)个。

A. 11　　B. 13　　C. 3　　D. 5

2. 思考题

(1) 总结用"无线 AP+无线网卡"组建无线局域网的步骤。

(2) 说明无线局域网测试连通性时的结果。

(3) 若结果与要求不同,分析原因并改进。

实训 13　Web 服务器的配置

13.1　实验目的

1. 了解 Web 工作原理；
2. 掌握基于 IIS 的 Web 服务器的创建和配置。

13.2　实验要求

1. 设备要求：计算机一台(安装 Windows Server 2003 操作系统及活动目录、装有网卡)，集线器、交换机，UTP 线(直通、交叉)；Windows Server 2003 安装源；
2. 每组一人，独立完成。

13.3　实验预备知识

Web 服务的实现采用 B/W(Browser/Web Server)模式，Server 信息的提供者称为 Web 服务器，Browser 信息的获取者称为 Web 客户端。Web 服务器中装有 Web 服务器程序，如：Netscape iPlanet Web Server、Microsoft Internet Information Server、Apache 等；Web 客户端装有 Web 客户端程序，即 Web 浏览器，如：Netscape Navigator、Microsoft Internet Explorer、Opea 等。

Web 服务器是如何响应 Web 客户端的请求呢？Web 页面处理大致分三个步骤：

(1) Web 浏览器向一个特定服务器发出 Web 页面请求；

(2) 收到 Web 页面请求的 Web 服务器寻找所请求的页面并传送给 Web 浏览器；

(3) Web 浏览器接收所请求的 Web 页面并将其显示出来。

Web 应用的基础还包括 HTTP 和 HTML 两个协议。

HTTP 协议是用于从 Web 服务器传输超文本到本地浏览器的传输协议。它使浏览器的工作更高效，从而减轻网络负担；它不仅使计算机传输超文本正确、快速，而且可以确定传输文档的哪一部分以及哪一部分的内容首先显示等。HTTP 使用一个 TCP/IP 连接，默认 TCP80 端口。

HTML 是用于创建 Web 文档或页面的标准语言，由一系列的标记符号或嵌入希望显示的文件代码组成，这些标记告诉浏览器应该如何显示文章和图形等内容。

13.4 实验内容与步骤

1. IIS 6.0 的安装、配置和测试

(1) 从控制面板安装 IIS

第一步,选择"开始" →"添加或删除程序" →"添加/删除 Windows 组件"命令,显示"Windows 组件向导"窗口,如图 13.1 所示;在"组件"列表框中选择"应用程序服务器"选项,单击"详细信息"按钮,显示"应用程序服务器"窗口,选中"ASP. NET"选项以启用 ASP. NET 功能,如图 13.2 所示。

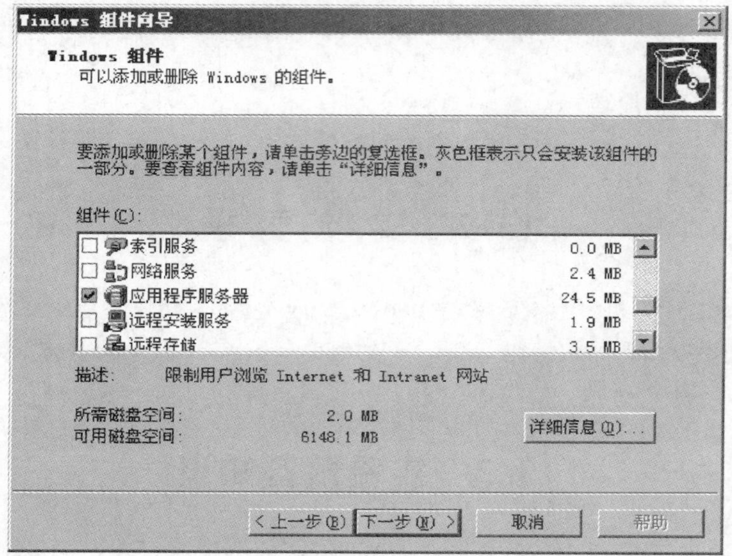

图 13.1 "Windows 组件向导"窗口

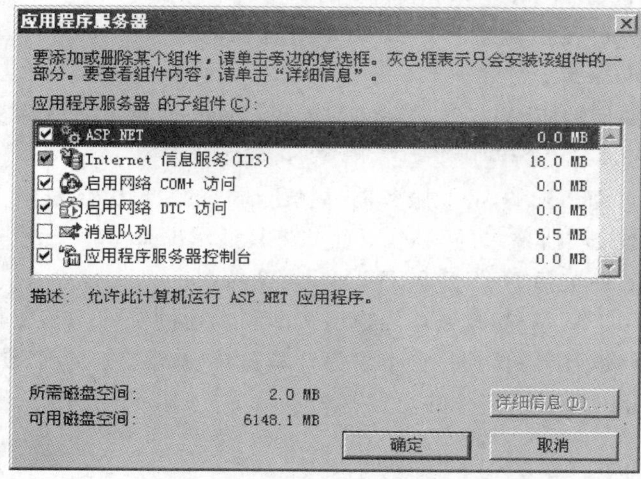

图 13.2 "应用程序服务器"窗口

第二步，依次选择“Internet 信息服务(IIS)”→“详细信息”→“万维网服务”→“详细信息”命令，如图 13.3 所示，在“万维网服务”窗口中需选中 Active Server Pages 复选框，如图 13.4 所示。

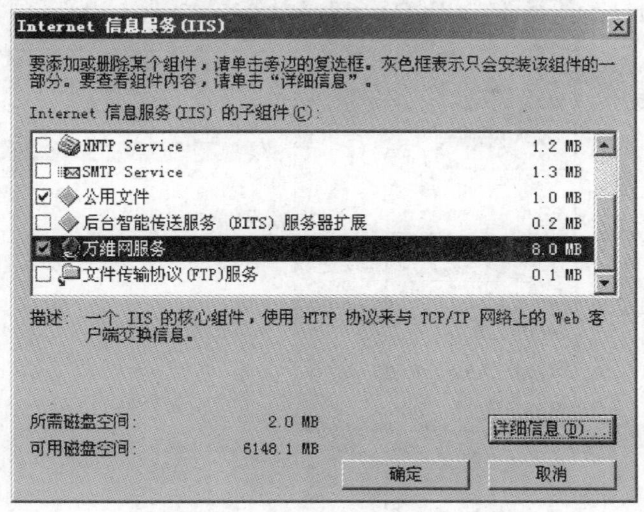

图 13.3 “Internet 信息服务”窗口

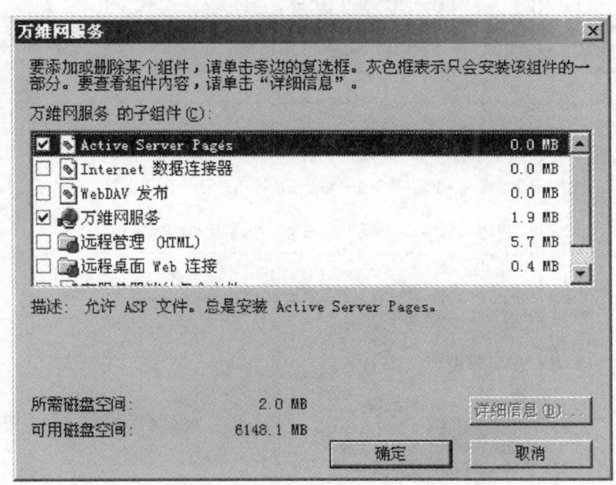

图 13.4 “万维网服务”窗口

(2) 启用 IIS 服务

选择“开始”→“运行”→inetmgr 命令，打开 IIS 管理窗口，如图 13.5 所示。

(3) IIS 测试

测试 IIS 是否安装成功的测试方法：在局域网中的测试计算机上通过 IE 浏览器打开以下几个地址来测试(四选一即可)，打开网页如图 13.6 所示。

IP 地址——http://172.16.30.10

计算机名——http://S20X-XXX

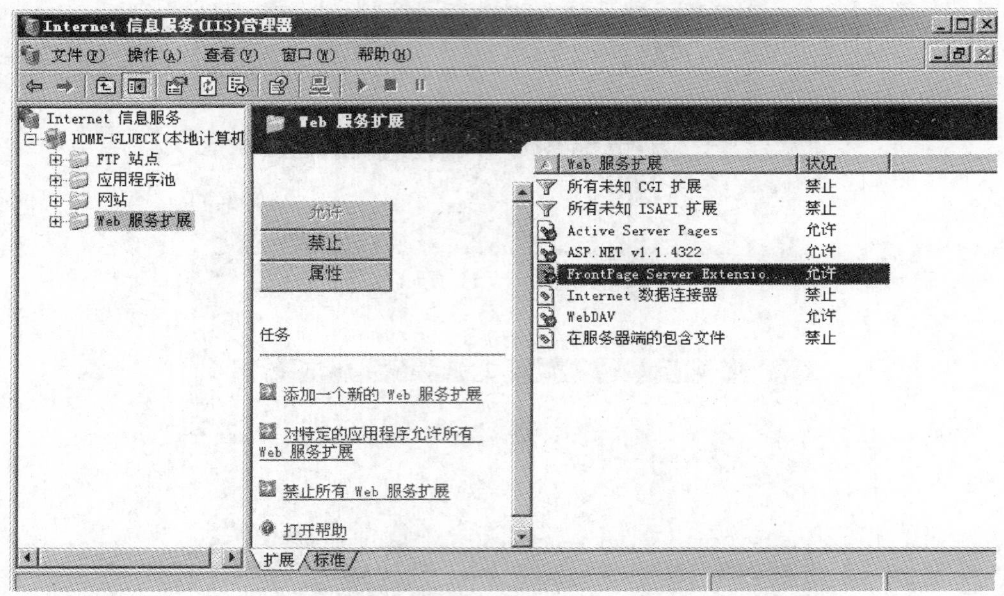

图 13.5 “IIS 信息服务管理器”窗口

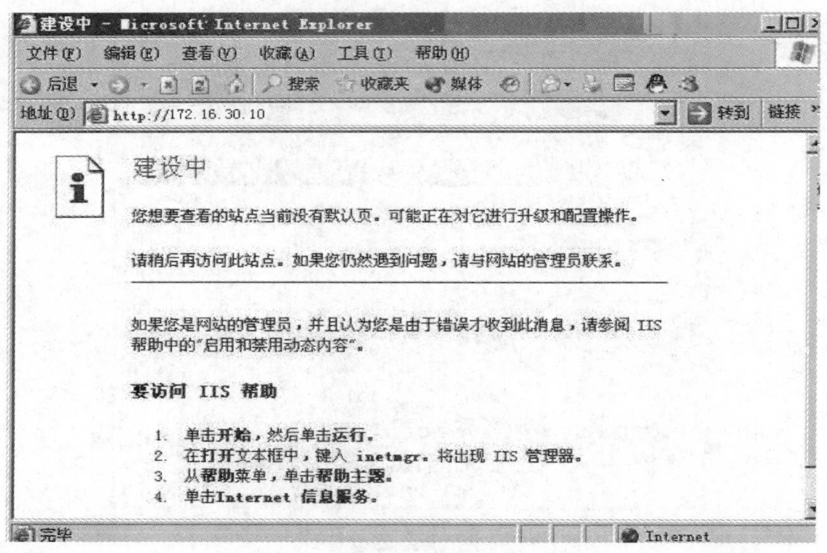

图 13.6 IIS 测试

本地主机——http://localhost

http://127.0.0.1

2. 发布第一个 Web 网站

第一个 Web 网站即主站点，Web 主站点发布有两种方法：一是直接将要发布的网站内容复制到“默认站点”的主目录下，不需要太多设置就可以完成主站点发布；另一种方式是单独发布。现用第二种方式。

首先将要发布的网站内容复制到 F:\web\web1 下；然后停止 IIS 中的默认网站，

如图 13.7 所示。

图 13.7 停止 IIS 中的默认网站

(1) 主站点规划

原默认网站 IP 地址为 172.16.30.10/24，SXXX-XXX(根据物理机名)。

(2) 使用 IP 地址，创建主网站

打开 IIS 管理器窗口，展开左侧的目录树，右击“网站”，选择快捷菜单中的“新建”→“网站”选项，如图 13.8 所示，打开“欢迎使用网站创建向导”，如图 13.9～图 13.13 所示。

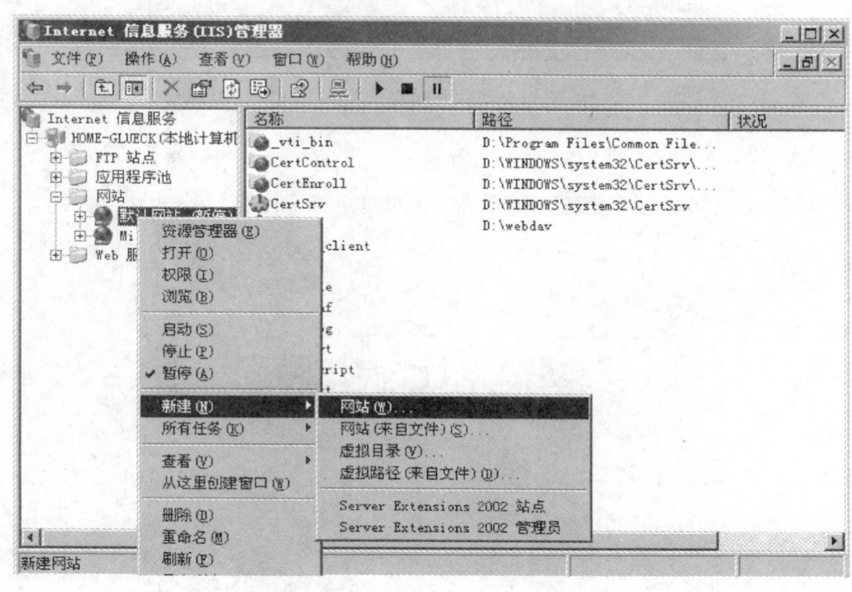

图 13.8 新建网站

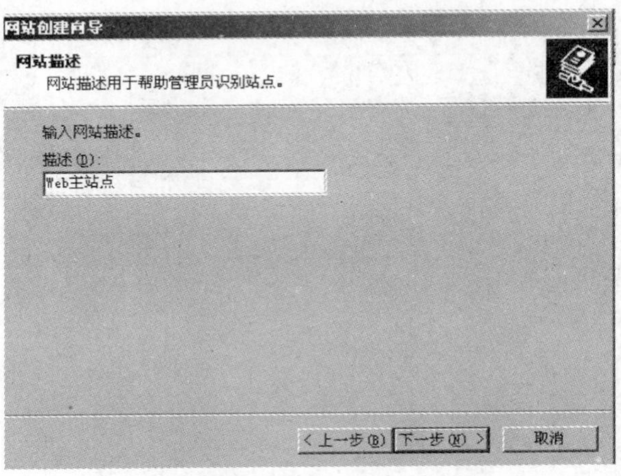

图 13.9　网站创建向导过程 1

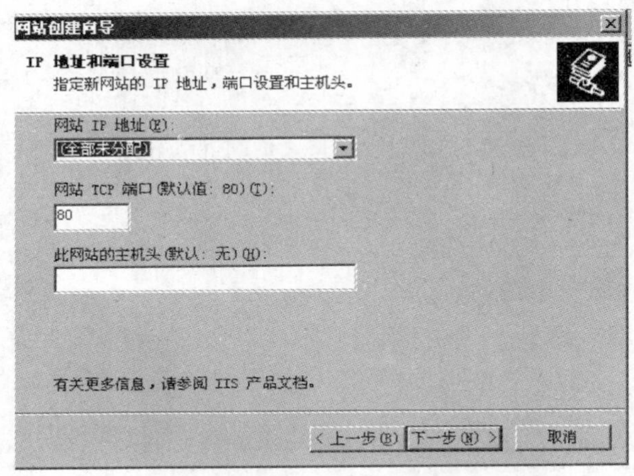

图 13.10　网站创建向导过程 2

由于是主站点，所以不需要修改 IP 地址和端口号。

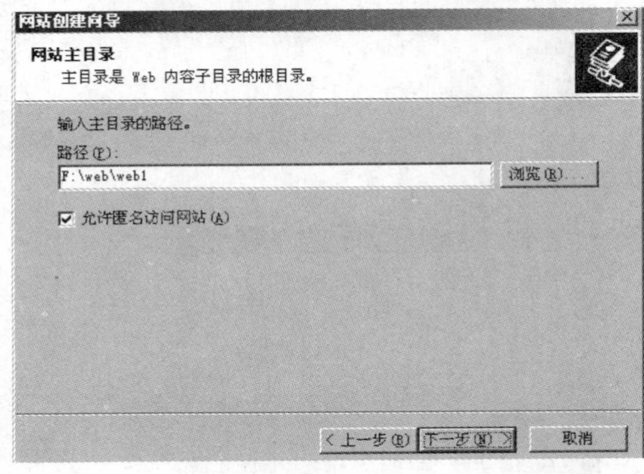

图 13.11　网站创建向导过程 3

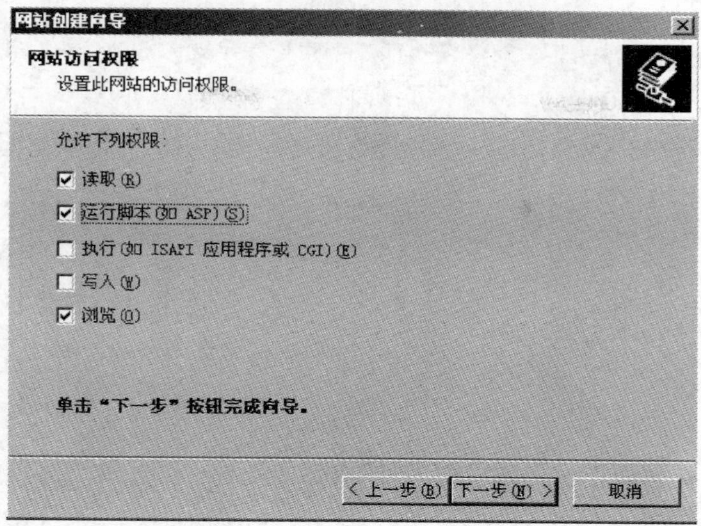

图 13.12　网站创建向导过程 4

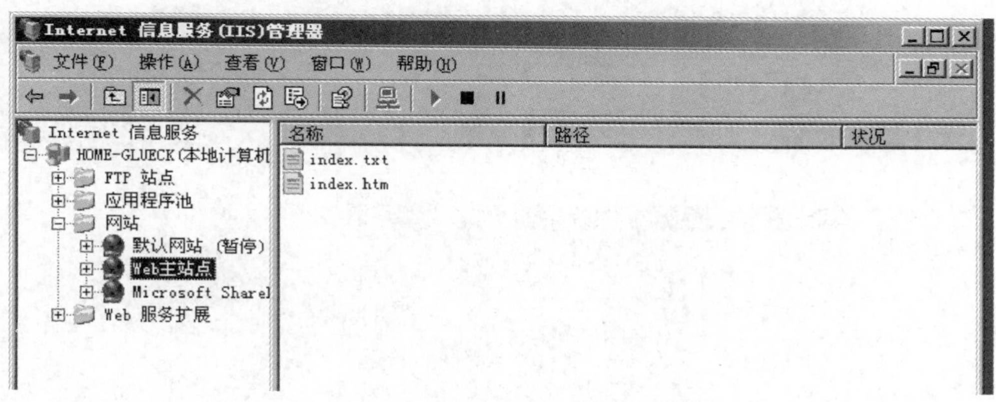

图 13.13　网站创建向导过程 5

(3) 主网站属性

在 IIS 管理器中选择 Web 主站点,右击打开“属性”对话框,显示网站基本属性,如图 13.14 所示。

在“网站”选项卡可设置“连接超时”值为 600 秒使 HTTP 保持活力。

选择主目录选项卡,如图 13.15 所示。

选择文档选项卡,如图 13.16 所示。

(4) 结果验证

在测试计算机的浏览器地址栏上,输入 IP 地址 172.16.30.13,则显示网站内容,如图 13.17 所示。

在服务器 IIS 管理窗口,右击“Web 主站点”,选择“浏览”命令;则显示网站内容,如图 13.18 和图 13.19 所示。

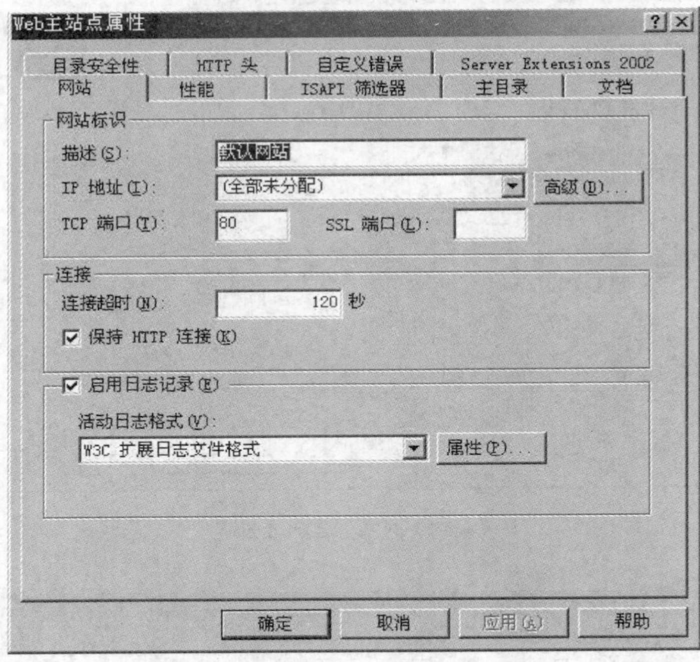

图 13.14 “Web 主站点属性”对话框

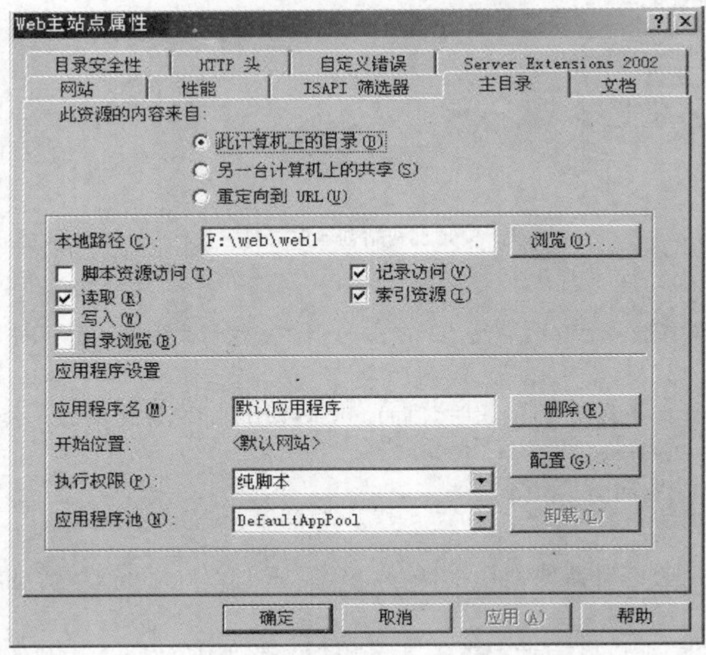

图 13.15 “主目录”选项卡

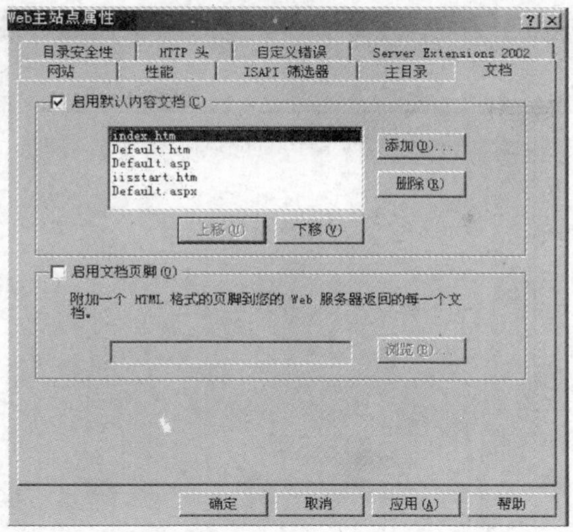

图 13.16 “文档”选项卡

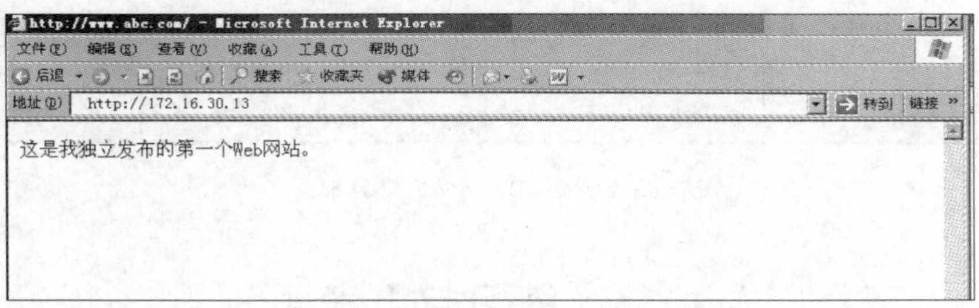

图 13.17 显示网站内容

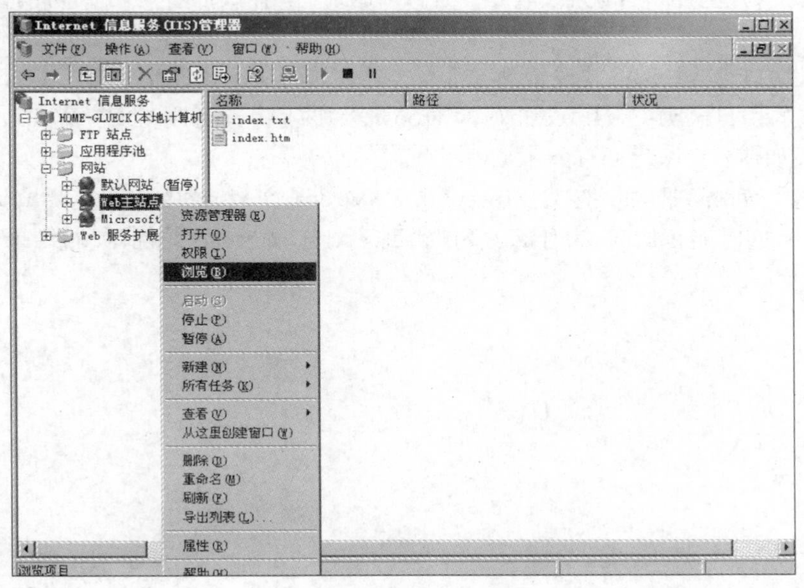

图 13.18 IIS 网站内容管理

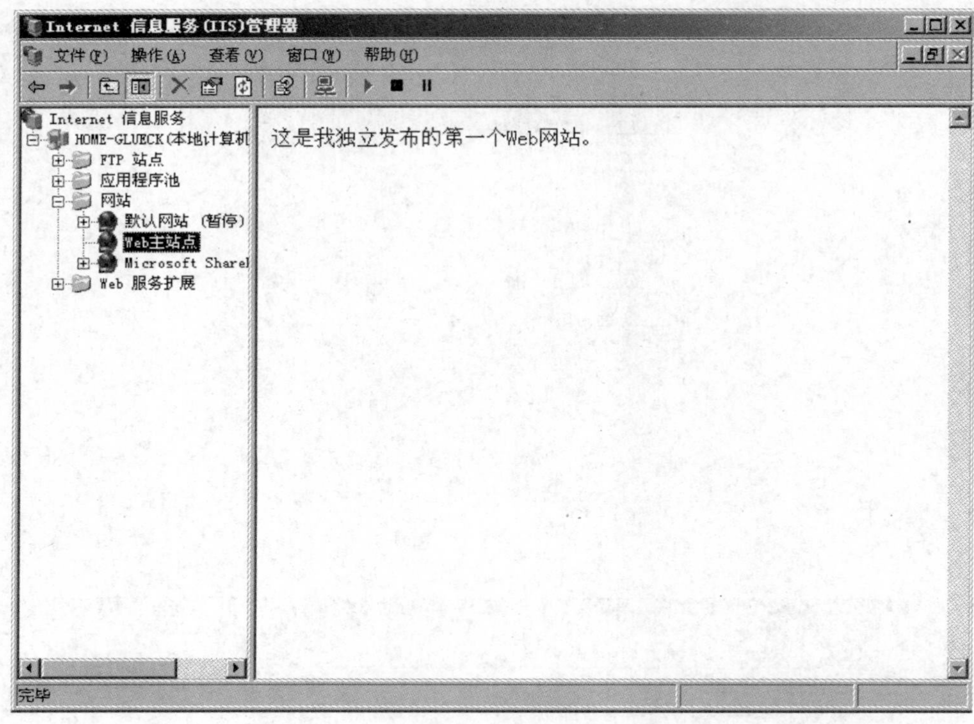

图 13.19 IIS网站内容管理

13.5 练习与思考题

1. 当设置为“全部未分配”或其中一个 IP 地址时，尝试以各种方式访问该网站，结果如何？

2. 默认端口为 80，请将其设置为 8080，这时该如何访问该网站？

3. 默认的主目录为 C:/Intepub/wwwroot 文件夹，将其更改为 C:/Web1，这时再访问该网站，结果如何？

4. 勾选“读取”选项，把 C:/Intepub/wwwroot 文件夹中 iisstart.htm 重命名为 iisstart2.htm，这时能否访问，为什么？勾选“目录浏览”选项，再访问网站，结果如何？

实训 14　利用 IPSec 实现网络安全通信

14.1 实验目的

1. 了解 IPSec 主要协议；
2. 理解 IPSec 工作原理；
3. 掌握 Windows 环境下利用 IPSec 在两台主机间建立安全通道的方法。

14.2 实验要求

1. 设备要求：两台以上安装 Windows 2000/XP/2003 操作系统的计算机，其中必须有一台为 Windows 2000/2003；
2. 每组两人，合作完成。

14.3 实验预备知识

IPSec 作为一套标准的集合，包括加密技术、Hash 算法、Internet 密钥交换、AH 和 ESP 等协议，在需要时还可以互相结合。IPSec 是基于 OSI 第三层的隧道协议，第三层隧道协议对于 OSI 模型的网络层，使用包作为数据交换单位，将 IP 包封装在附加的 IP 包头中，通过 IP 网络发送。IPSec 提供了一种标准的、健壮的以及包容广泛的机制，可为 IP 层协议及上层协议提供以下几种服务：数据源验证，确保收到的数据的发送者为实际发送者；数据完整性，确保数据在传输过程中未被非法篡改；抗重播保护，防止数据被假冒者复制存储并重复发送；信息的机密性，确保数据在传输过程中不被偷看。IPSec 定义了一套默认的、强制实施的算法，以确保不同的实施方案可以共用。

IPSec 包含四类组件：IPSec 进程本身，验证头协议（AH）或封装安全载荷协议 ESP；Internet 密钥交换协议（Internet Key Exchange，IKE），进行安全参数的协商；SADB（SA Database），用于存储安全关联（Security Association，SA）等安全相关的参数；SPD（Security Policy Database），用于存储安全策略。

1. IPSec 的工作模式

在 IPSec 协议中，无论是 AH 还是 ESP，都可工作于传输模式（Transport Mode）和隧道模式（Tunnel Mode）。

(1) 传输模式，传输模式主要为上层协议提供保护，即传输模式的保护扩充到 IP 分组的有效载荷。传输模式使用原始的明文 IP 头,只加密数据部分(包括 TCP 头或 UDP 头)。传输模式的典型应用是用于两个主机之间的端到端的通信。

(2) 隧道模式,与传输模式相比,隧道模式对整个 IP 分组提供保护,整个 IP 数据包全部被加密封装,得到一个新的 IP 数据包,而新的 IP 头可以包含完全不同的源地址和目的地址,因此在传输过程中,由于路由器不能够检查内部 IP 头,从而增加了数据安全性。隧道模式通常用于当 SA 的一端或两端是安全网关,如实现了 IPSec 的防火墙或路由器的情况。

2. IPSec 的主要协议

(1) AH 协议,验证头是插入 IP 数据包内的一个协议头,如图 14.1 所示,以便为 IP 提供数据源认证、抗重播保护以及数据完整性保护。

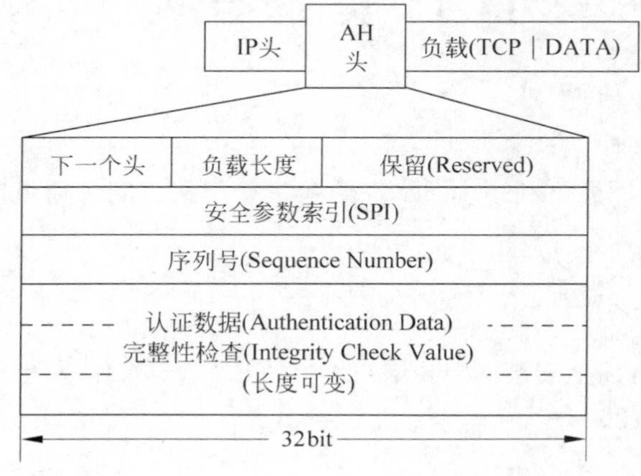

图 14.1 AH 协议头格式

验证头不提供机密性保证,所以它不需要加密器,但它依然需要身份验证器,并提供数据完整性验证。

(2) ESP 协议,封装安全载荷是插入 IP 数据包内的一个协议头,如图 14.2 所示,以便为 IP 提供机密性、数据源认证、抗重播以及数据完整性保护。

(3) 因特网密钥交换协议(IKE)用于动态建立安全关联(SA),IKE 以 UDP 的方式通信,其端口号为 500。IKE 是一个混合协议,使用到 ISAKMP、Okley 密钥确定协议(基于 DH 协议)和 SKEME 协议。IKE 分为两个阶段:第一阶段建立 IKE 本身使用的安全信道而协商 SA,主要是协商"主密钥";第二阶段,利用第一阶建立的安全信道来交换 IPSec SA。

3. IPSec 协议的实现

IPSec 的工作原理类似于包过滤防火墙。IPSec 通过查询安全策略数据库 SPD 来决定接收到的 IP 包的处理,但不同于包过滤防火墙的是,IPSec 对 IP 数据包的处理方法除了丢弃、直接转发(绕过 IPSec)外,还有进行 IPSec 的处理。进行 IPSec 处理意味着对 IP 数据包进行加密和认证,保证了在外部网络传输的数据的机密性、真实性和完整性,使通过 Internet 进行安全通信成为可能。在 IETF 的标准化下,IPSec 的处理流程进行了规范。

(1) IPSec 外出处理,在外出处理过程中,传输层的数据包流进 IP 层,然后按如下步骤处理,如图 14.3 所示。

首先,查找合适的安全策略。从 IP 包中提取出"选择符"来检索 SPD,找到该 IP 包所对

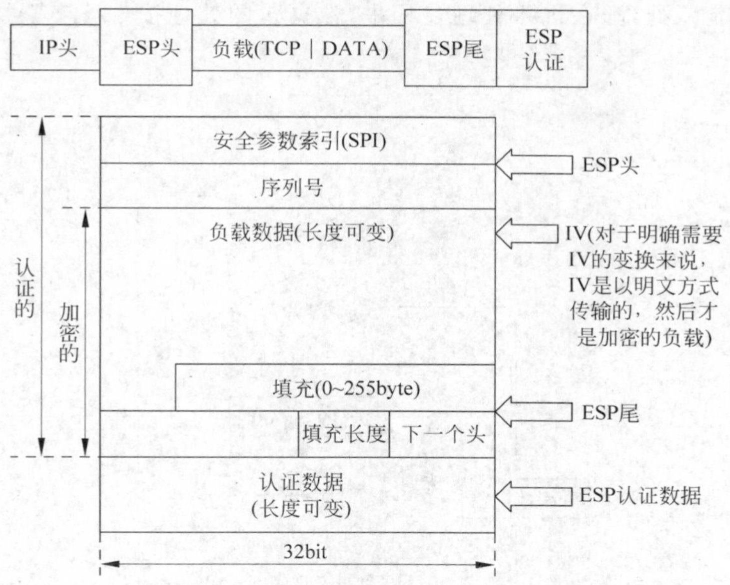

图 14.2 ESP 协议数据格式

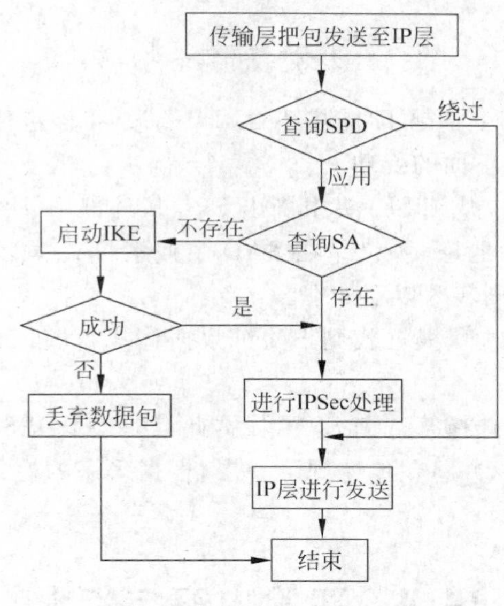

图 14.3 IPSec 外出处理流程

应的外出策略，之后用此策略决定对 IP 包如何处理；否则绕过安全服务以普通方式传输此包。

其次，查找合适的 SA。根据安全策略提供的信息，在安全联盟数据库中查找该 IP 包应该应用的 SA。如果该 SA 尚未建立。则会调用 IKE，将这个 SA 建立起来。此 SA 决定了使用何种协议(AH 或 ESP)，采用哪种模式(隧道模式或传输模式)，以确定加密算法、验证算法和密钥等处理参数。

最后，根据 SA 进行具体处理。

(2) IPSec 流入处理,在进入处理过程中,数据包的处理按如下步骤执行,如图 14.4 所示。

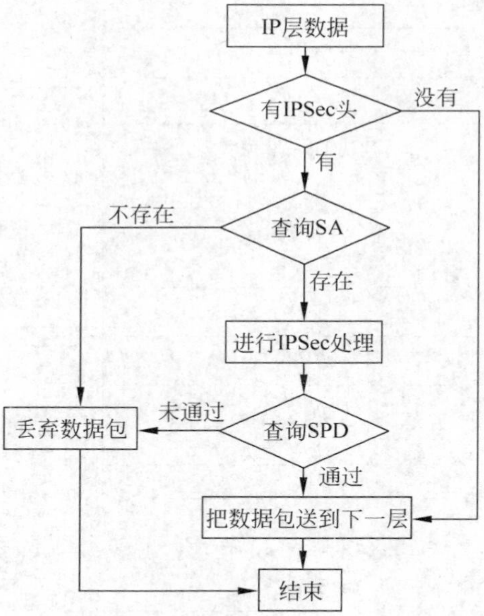

图 14.4 IPSec 数据进入处理流程

首先,IP 包类型的判断:如果 IP 包中不含 IPSec 头,将该包传递给下一层;如果 IP 包中包含了 IPSec 头,会进入下面的处理。

其次,查找适合的 SA:从 IPSec 头中摘出 SPI,从外部 IP 头中摘出目的地址和 IPSec 协议,然后利用＜SPI,目的地址,协议＞在 SAD 中搜索 SA。如果 SA 搜索失败就丢弃该包。如果找到对应的 SA,则转入以下处理。

再次,具体的 IPSec 处理,根据找到 SA 对数据包执行验证或解密进行具体的 IPSec 处理。

最后,策略查询:根据选择符查询 SPD,根据此策略检验 IPSec 处理的应用是否正确。然后,将 IPSec 头剥离下来,并将包传递到下一层,根据采用的模式,下一层要么是传输层,要么是网络层。

14.4 实验内容与步骤

IPSec 协议是在公共 IP 网络上确保通信双方数据通信具有可靠性和完整性的技术,它能够为通信双方提供访问控制、无连接完整性、数据源认证、载荷有效性和有限流量机密性等安全服务。Windows 系统中提供构建 IPSec 安全应用的所有组件。

首先配置 Web 服务器和客户端主机网络:

服务器主机 A:Windows Server 2003,IP 地址是 192.168.0.3/24,安装 Web 站点并测试成功。

测试主机 B:Windows 2000/XP/2003/Vista,IP 地址是 192.168.0.4/24,测试与主机

A 访问成功。

IPSec 技术保证应用层服务访问安全主要有以下两个步骤：

第一，在服务器主机 A、B 上安装并配置 IPSec；

第二，在服务器主机未启用或启用 IPSec 的情况下进行测试。

1. 配置服务器主机 A 的 IPSec

(1) 建立新的 IPSec 策略

① 选择"开始"→"所有程序"→"管理工具"→"本地安全策略"命令，打开"本地安全设置"窗口。

② 在"本地安全设置"窗口左侧对话框中右击选择"IP 安全策略，在本地机器"→"创建 IP 安全策略"命令，如图 14.5 所示。

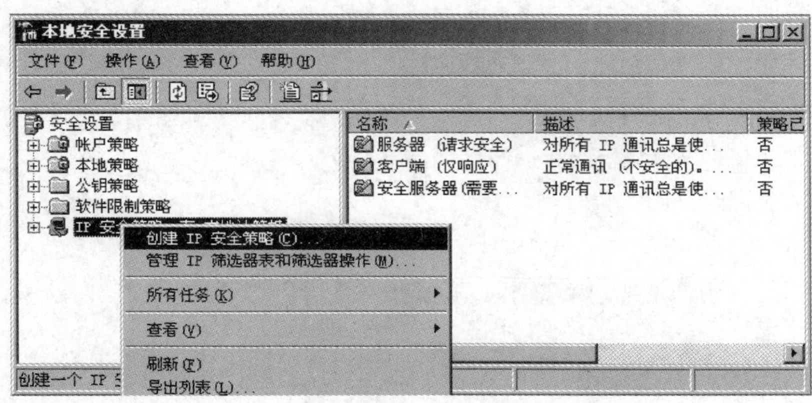

图 14.5 创建 IP 安全策略

③ 在"欢迎使用 IP 安全策略"窗口中单击"下一步"按钮。

④ 在"IP 安全策略名称"窗口中输入名称和描述信息(本实验中的策略名称为新 IP 安全策略 A)，单击"下一步"按钮。

⑤ 在"安全通信请求"窗口中取消"激活默认响应规则"复选框，单击"下一步"按钮。

⑥ 在"完成'IP 安全策略向导'"窗口中取消"编辑属性"默认选项，单击"完成"按钮，打开"新 IP 安全策略 A 属性"窗口，如图 14.6 所示。

(2) 添加新规则

① 在"新 IP 安全规则 A 属性"窗口中取消"使用'添加向导'"选项，再单击"添加"按钮，如图 14.7 所示。

② 在"新规则属性"窗口中的"IP 筛选器列表"选项卡中选中"所有 ICMP 通信"，单击"添加"按钮，出现"IP 筛选器列表"窗口。

(3) 添加新过滤器

① 在"IP 筛选器列表"窗口中输入筛选器的名称，并取消"使用'添加向导'"选项，单击"添加"按钮。

② 在"IP 筛选器属性"窗口中设置源地址和目标地址为特定的 IP 地址(本实验为主机到主机实现 IPSec 安全通信)，如图 14.8 所示。

③ 在"IP 筛选器属性"窗口中，选择"协议"选项卡，选择"协议类型"为 ICMP，单击"确

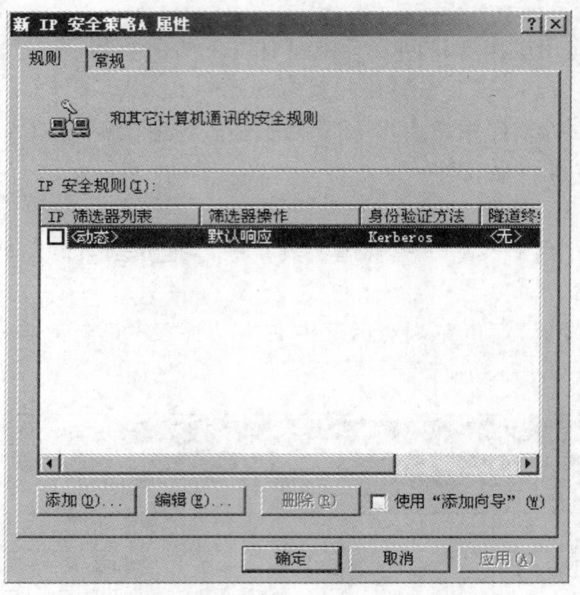

图 14.6　创建新 IP 安全策略 A

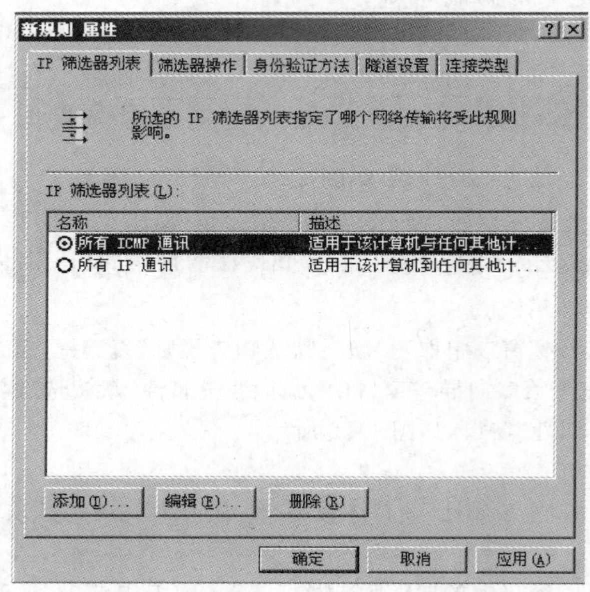

图 14.7　添加新的过滤器

定"按钮。

④ 在"IP 筛选器列表"窗口中单击"确定"按钮，返回"新规则属性"窗口，通过单击新添加的过滤器旁边的单选按钮激活新设置的过滤器，如图 14.9 所示。

(4) 规定过滤器动作

① 在"新规则属性"窗口中选择"筛选器操作"选项卡，取消"使用'添加向导'"选项，单击"添加"按钮，如图 14.10 所示。

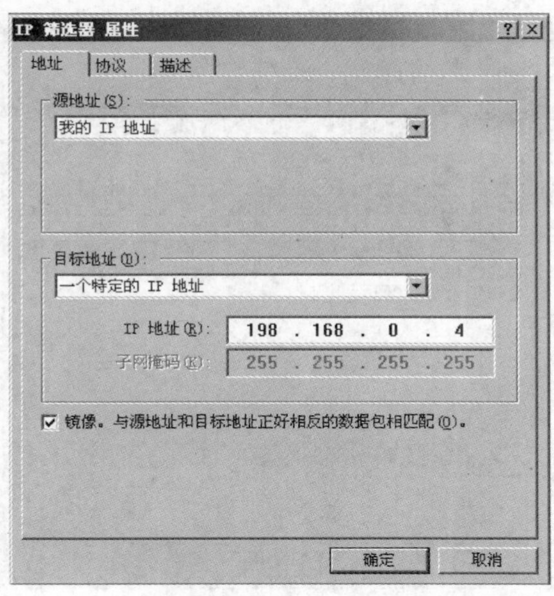

图 14.8　设置通信源与目的地址

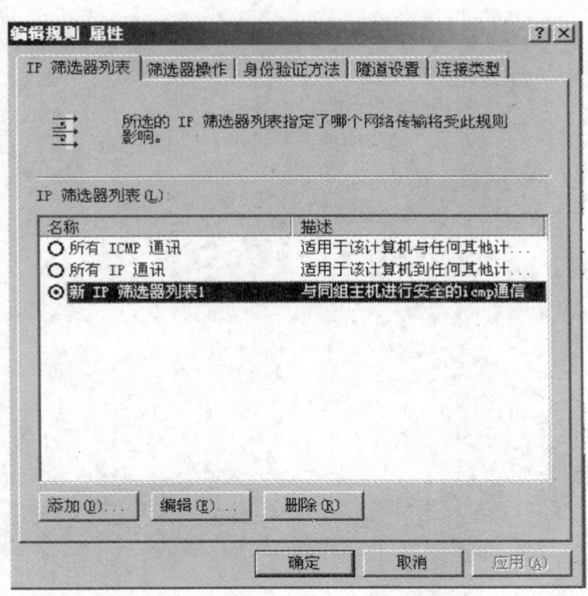

图 14.9　激活新建的过滤器

② 在“新筛选器操作属性”窗口中默认选择“协商安全”选项，单击“添加”按钮。

③ 在“新增安全措施”窗口中默认选择“完整性和加密”选项，选择“自定义选项”，单击“设置”按钮，在“自定义安全措施设置”窗口中可选择 AH 或 ESP 协议及相应算法，如图 14.11 所示。

④ 在“新增安全措施”窗口中单击“关闭”按钮，返回“新筛选器属性”对话框，确保不选择“允许和不支持 IPSec 的计算机进行不安全的通信”，单击“确定”按钮。

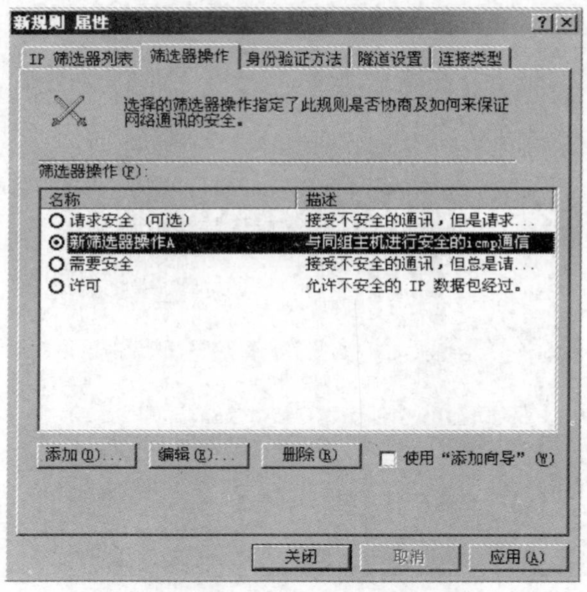

图 14.10 添加新筛选器动作

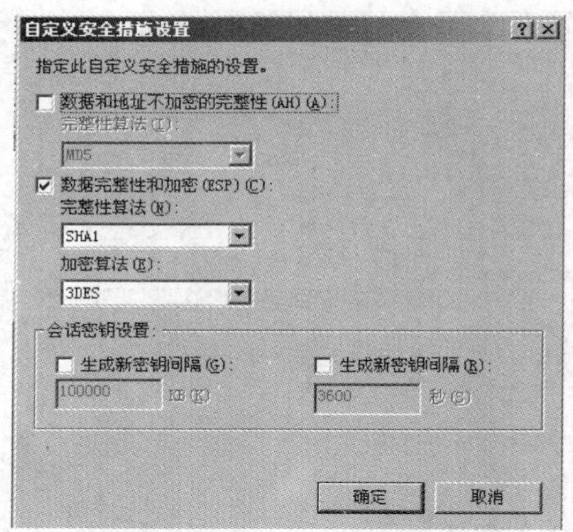

图 14.11 自定义安全措施设置

⑤ 在如图 14.9 所示的“新规则属性”窗口中的“筛选器操作”选项卡中选中“新筛选器操作”并激活，如图 14.10 所示。

(5) 设置身份验证方法

① 在如图 14.9 所示“新规则属性”窗口中的“身份验证方法”选项卡中单击“添加”按钮，打开“新身份验证方法属性”窗口，选择“使用此字串(预共享密钥)”单选框，并输入预共享密钥字串“ABC”。

② 在“身份认证方法属性”窗口中单击“确定”按钮返回“身份验证方法”选项卡，选中新生成的“预共享密钥”，单击“上移”按钮使其成为首选，如图 14.12 所示。

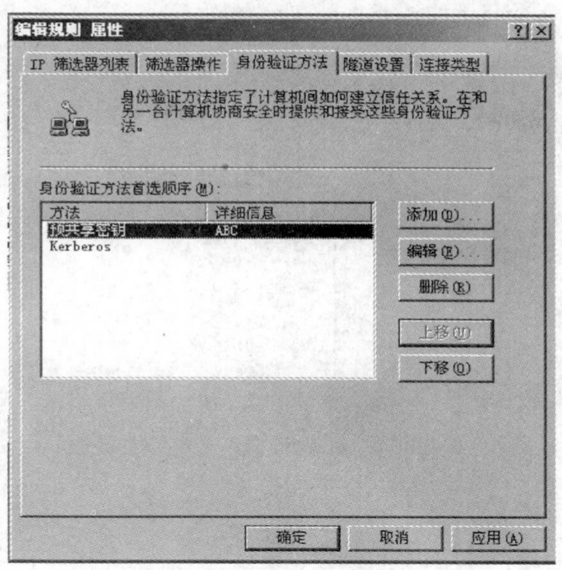

图 14.12　设置预共享密钥

（6）设置“隧道设置”

单击如图 14.9 所示“新规则属性”窗口中的“隧道设置”选项卡，默认选择“此规则不指定 IPSec 隧道”。

（7）设置“连接类型”

① 单击如图 14.9 所示“新规则属性”窗口中的“连接类型”选项卡，默认选择“所有网络连接”。

② 单击“关闭”按钮，返回“新 IP 安全策略 A 属性”窗口，如图 14.13 所示。

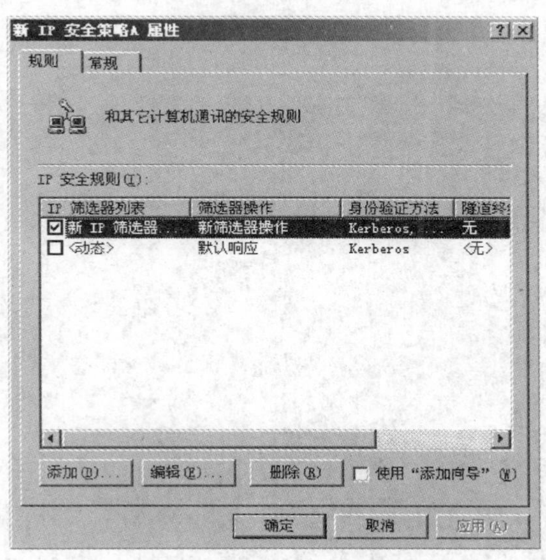

图 14.13　新 IP 过滤器设置完成并激活

③ 单击“确定”按钮，返回“本地安全策略”窗口，如图 14.14 所示。

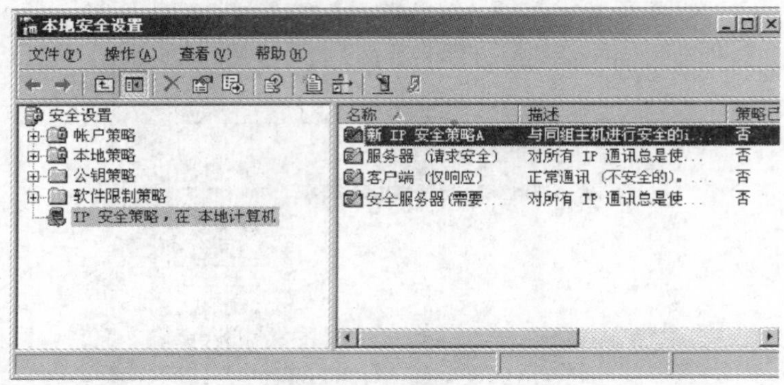

图 14.14　新 IP 安全策略设置完成

2. 配置服务器主机 B 的 IPSec

按照对主机 A 的配置对主机 B 的 IPSec 进行配置。

3. 测试 IPSec

(1) 不激活主机 A 和主机 B 的 IPSec 进行测试

分别在主机 A、B 上 ping…，要求对方主机可以 ping 通。

(2) 激活一方的 IPSec 进行测试

① 在主机 A 新建立的 IP 安全策略上右击选择“指派”命令，激活该 IP 安全策略。

② 在主机 B 执行命令 ping 192.168.0.3。

③ 在主机 A 执行命令 ping 192.168.0.4。

(3) 激活双方的 IPSec 进行测试

此时在主机 A 和主机 B 之间建立了一个共享密钥的 IPSec 安全通道，它们之间能正常 ping 通并进行所有访问，如图 14.15 所示。如 Web、FTP 访问。而其他机器如主机 C(192.

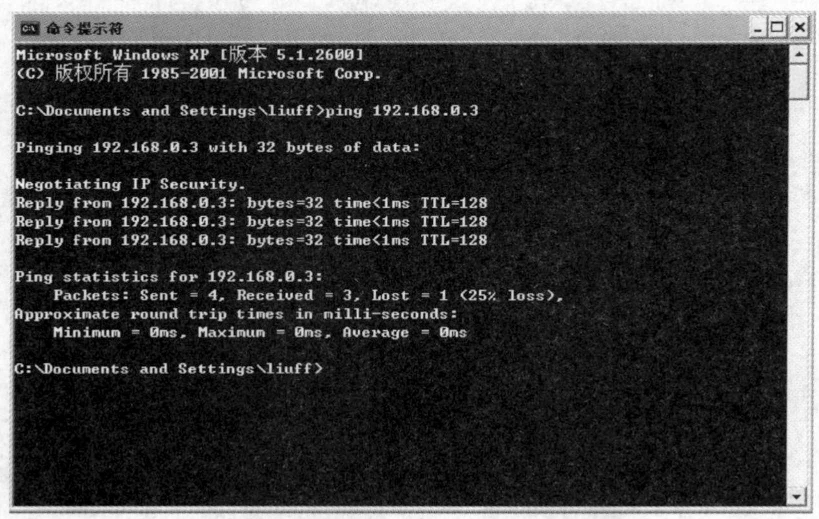

图 14.15　使用 IPSec 通道执行 ping 命令

168.0.12)则不能访问主机 A 和 B 提供的任何服务,从而可以保证主机 A 和 B 在公网上传输数据的安全。如果在主机 C 上运行第三方网络监听软件对主机 A 和 B 之间的通信数据进行捕获可以发现,捕获的都是加密的数据包,而不是明文数据包,也就不能从中得到用户名和密码等敏感信息。

4. 协议分析 ESP

① 主机 B 对 Ethereal 工具进行设置,并启动使其处于捕包状态。

② 主机 B 打开 cmd 命令符窗口,执行 ping 192.168.0.3 命令。等待 A 回应后,停止 Ethereal 捕包状态,观察捕获的数据,如图 14.16 所示,记录 ESP 协议的类型,SPI 值、序列号值以及判断 ICMP 数据包是否被加密封装。

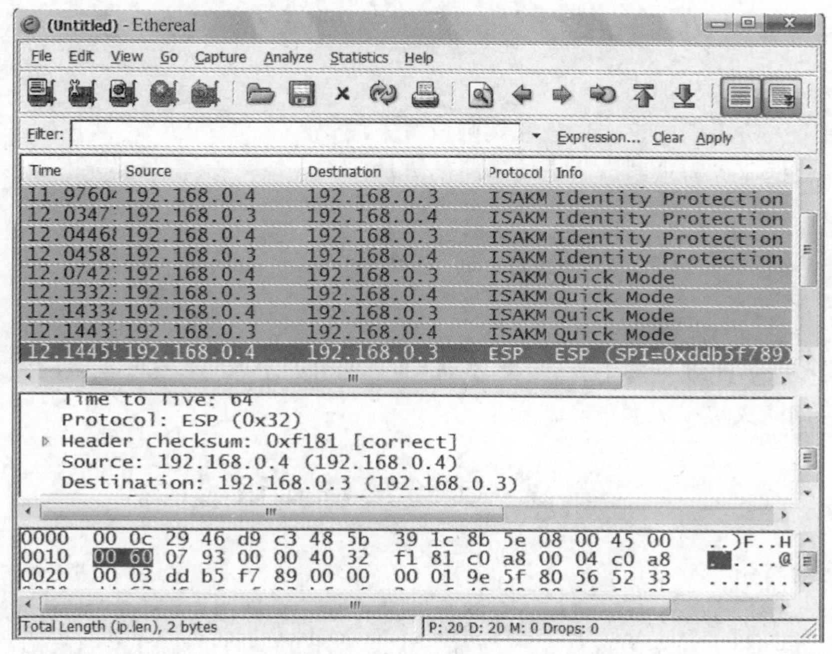

图 14.16 ESP 协议概要解析

③ 更改 IPSec 的安全策略为完整性认证(AH),重复①、②,记录 AH 协议的类型,SPI 值,序列号。

14.5 练习与思考题

1. IPSec 属于哪一层的安全协议,能够提供哪些安全服务?

2. IPSec 有哪几部分组成,各部分的作用是什么?

3. 分别描述 IPSec 数据输出和输入的处理流程。

4. 在主机 A 和 B 上创建指派新的安全策略,实现主机 B 对主机 A 上 FTP、网站数据的保密性和完整性访问。选择一条经 AH 处理的数据,画出其封包结构,记录 AH 协议号、下一个头、负载长度、SPI、序列号和认证数据(观察其长度)?选择一条经 ESP 处理的数据,画出其封包结构,记录 ESP 的协议号、SPI、序号及 ESP 处理后数据。

实训 15　防火墙的配置

15.1 实验目的

1. 掌握防火墙的分类；
2. 掌握个人防火墙的工作原理和规则设置方法；
3. 掌握根据业务需求制定防火墙策略的方法。

15.2 实验要求

1. 一人一组，单独完成；
2. 设备要求：计算机若干台（安装 Windows 2000/XP/2003 操作系统、装有网卡），局域网环境，天网防火墙个人版软件。

15.3 实验预备知识

1. 防火墙简介

1）定义：防火墙是将内部网和公众网分开的方法；允许用户“同意”的人和数据进入网络，用户“不同意”的人和数据将被拒之门外；防火墙能最大限度地阻止网络中的黑客访问自己的网络，防止他们更改、复制和毁坏自己的重要信息。防火墙是一个位于计算机或其他网络设备和它所连接的网络之间的软件或硬件系统，主要用于隔离专用网络和因特网，一般由一台设备或一个软件构成，复杂的网络系统则需要由多台设备构成。

对普通用户来说，所用的防火墙称为个人防火墙，通过监控所有的网络连接，过滤不安全的服务，可以极大地提高网络安全。使用防火墙后，被成功攻击的可能性远低于没有使用防火墙的用户。如果防火墙配置无误，对防火墙进行攻击并攻击成功几乎是不可能的，使用防火墙的关键是用户是否了解配置规则，进行合理地配置。

2）类型

防火墙分为三类，分别是数据包过滤路由器、应用层网关和电路层网关。

（1）数据包过滤路由器

数据包过滤路由器是防火墙最常用的技术。在网络中适当的位置对数据包实施有选择的通过规则等，即为系统内设置的过滤规则（即访问控制表），只有满足过滤规则的数据包才能被转发至相应的网络接口，其余数据包则从数据流中删除。包过滤路由器部署位置如

图 15.1 所示。包过滤一般要检查下面几项内容：

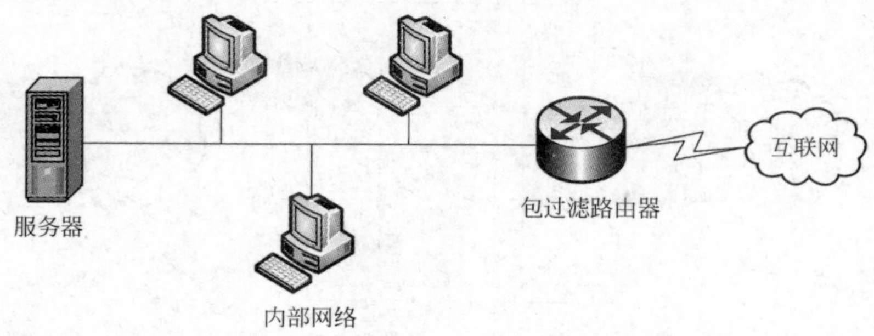

图 15.1　包过滤路由器部署图

① IP 源地址；
② IP 目标地址；
③ 协议类型(TCP 包、UDP 包和 ICMP 包)；
④ TCP 或 UDP 的源端口；
⑤ TCP 或 UDP 的目标端口；
⑥ ICMP 消息类型；
⑦ TCP 报头中的 ACK 位。

包过滤在本地端接收数据包时，一般不保留上下文，只根据目前数据包的内容做决定。根据不同的防火墙的类型，包过滤可能在进入、输出时或这两个时刻都进行。可以拟定一个要接收的设备和服务的清单，一个不接收的设备和服务的清单，组成访问控制表。

配置包过滤有三步：
① 必须知道什么是应该和不应该被允许的，即必须制定一个安全策略。
② 必须正式规定允许的包类型、包字段的逻辑表达。
③ 必须用防火墙支持的语法重写表达式。

数据包过滤优点：
① 在关键位置设置数据包过滤路由器，即可保护整个网络。
② 数据包过滤对用户是透明的。
③ 用户机不需安装特定的软件。

数据包过滤缺点：
① 包过滤规则配置复杂。
② 没有工具能对过滤规则的正确性进行测试。
③ 无法查出具有数据驱动攻击这一类潜在危险的数据包。
④ 随着过滤数据的增加，路由器的吞吐量下降，影响网络性能。

(2) 应用层网关

应用屋网关本质是代理服务器。针对每一个特定应用都有一个程序企图在应用层上实现防火墙的功能。应用层网关有状态性。代理能提供部分与传输有关的状态，也能处理和管理信息。通过代理使得网络管理员实现比包过滤路由器更严格的安全策略。应用层网关原理图如图 15.2 所示。

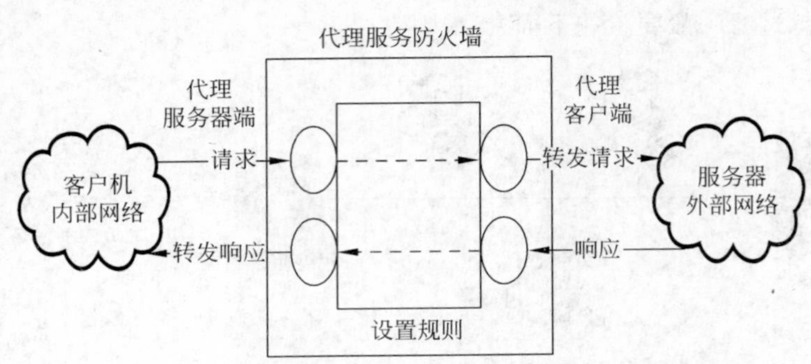

图 15.2　应用层网关——代理服务防火墙原理图

应用层网关的优点：

① 支持可靠的用户认证并提供详细的注册信息。

② 过滤规则容易配置和测试。

③ 可提供详细的日志和安全审计功能。

④ 隐藏内部网的 IP 地址，可保护内部主机免受外部主机的进攻。

⑤ 可解决 IP 地址不够用的问题。

应用层网关的缺点：

① 有限的连接性。

② 有限的技术。

③ 对 DDOS 攻击无法防御。

(3) 电路层网关

电路层网关也是一种代理，电路级网关是一个通用代理服务器，它工作于 OSI 互联模型的会话层或者是 TCP/IP 协议的 TCP 层。适用于多个协议，但它不能识别在同一个协议栈上运行的不同的应用，当然也就不需要对不同的应用设置不同的代理模块，但这种代理需要对客户端作适当修改。电路层网关只能是建立起一个回路，对数据包只起转发的作用。电路级网关只依赖于 TCP 连接，并不进行任何附加的包处理或过滤。电路级网关原理图如图 15.3 所示。

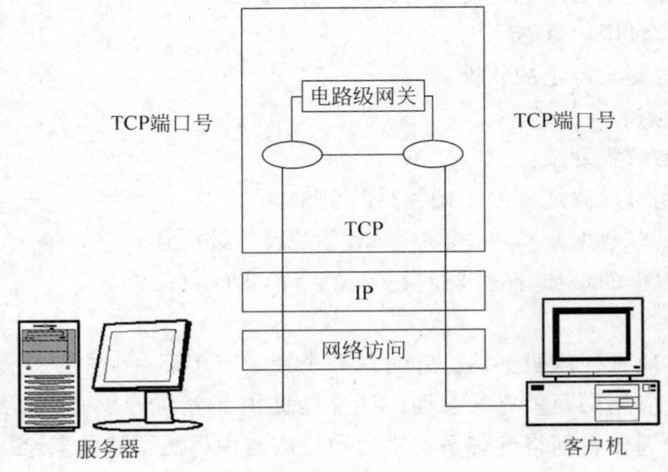

图 15.3　电路级网关原理图

2. 天网防火墙

1）天网防火墙个人版简介

天网防火墙个人版(简称为天网防火墙)是由天网安全实验室研发制作给个人计算机使用的网络安全工具。它根据系统管理者设定的安全规则把守网络，提供强大的访问控制、应用选通和信息过滤等功能。它可以帮你抵挡网络入侵和攻击，防止信息泄露，保障用户机器的网络安全。天网防火墙把网络分为本地网和互联网，可以针对来自不同网络的信息，设置不同的安全方案，它适合于以任何方式连接上网的个人用户。

2）天网防火墙个人版安装

首先将 skynet2.50-cn-crack.rar 解压缩到任意目录，双击 skynet2.50.exe 安装程序开始安装天网防火墙个人版，如图 15.4 所示。

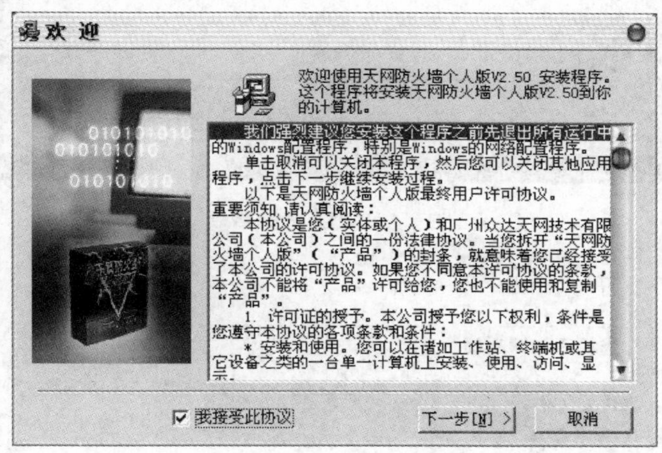

图 15.4　天网防火墙安装界面

下拉框中显示的是安装软件必须遵守的协议，选择“我接受此协议”复选框。如果不选择“我接受协议”，则无法进行下一步安装。单击“下一步”按钮，进入继续安装界面，如图 15.5 所示。

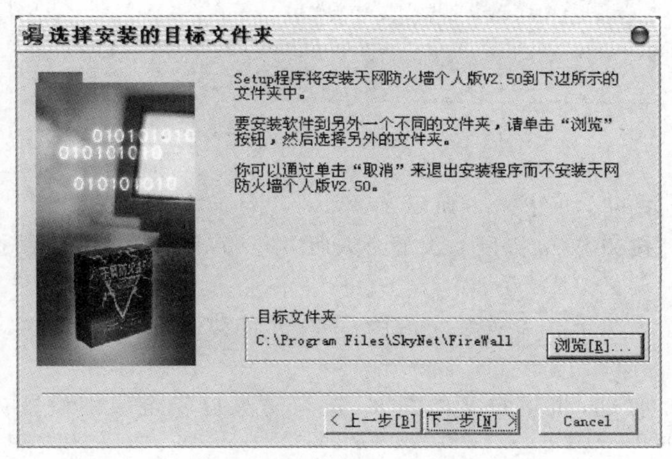

图 15.5　选择安装的目标文件夹

单击“浏览”按钮，在弹出的对话框中选择安装的路径(也可以使用默认路径 C:\Program files\SkyNet\FireWall)，单击 OK 按钮，如图 15.6 所示。

图 15.6　确定安装路径

单击“下一步”按钮，如图 15.7 所示。

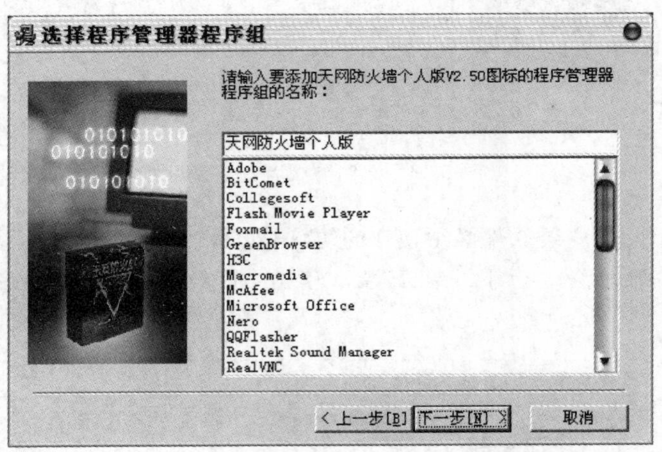

图 15.7　选择程序管理器程序组

单击“下一步”按钮，如图 15.8 所示。

单击“下一步”按钮，安装天网防火墙个人版 V2.50，最后单击“完成”按钮，完成安装，如图 15.9 所示。

天网防火墙个人版 V2.50 安装完成后，系统会自动弹出天网防火墙个人设置向导，如图 15.10 所示。

单击“下一步”按钮，根据自己的需要，进行防火墙安全级别设置(默认为中级)，如图 15.11 所示。

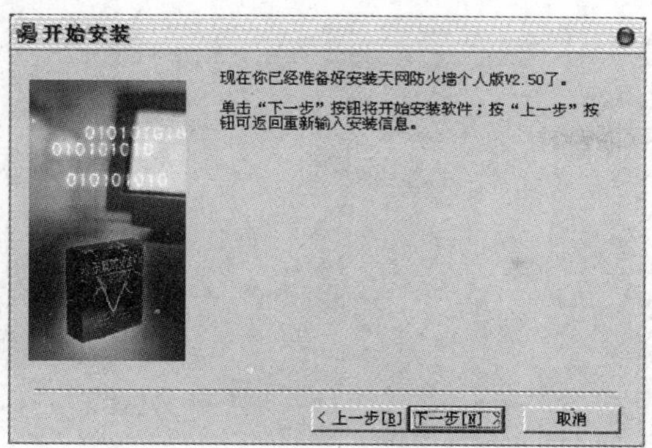

图 15.8 “开始安装”界面

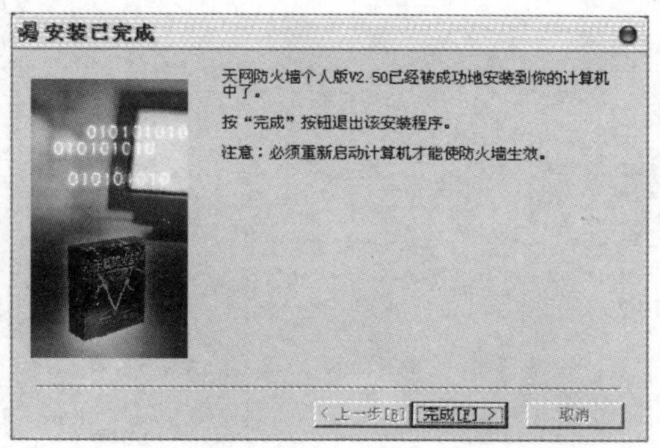

图 15.9 安装完成界面

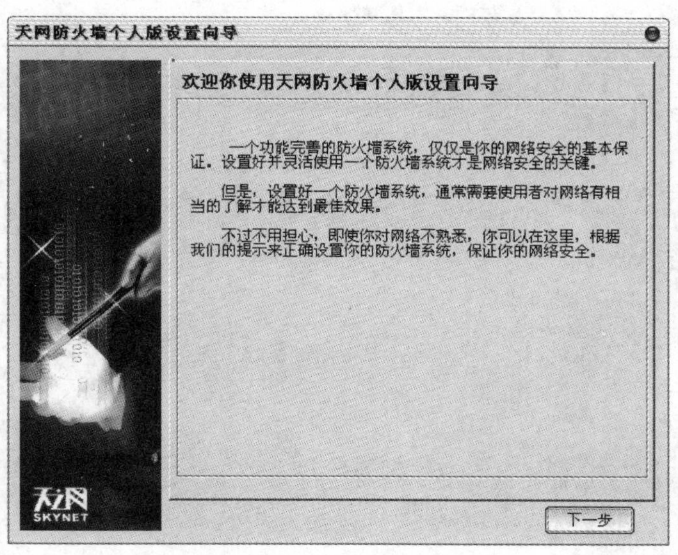

图 15.10 设置向导界面

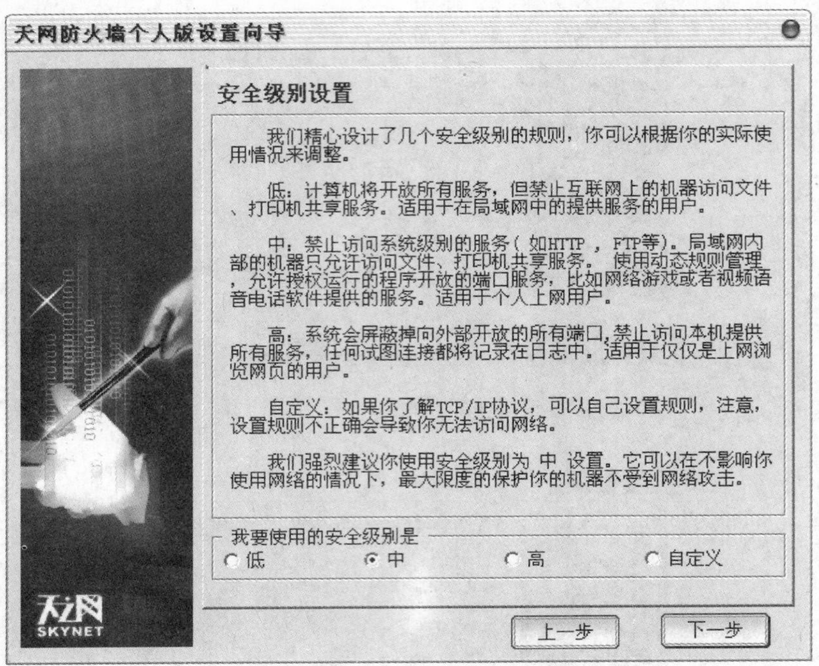

图 15.11　安全级别设置

单击“下一步”按钮，进行局域网信息设置。如果本机不在局域网中，可以直接跳过，若要在局域网中使用本机，则需正确设置本机在局域网中的 IP 地址，如图 15.12 所示。

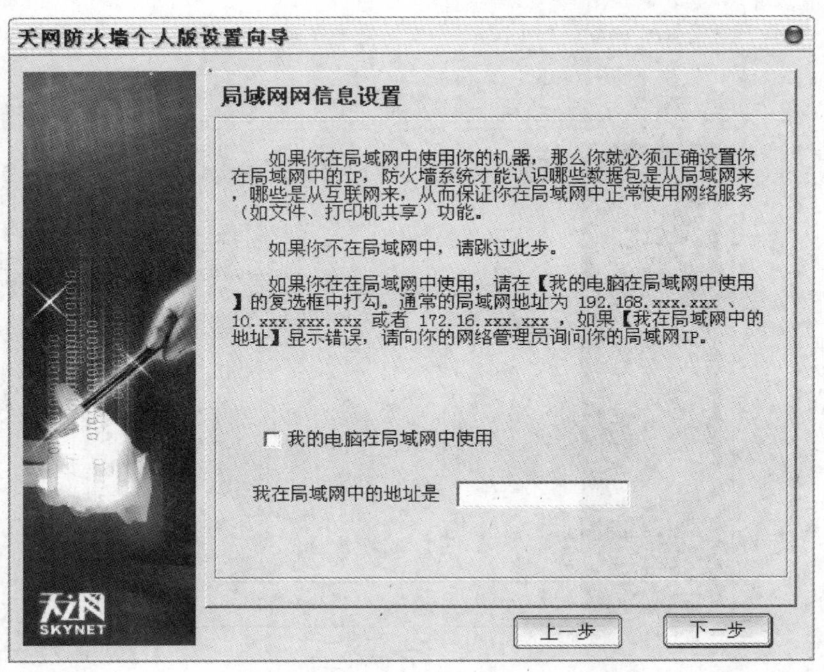

图 15.12　局域网信息设置

单击“下一步”按钮，进行常用应用程序设置，一般可以默认其选择，如图 15.13 所示。

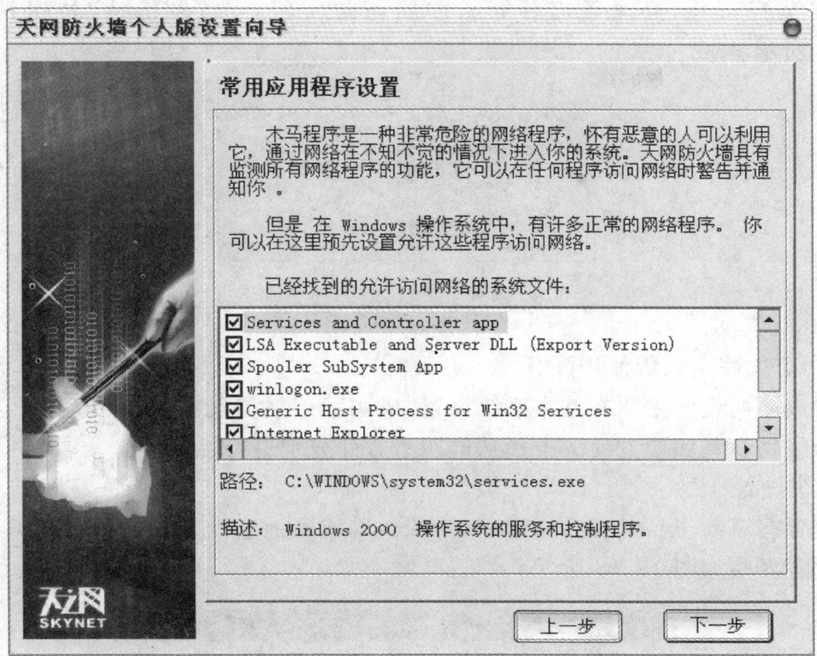

图 15.13 常用应用程序设置

最后，单击“结束”按钮，完成向导设置，如图 15.14 所示。

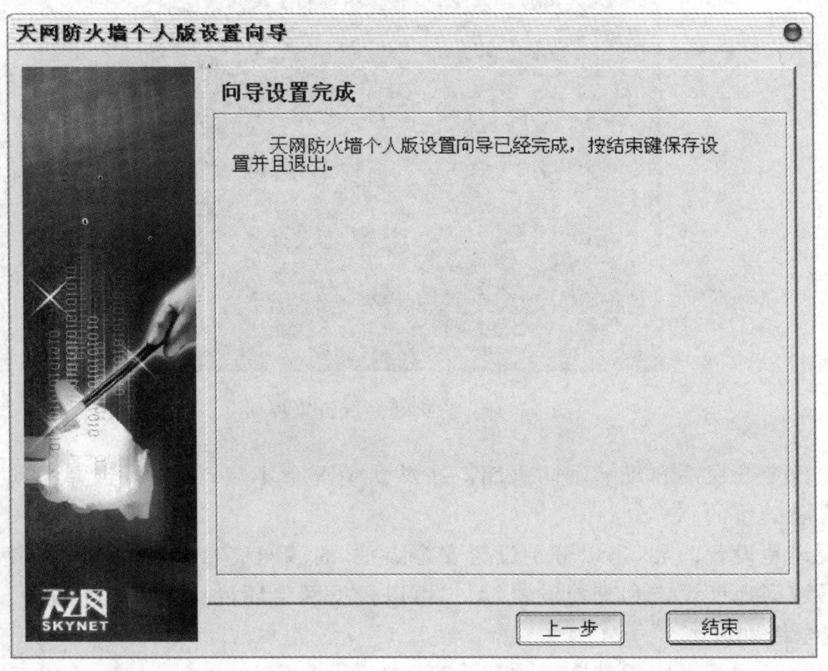

图 15.14 向导设置完成

完成天网防火墙个人版设置后，系统会自动弹出重启提示对话框，提示重启计算机。一般防火墙安装完毕后，必须重启计算机才能正常使用。单击“确认”按钮重启计算机，如图15.15所示。

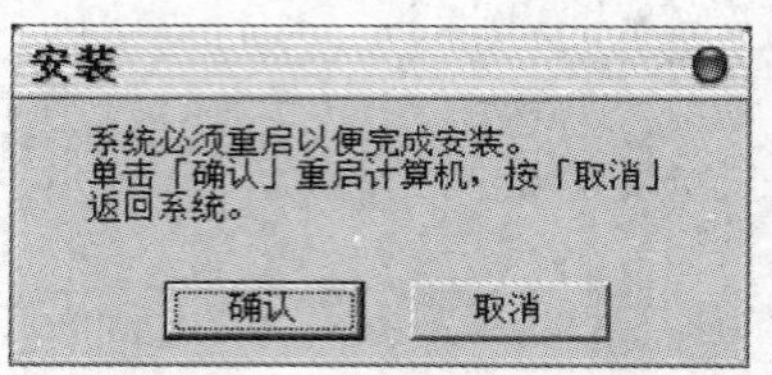

图15.15　重启提示对话框

3）天网防火墙个人版使用配置

天网防火墙的设置主要有基本系统设置、应用程序访问网络权限设置、自定义IP规则设置和安全级别设置四个方面。下面从这四个方面分别进行说明。

（1）系统设置

系统设置有启动、规则设定、应用程序权限、局域网地址设定和其他设置几个方面。防火墙系统设置界面如图15.16所示。

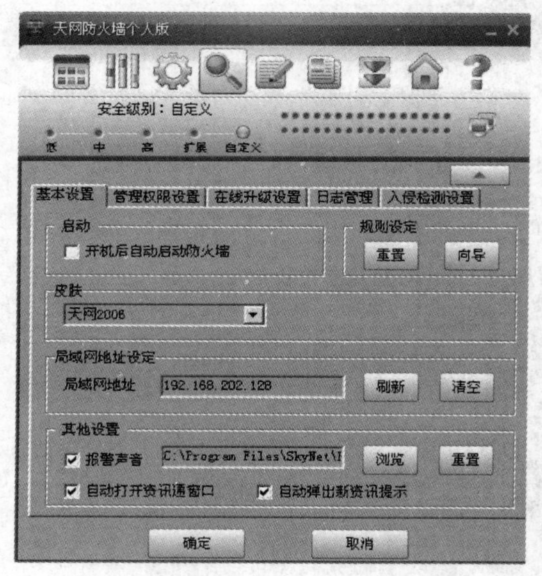

图15.16　防火墙系统设置界面

启动项设定开机后自动启动防火墙。在默认情况下不启动，一般选择自动启动。这也是安装防火墙的目的。

规则设定是设置向导，可以分别设置安全级别、局域网信息设置、常用应用程序设置。

对于局域网地址设定和其他设置，用户可以根据网络环境和爱好自由设置。

（2）安全级别设置

最新版的天网防火墙的安全级别分为高、中、低、自定义四类。把鼠标置于某个级别上时，可从注释对话框中查看详细说明。

低安全级别情况下，完全信任局域网，允许局域网中的机器访问自己提供的各种服务，但禁止互联网上的机器访问这些服务。

中安全级别下，局域网中的机器只可以访问共享服务，但不允许访问其他服务，也不允许互联网中的机器访问这些服务，同时运行动态规则管理。

高安全级别下系统屏蔽掉所有向外的端口，局域网和互联网中的机器都不能访问自己提供的网络共享服务，网络中的任何机器都不能查找到该机器的存在。

自定义级别适合了解 TCP/IP 协议的用户，可以设置 IP 规则，而如果规则设置不正确，可能会导致不能访问网络。

对普通个人用户，一般推荐将安全级别设置为中级。这样可以在已经存在一定规则的情况下，对网络进行动态的管理。

(3) 应用程序访问网络权限设置

当有新的应用程序访问网络时，防火墙会弹出警告对话框，询问是否允许访问网络。设置界面如图 15.17 所示。为保险起见，对用户不熟悉的程序，都可以设为禁止访问网络。在设置的高级选项中，还可以设置该应用程序是通过 TCP 还是 UDP 协议访问网络，及 TCP 协议可以访问的端口，当不符合条件时，程序将询问用户或禁止操作。对已经允许访问网络的程序，下一次访问网络时，按默认规则管理。

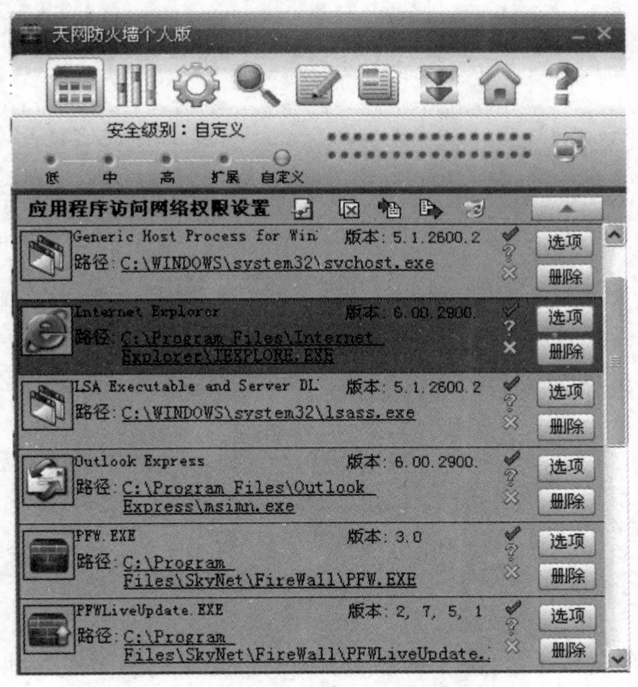

图 15.17　应用程序访问网络权限设置

(4) 自定义 IP 规则设置

在选中中级安全级别时，进行自定义 IP 规则的设置是很必要的。在这一项设置中，可以自行添加、编辑和删除 IP 规则，对防御入侵可以起到很好的效果。防火墙 IP 规则设置界面如图 15.18 所示。

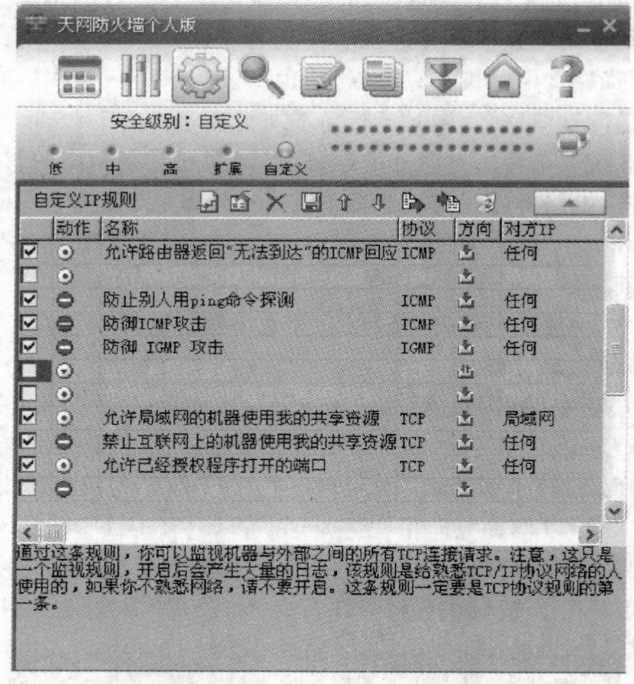

图 15.18　防火墙 IP 规则设置

对于那些对 IP 规则不甚精通，并且也不想去了解这方面内容的用户，可以通过下载天网或其他网友提供的安全规则库，将其导入到程序中，也可以起到一定的防御木马程序和抵御入侵的作用，缺点是对于最新的木马和攻击方法，需要重新进行规则库的下载。下面对规则的设置方法进行详细介绍。

IP 规则的设置包括规则名称的设定、规则的说明、数据包的方向、对方的 IP 地址和网络协议内容的具体设置等。当数据包满足上述规则时，防火墙软件将会根据所设置的规则对数据包进行记录处理等操作。如果 IP 规则设置不正确，天网防火墙的警告标志就会闪烁，此时应修改 IP 规则，直至警告标志停止闪烁。

在天网防火墙的默认设置中有两项防御 ICMP 和 IGMP 攻击的设置，这两种攻击形式一般情况下只对 Windows 98 系统起作用，而对 Windows 2000 和 Windows XP 的用户攻击无效，因此可以允许这两种数据包通过，或者拦截而不警告。

用 ping 命令探测计算机是否在线是黑客经常使用的方式，因此要防止别人用 ping 探测。

对于在家上网的个人用户，对允许局域网内的机器使用共享资源和允许局域网内的机器进行连接和传输一定要禁止，因为在国内 IP 地址缺乏的情况下，很多用户是在一个局域网下上网，而在同一个局域网内可能存在很多想一试身手的黑客。

139 端口是经常被黑客利用 Windows 系统的 IPC 漏洞进行攻击的端口，用户可以对通过这个端口传输的数据进行监听或拦截，规则是名称可定为 139 端口监听，外来地址设为任何地址，在 TCP 协议的本地端口可填写从 139 到 139，通行方式可以是通行并记录，也可以是拦截，这样就可以对这个端口的 TCP 数据进行操作。445 端口的数据操作类似。

如果用户知道某个木马或病毒的工作端口，就可以通过设置 IP 规则封闭这个端口。方法是增加 IP 规则，在 TCP 或 UDP 协议中，将本地端口设为从该端口到该端口，对符合该规则的数据进行拦截，就可以起到防范该木马的效果。

增加木马工作端口的数据拦截规则，是 IP 规则设置中最重要的一项技术，掌握了这项技术，普通用户也就从初级使用者过渡到了中级使用者。

15.4 实验内容与步骤

1. 安装天网防火墙个人版

本实验内容操作系统为虚拟机中的 XP 系统。

2. 使用天网防火墙个人版

① 禁止访问特定的网站，如 www. baidu. com（提示：需先确定 IP 地址）。

② 允许所有的应用程序访问网络，但访问时需要经过确认，并在规则中记录这些程序。

③ 打开天网已经定制的默认规则。防止局域网外计算机用 ping 命令探测，但允许局域网内的机器用 ping 命令探测。

④ 开机后自动启动防火墙。

⑤ 设定管理密码。

⑥ 禁止本地访问 WWW 服务，协议类型为 TCP。

⑦ 允许本地访问 WWW 服务，协议类型为 TCP。

⑧ 允许访问 FTP。

15.5 练习与思考题

1. 选择题

(1) Tom 的公司申请到 5 个 IP 地址，要使公司的 20 台主机都能联到 Internet 上，他需要防火墙的哪个功能？(　　)

A. 假冒 IP 地址的侦测　　B. 网络地址转换技术

C. 内容检查技术　　D. 基于地址的身份认证

(2) Smurf 攻击结合使用了 IP 欺骗和 ICMP 回复方法使大量网络传输充斥目标系统，引起目标系统拒绝为正常系统进行服务。管理员可以在源站点使用的解决办法是(　　)。

A. 通过使用防火墙阻止这些分组进入自己的网络

B. 关闭与这些分组的 URL 连接

C. 使用防火墙的包过滤功能，保证网络中的所有传输信息都具有合法的源地址

D. 安装可清除客户端木马程序的防病毒软件模块

(3) 包过滤以包的源地址、目的地址和传输协议作为依据来确定数据包的转发及转发到何处。它不能进行如下哪一种操作(　　)。

A. 禁止外部网络用户使用 FTP

B. 允许所有用户使用 HTTP 浏览 Internet

C. 除了管理员可以从外部网络 Telnet 内部网络外，其他用户都不可以

D. 只允许某台计算机通过 NNTP 发布新闻

(4) UDP 是无连接的传输协议，由应用层来提供可靠的传输。它用以传输何种服务？(　　)

A. TELNET　　B. SMTP　　C. FTP　　D. TFTP

(5) OSI 模型中，LLC 头数据封装在数据包的过程是在(　　)。

A. 传输层　　B. 网络层　　C. 数据链路层　　D. 物理层

(6) TCP 协议是 Internet 上用得最多的协议，TCP 为通信两端提供可靠的双向连接。以下基于 TCP 协议的服务是(　　)。

A. DNS　　B. TFTP　　C. SNMP　　D. RIP

(7) 端口号用来区分不同的服务，端口号由 IANA 分配，下面错误的是(　　)。

A. TELNET 使用 23 端口号

B. DNS 使用 53 端口号

C. 1024 以下为保留端口号，1024 以上动态分配

D. SNMP 使用 69 端口号

(8) 包过滤是有选择地让数据包在内部与外部主机之间进行交换，根据安全规则有选择地路由某些数据包。下面不能进行包过滤的设备是(　　)。

A. 路由器　　B. 一台独立的主机　C. 交换机　　D. 网桥

(9) TCP 可为通信双方提供可靠的双向连接，在包过滤系统中，下面关于 TCP 连接的错误描述是(　　)。

A. 要拒绝一个 TCP 时只要拒绝连接的第一个包即可

B. TCP 段中首包的 ACK=0，后续包的 ACK=1

C. 确认号是用来保证数据可靠传输的编号

D. 在 CISCO 过滤系统中，当 ACK=1 时，established 关键字为 T，当 ACK=0 时，established 关键字为 F

(10) 下面对电路级网关的正确描述是(　　)。

A. 它允许内部网络用户不受任何限制地访问外部网络，但外部网络用户在访问内部网络时会受到严格的控制

B. 它在客户机和服务器之间不解释应用协议，仅依赖于 TCP 连接，而不进行任何附加包的过滤或处理

C. 大多数电路级代理服务器是公共代理服务器，每个协议都能由它实现

D. 对各种协议的支持不用做任何调整直接实现

(11) 在 Internet 服务中使用代理服务有许多需要注意的内容，下述论述正确的是(　　)。

A. UDP 是无连接的协议很容易实现代理

B. 与牺牲主机的方式相比，代理方式更安全

C. 对于某些服务，在技术上实现相对容易

D. 很容易拒绝客户机与服务器之间的返回连接

(12) SOCKS 客户程序替换了 UNIX 的一些套接字函数，来链入自己的库函数. 描述有误的 SOCKS 服务过程有(　　)。

A. SOCKS 库程序截获客户程序的请求，送到 SOCKS 服务器上

B. 建立连接后的SOCKS客户程序发送版本号、请求命令、客户端的端口号、连接的用户名

C. SOCKS服务检查ACL判断接收还是拒绝

D. SOCKS只工作在IP协议上

(13) 状态检查技术在OSI哪层工作实现防火墙功能(　　)。

A. 链路层　　B. 传输层　　C. 网络层　　D. 会话层

(14) 以下对状态检查技术的优缺点描述有误的是(　　)。

A. 采用检测模块监测状态信息　　B. 支持多种协议和应用

C. 不支持监测RPC和UDP的端口信息　　D. 配置复杂会降低网络的速度

(15) JOE是公司的一名业务代表,经常要在外地访问公司的财务信息系统,他应该采用的安全、廉价的通信方式是(　　)。

A. PPP连接到公司的RAS服务器上　　B. 远程访问VPN

C. 电子邮件　　D. 与财务系统的服务器PPP连接

(16) 下面关于外部网VPN描述错误的有(　　)。

A. 外部网VPN能保证包括TCP和UDP服务的安全

B. 其目的在于保证数据传输中不被修改

C. VPN服务器放在Internet上位于防火墙之外

D. VPN可以建在应用层或网络层上

(17) SOCKS v5的优点是定义了非常详细的访问控制,它在OSI的哪一层控制数据流?(　　)

A. 应用层　　B. 网络层　　C. 传输层　　D. 会话层

(18) IPSec协议是开放的VPN协议,以下对它描述有误的是(　　)。

A. 适应于向IPv6迁移　　B. 提供在网络层上的数据加密保护

C. 支持动态的IP地址分配　　D. 不支持除TCP/IP外的其他协议

(19) IPSec在哪种模式下把数据封装在一个IP包传输以隐藏路由信息(　　)。

A. 隧道模式　　B. 管道模式　　C. 传输模式　　D. 安全模式

(20) 有关PPTP(Point-to-Point Tunnel Protocol)说法正确的是(　　)。

A. PPTP是Netscape提出的

B. 微软从NT3.5以后开始支持PPTP

C. PPTP可用在微软的路由和远程访问服务上

D. 它是传输层上的协议

2. 思考题

(1) 防火墙分为哪几种类型?各自优缺点是什么?

(2) 防火墙的主要功能有哪些?

(3) 防火墙的基本体系结构是什么?

实训 16　PGP 加密软件的应用

16.1　实验目的

1. 熟悉公开密钥体制，熟悉数字签名；

2. 掌握 PGP 的基本操作，包含文件签名、加密、PGP 磁盘使用，PGP 粉碎文件等操作。

16.2　实验要求

1. 每人一组，单独完成；

2. 设备要求：计算机若干台（安装 Windows 2000/XP/2003 操作系统、装有网卡），局域网环境，PGP 软件 10.0.2 版本。

16.3　实验预备知识

1. PGP 简介

PGP(Pretty Good Privacy)，是一个混合型加密体系的名称，通常只理解为 PGP 公司的系列软件。它具有对邮件、文件、文件夹、整个硬盘加密，全网段加密权限和访问权限控制等功能。

PGP 能够提供独立计算机上的信息保护功能，使保密系统更加完备。它主要功能是：数据加密，包括对电子邮件和储存在计算机上的所有信息资料加密。文件和信息通过使用者的密钥，通过复杂的算法运算后编码，只有它们的接收人才能解码这些文件和信息。

随着版本的不断提高改进，PGP 的功能也不断加强。使用 PGP 能实现以下 8 项加密功能，保证用户的机密文件安全无忧。

(1) 可在任何软件中进行加密/签名以及解密/效验。通过 PGP 选项和电子邮件插件，可以在任何软件当中使用 PGP 的功能。

(2) 创建以及管理密钥。使用 PGPkeys 来创建、查看和维护自己的 PGP 密钥对；以及把任何人的公钥加入自己的公钥库中。

(3) 创建自解密压缩文档(Self-Decrypting Archives，SDA)。可以建立一个自动解密的可执行文件。任何人均不需要事先安装 PGP ，只要得知该文件的加密密码，就可以解密这个文件。这个功能在需要把文件发送给没有安装 PGP 的人时特别好用。并且，此功能还能对内嵌文件进行压缩，压缩率与 ZIP 相似，比 RAR 略低（某些时候略高，比如含有大量文本时)。总的来说,该功能是相当出色的。

(4) 创建 PGPdisk 加密文件。该功能可以创建一个 pgd 文件,此文件用 PGP Disk 功能加载后,将以新分区的形式出现,可以在此分区内放入需要保密的任何文件。其使用私钥和密码两者共用的方式保存加密数据,保密性坚不可摧。但需要注意的是,一定要在重装系统前记得备份“我的文档”中的 PGP 文件夹里的所有文件,以备重装后恢复自己的私钥。否则将永远没有可能再次打开曾经在该系统下创建的任何加密文件!

(5) 永久地粉碎销毁文件、文件夹,并释放出磁盘空间。可以使用 PGP 粉碎工具来永久地删除那些敏感的文件和文件夹,而不会遗留任何数据片段在硬盘上。也可以使用 PGP 自由空间粉碎器来再次清除已经被删除的文件实际占用的硬盘空间。这两个工具都确保删除的数据将永远不可能被他人恢复。

(6) 完整磁盘加密,也称全盘加密。该功能可将您的整个硬盘上的所有数据加密,甚至包括操作系统本身。提供极高的安全性,没有密码无法使用您的系统或查看硬盘里面存放的文件、文件夹等数据。即便是硬盘被拆卸到另外的计算机上,该功能仍将保护您的数据、加密后的数据维持原有的结构,文件和文件夹的位置都不会改变。

(7) PGP zip,PGP 压缩包。该功能可以创建类似其他压缩软件打包压缩后的文件包,但不同的是其拥有可靠的安全性。

(8) 网络共享。可以使用 PGP 接管您的共享文件夹本身以及其中的文件,安全性远远高于操作系统本身提供的账号验证功能。并能方便地管理允许的授权用户可以进行的操作。极大地方便了需要经常在内部网络中共享文件的企业用户免于受蠕虫病毒和黑客的侵袭。

2. PGP 相关的加密、解密方法以及 PGP 的密钥管理机制

综上所述,PGP 是一种供大众使用的加密软件。当前电子邮件通过开放的网络传输,网络上的其他人可以监听或者截取邮件,获得邮件的内容,因而邮件的安全问题就比较突出。另外保护信息不被第三者获得,需要加密技术。还有一个问题就是信息认证,如何让收信人确信邮件没有被第三者篡改,这就需要数字签名技术。RSA 公钥体系的特点使它非常适合用来满足上述两个要求:保密性和认证性。

RSA(Rivest-Shamir-Adleman)算法是一种基于大数不可能质因数分解假设的公钥体系。简单地说,就是找两个很大的质数,一个公开即公钥,另一个不告诉任何人,即私钥。这两个密钥是互补的,就是说用公钥加密的密文可以用私钥解密,反过来也一样。

假设甲要寄信给乙,他们互相知道对方的公钥。甲用乙的公钥加密邮件后寄出,乙收到后就可以用自己的私钥解密甲的邮件原文。因为别人不知道乙的私钥,所以即使是甲本人也无法解密那封信,这就解决了信件保密的问题。另一方面,由于每个人都知道乙的公钥,他们都可以给乙发信,但乙无法确信是不是甲的来信。这时候就需要用数字签名来认证。

在说明数字签名前先要解释一下什么是“邮件文摘”(Message Digest)。邮件文摘就是对一封邮件用某种算法计算出一个最能体现这封邮件特征的数来,一旦邮件有任何改变这个数都会变化,那么这个数加上作者名字(实际上在作者的密钥里)还有日期等等,就可以作为一个签名了。PGP 是用一个 128 位的二进制数作为“邮件文摘”的,用来产生它的算法叫 MD5(Message Digest 5)。MD5 是一种单向散列算法,它不像 CRC 校验码,很难找到一份替代的邮件与原件具有同样的 MD5 特征值。

回到数字签名上来，甲用自己的私钥将上述的128位的特征值加密，附加在邮件后，再用乙的公钥将整个邮件加密。这样这份密文被乙收到以后，乙用自己的私钥将邮件解密，得到甲的原文和签名，乙的PGP也从原文计算出一个128位的特征值来和用甲的公钥解密签名所得到的数比较，如果符合就说明这份邮件确实是甲寄来的。这样两个安全性要求都得到了满足。

PGP还可以用来只签名而不(使用对方公钥)加密整个邮件，这适用于公开发表声明时，声明人为了证实自己的身份，可以用自己的私钥签名。这样就可以让收件人确认发信人身份，也可以防止发信人抵赖自己的声明。这一点在商业领域有很大的应用前途，它可以防止发信人抵赖和信件被途中篡改。

3. 安装PGP 10.0.2

(1) 下载软件，双击可执行文件，选择语言为简体中文，如图16.1所示。

图16.1 语言选择界面

然后单击"确定"按钮，进入图16.2"许可证协议"界面，选择"我接受该许可证协议"选项，单击"下一步"按钮。

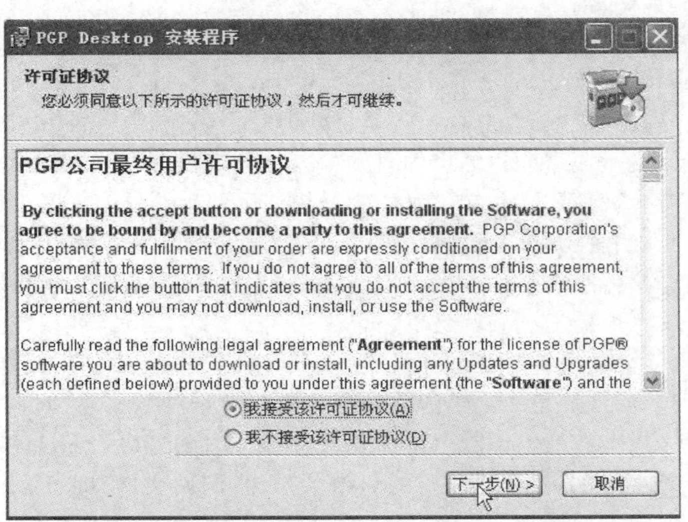

图16.2 "许可证协议"内容

在图 16.3 所示的“显示发行说明”界面中选择“不显示发行说明”选项，单击“下一步”按钮。

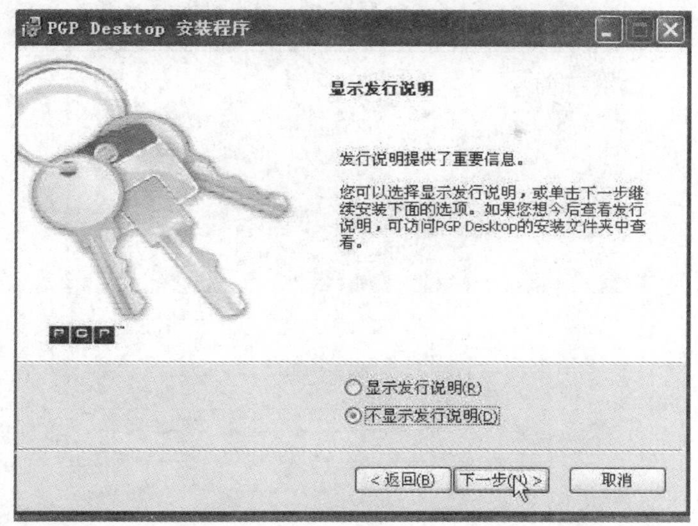

图 16.3　“显示发行说明”界面

在图 16.4 所示的“安装程序信息”提示框中，停止操作。不要重启，目的是为了破解软件。

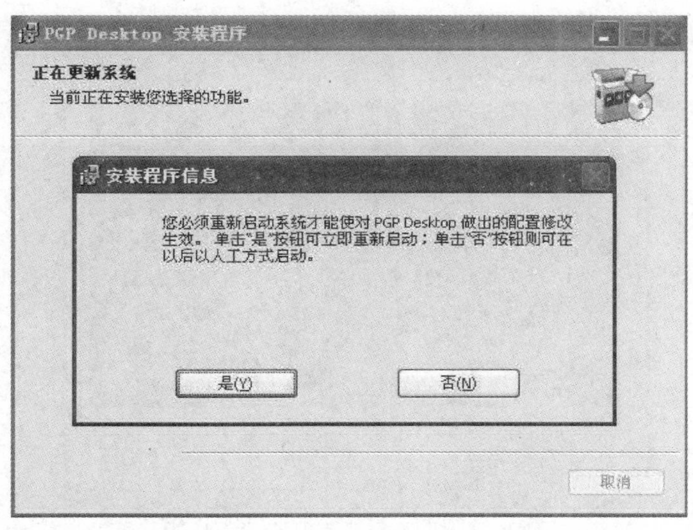

图 16.4　更新系统

(2) 破解程序

破解需要注册机，图 16.5 和图 16.6 显示了中文和英文注册机界面，打开注册机(注册机在网上可以查找下载)，新建注册信息记事本打开备用。

首先生成序列号，单击 Generate 按钮，然后破解主程序，单击 Patch 按钮，并把姓名 Name、公司 Company、序列号 Serial 和激活码 Activation 粘贴到记事本中保存，如图 16.7 所示。

图 16.5　中文注册机

图 16.6　英文注册机

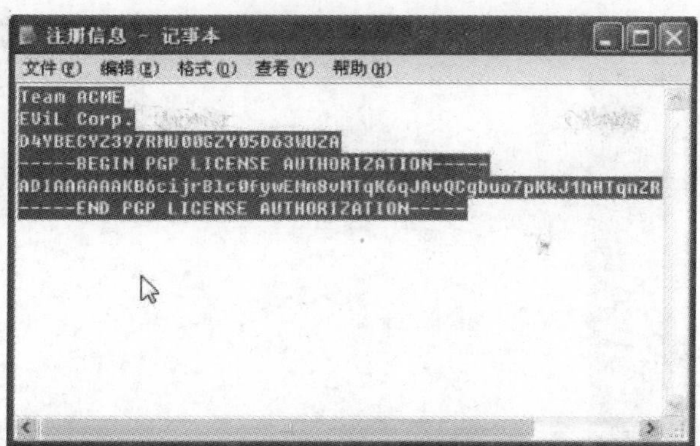

图 16.7　破解信息

破解主程序时，会出现图 16.8 所示界面，单击 Patch now 按钮执行。

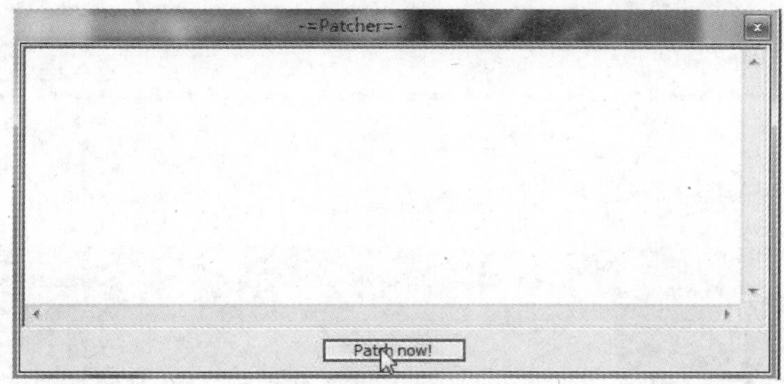

图 16.8　破解界面

当出现“Patching done!”文字，表明破解成功，如图 16.9 所示。

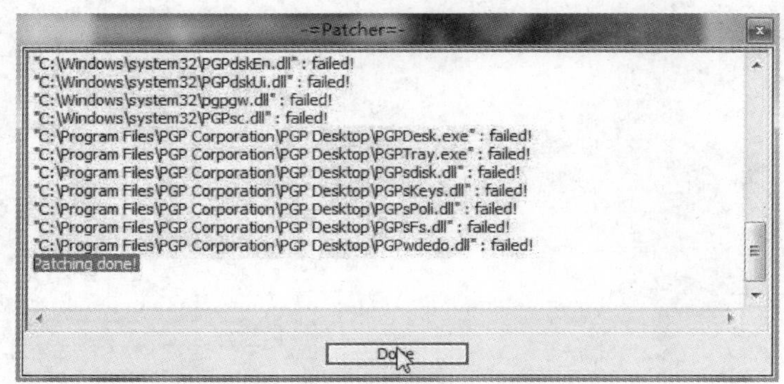

图 16.9　破解成功

然后在图 16.4 界面中单击“是”按钮，重启计算机。

(3) 注册要点

计算机重启后，会出现设置助手，帮助完成注册及生成密钥，如图 16.10 所示。

单击图 16.10 中的“下一步”按钮，把记事本上的名称栏和组织栏信息对应填写好，邮件

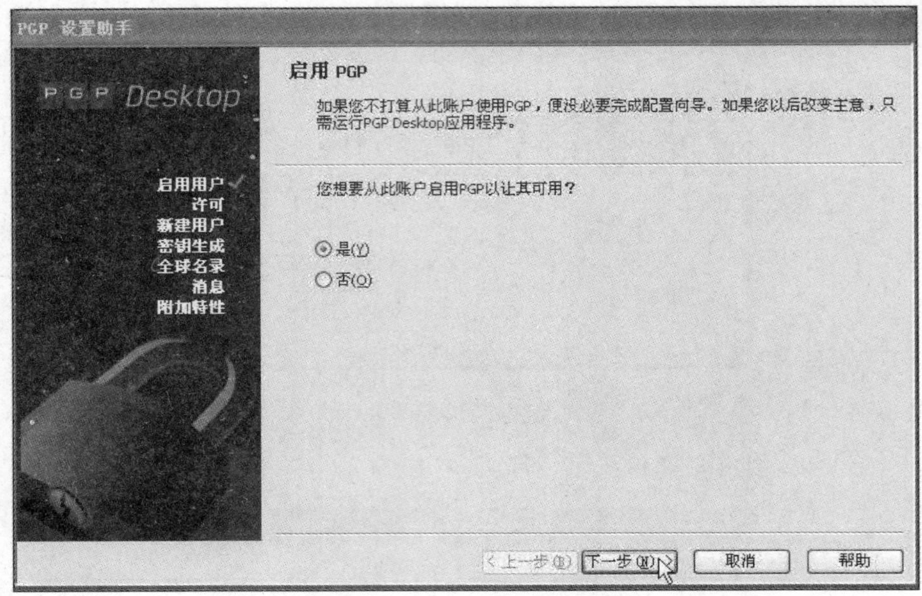

图 16.10　PGP 设置助手

地址栏填写将用于发送加密信件的邮箱账号，单击“下一步”按钮，如图 16.11 所示。

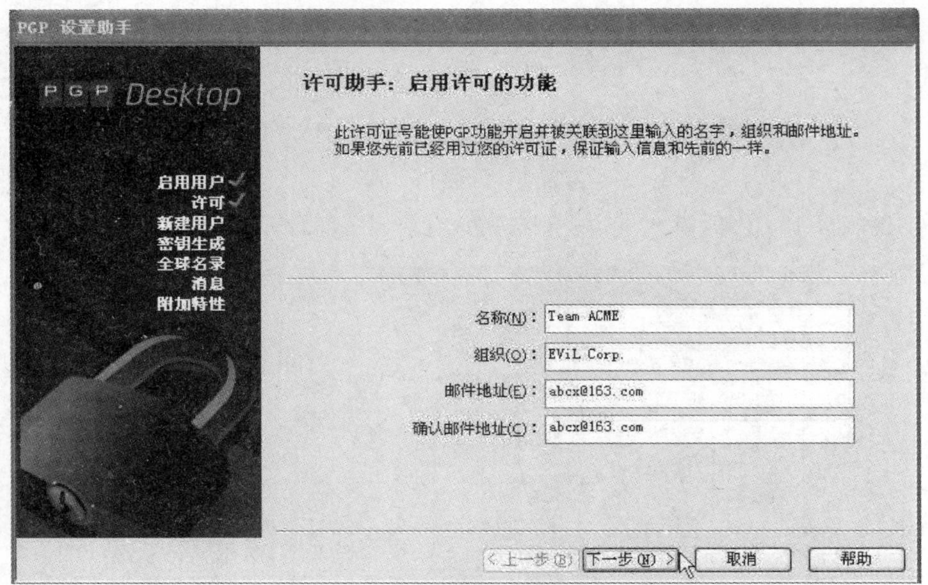

图 16.11　注册信息

进入注册阶段，填写序列号，也就是许可证号码，如图 16.12 所示。然后单击“下一步”按钮。

注意：这个时候应该断开网络连接，阻止验证。会提示有错误发生，名称查找失败，不必理会。

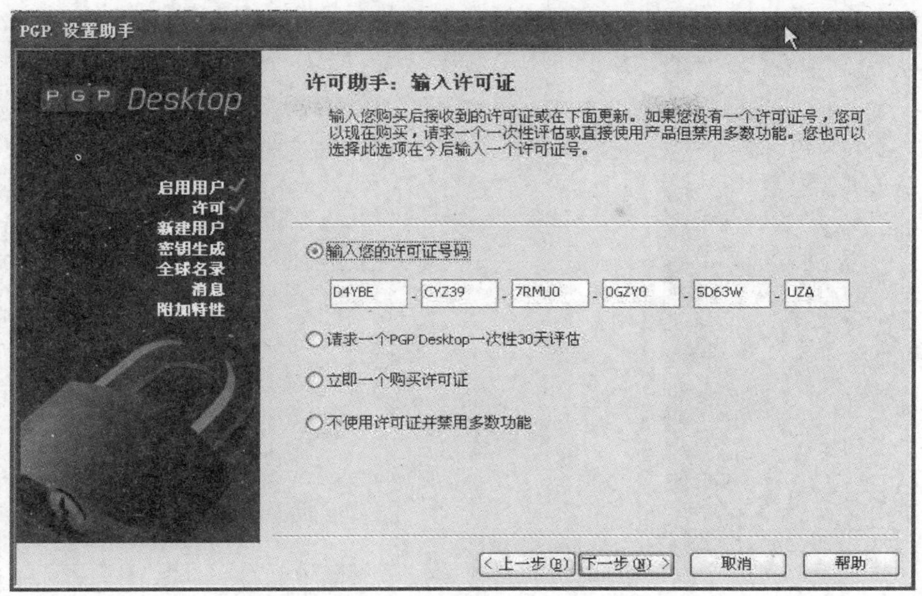

图 16.12　输入许可证

选择“输入一个 PGP 客服提供的许可证授权”选项，单击“下一步”按钮，如图 16.13 所示。

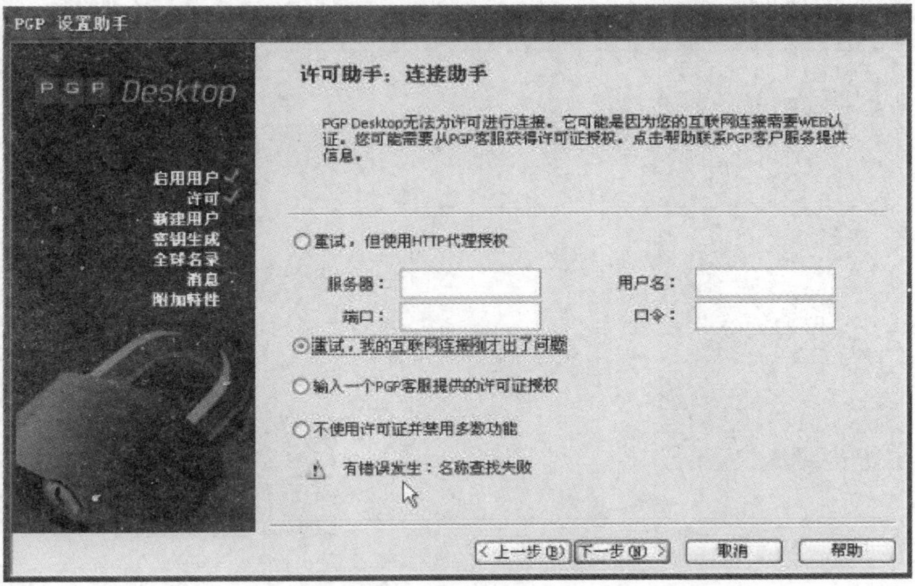

图 16.13　连接助手

在空白处粘贴上许可证码，单击“下一步”按钮，如图 16.14 所示。

完成注册。会显示授权成功，所有功能全部激活，如图 16.15 所示，然后单击“下一步”按钮。

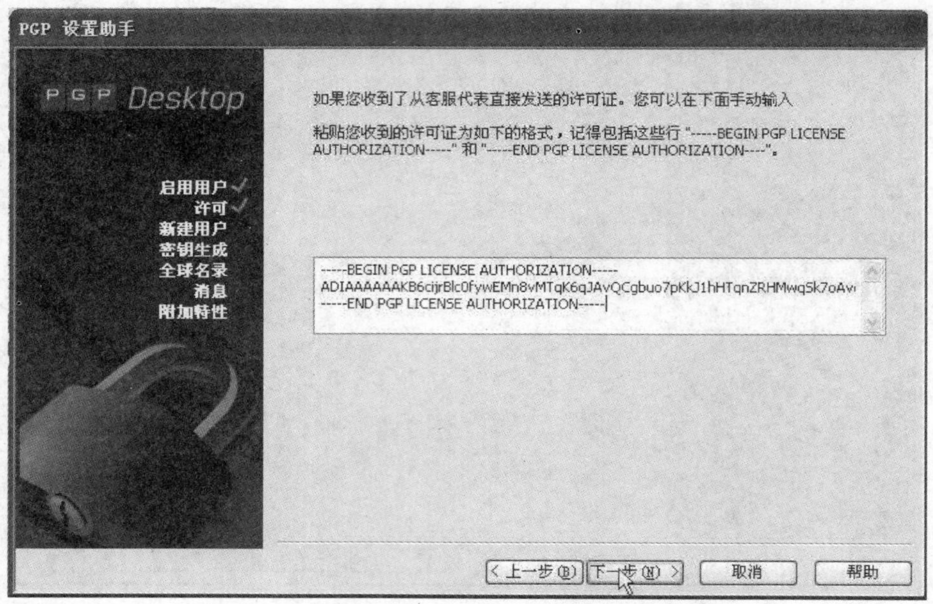

图 16.14 PGP 许可证输入

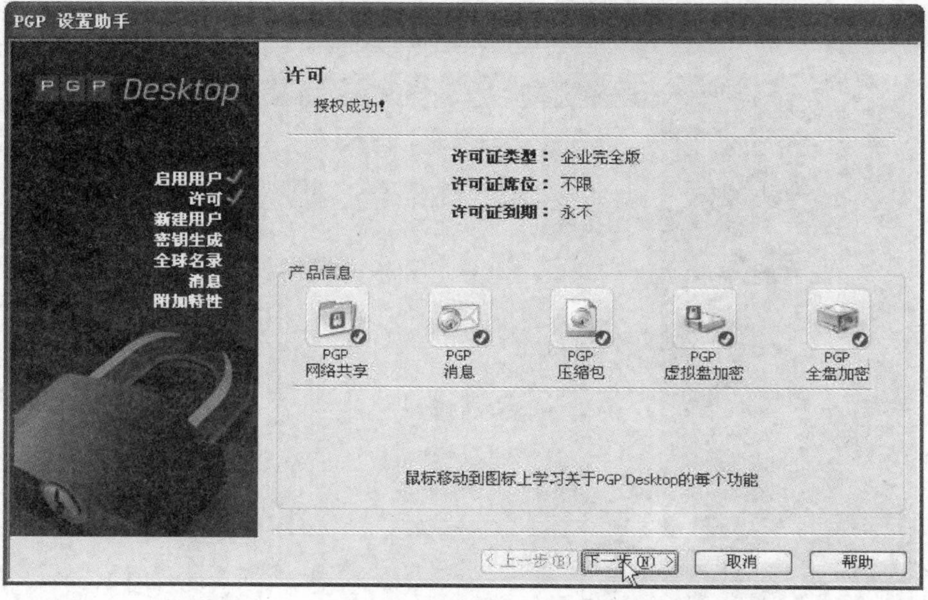

图 16.15 安装授权成功

(4) 生成密钥

注册完成之后，就会引导生成密钥，如图 16.16 所示。选择“我是一个新用户”选项，单击“下一步”按钮。

填写用户名，是为了名称与邮箱的对应，方便使用密钥，如图 16.17 所示，然后单击“下一步”按钮。

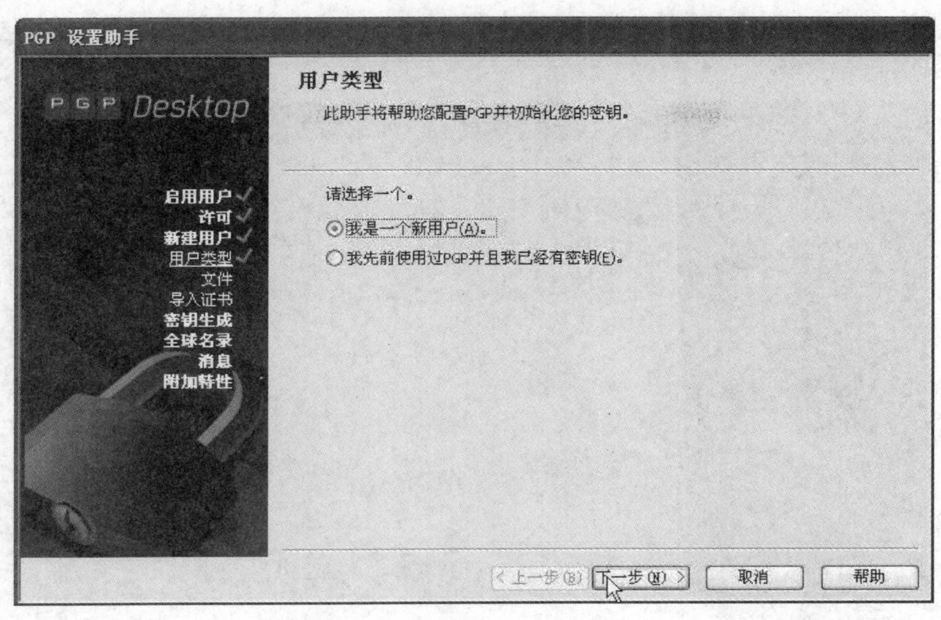

图 16.16　设置用户密钥

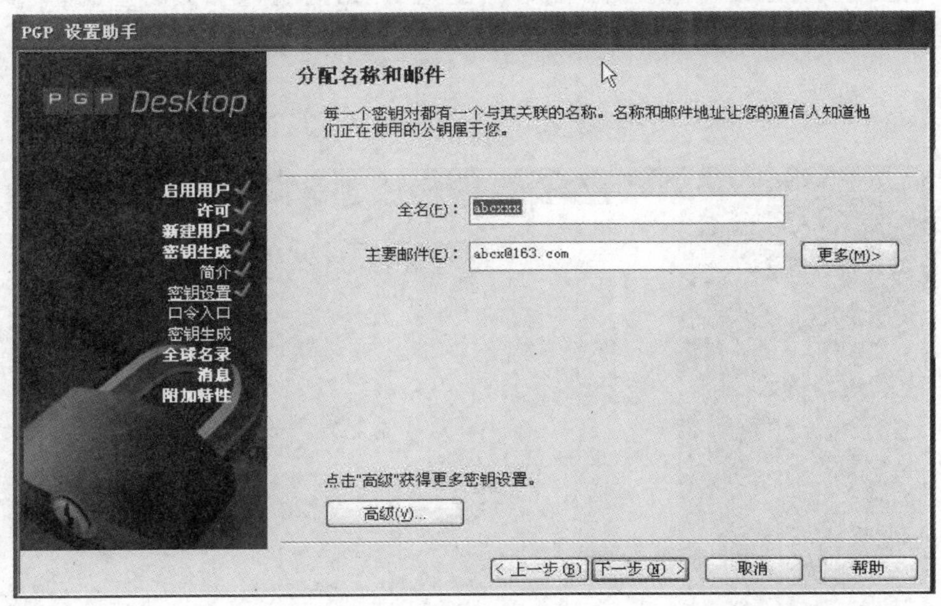

图 16.17　设置用户邮箱

输入密钥口令，如图 16.18 所示，然后单击“下一步”按钮。

生成密钥和子密钥，如图 16.19 所示，单击“下一步”按钮。

上传密钥到服务器，如图 16.20 所示，然后单击“下一步”按钮。

至此，PGP 软件的安装、注册和密钥生成过程结束。在桌面右下角任务栏里会显示 PGP 托盘，单击“完成”按钮，如图 16.21 所示。

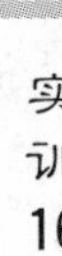

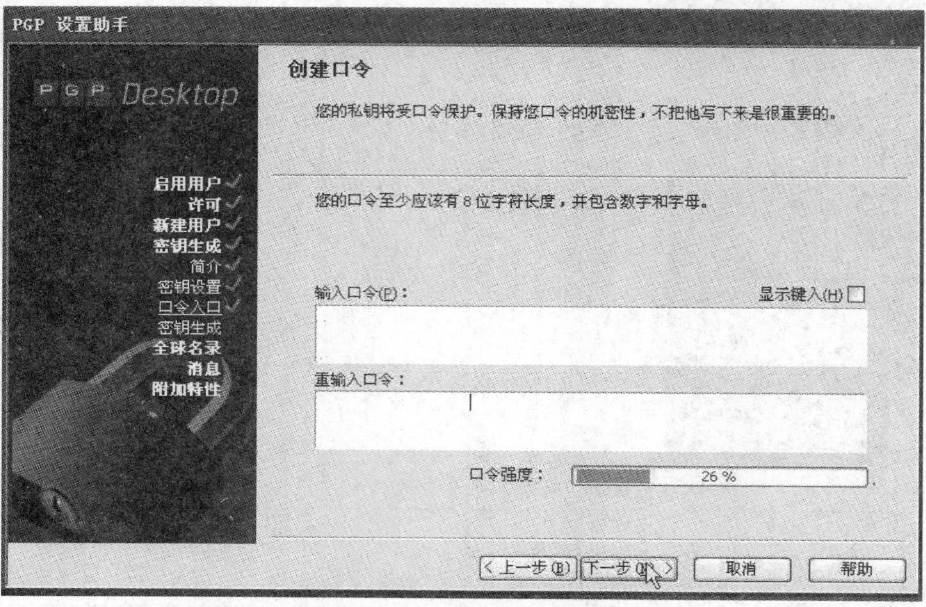

图 16.18　输入用户口令

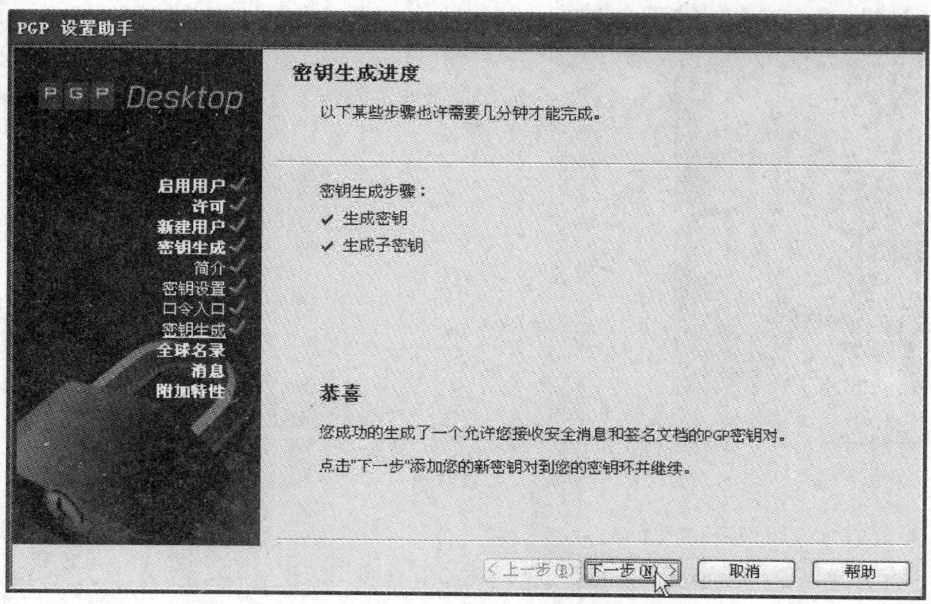

图 16.19　生成密钥

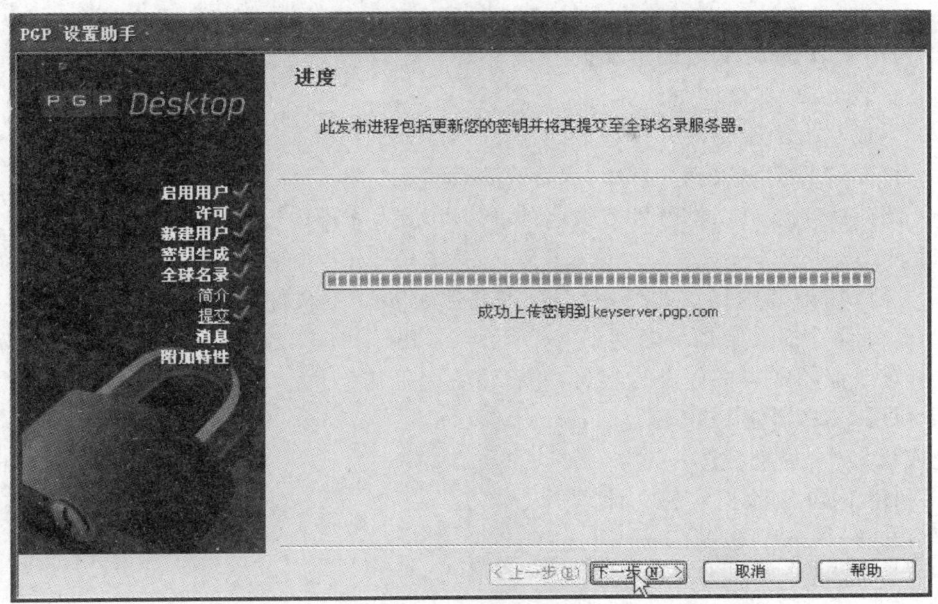

图 16.20　上传密钥到服务器

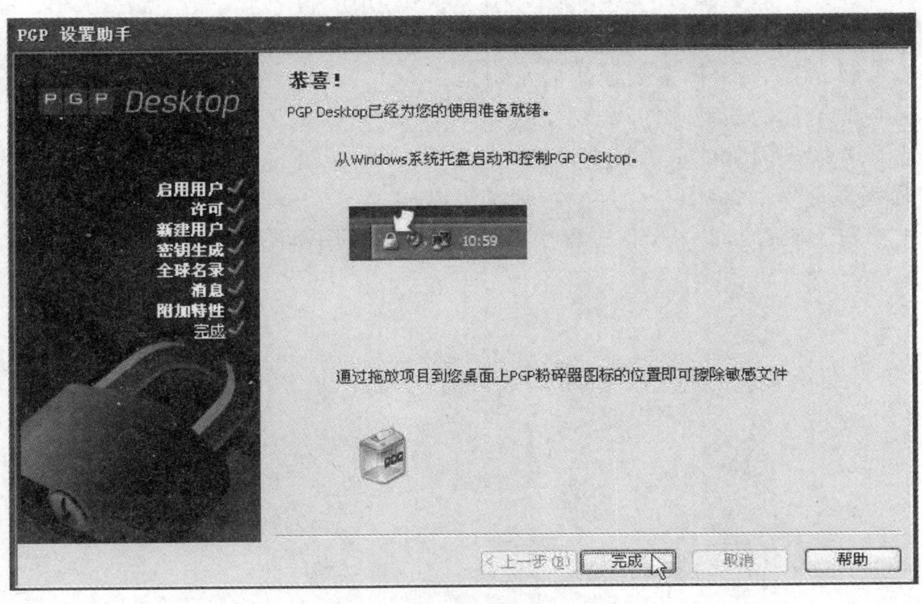

图 16.21　安装成功显示页面

16.4 实验内容与步骤

1. 利用 PGP 进行文件加密及签名

(1) 安装 PGP 邮件加密软件。

(2) 生成个人的密钥对。

(3) 将你的公钥导出到文件中,保存在桌面上。

(4) 新建一个以自己学号姓名命名的 TXT 文件,文件内容为个人姓名和学号以及所在班级名称。

(5) 导入指导老师提供的公钥文件,并将第 4 步文本文件中的内容用指导老师的公钥进行加密,并保存提交给指导老师。

(6) 对保存的文本文件进行签名,并将该签名上传。

2. 利用 PGP 新建 PGP 磁盘

完成该操作,提交截图。

3. 利用 PGP 删除指定的文件

完成该操作,提交截图。

16.5 练习与思考题

1. 填空题

假设 Bob 是你的朋友,你和 Bob 分别有一个密钥对。

给 Bob 发送加密邮件,需要使用的密钥是________。

给 Bob 发送签名邮件,需要使用的密钥是________。

解密 Bob 给你的加密邮件,需要使用________。

验证 Bob 发来的邮件是否真实,需要使用________。

2. 思考题

请比较一下加密和签名操作过程中对公钥和私钥的不同使用顺序。

附录A 数制与编码

A.1 计算机中数的表示方法

计算机最基本的工作是进行大量的数值运算和数据处理。大家知道，在日常生活中，我们较多地使用十进制数，而计算机是由电子元件组成的，因此其中的信息都必须用电子元件的状态来表示，而与这些状态相对应的数制就是二进制，而计算机内也只能接受二进制。

计算机为什么要用二进制呢？

首先，二进制只需0和1两个数字表示，物理上一个具有两种不同稳定状态且能相互转换的器件是很容易找到的。例如，电位的高低、晶体管的导通和截止、磁化的正方向和反方向、脉冲的有或无、开关的闭合和断开等，都恰恰可以与0和1对应。而且这些物理器件的状态稳定可靠，因而其抗干扰能力强。相比之下，计算机内如果采用十进制，则至少要求元器件有10种稳定的状态，在目前这几乎是不可能的事。

其次，二进制运算规则简单，只有加法、乘法规则各4个，即：

$$0+0=0 \quad 0+1=1 \quad 1+0=1 \quad 1+1=10$$

$$0\times0=0 \quad 0\times1=0 \quad 1\times0=0 \quad 1\times1=1$$

对于上述运算，采用门电路易于实现。

再次，逻辑判断中的“真”和“假”，也恰好与二进制的0和1相对应。

因此，从易得性、可靠性、可行性及逻辑性等各方面考虑，计算机选择了二进制数字系统。采用二进制，可以把计算机内的所有信息都表示为两种不同的状态值组合。

A.2 常用数制的表示方法

1. 十进制

通常我们最熟悉、最常用的数制是十进位记数制，简称十进制。它是由0～9共10个数字组成，即基数为10。十进制具有“逢十进一”的进位规律。

任何一个十进制数都可以表示成按权展开式。例如，十进制数95.31可以写成：

$$(95.31)_{10}=9\times10^1+5\times10^0+3\times10^{-1}+1\times10^{-2}$$

其中，10^1、10^0、10^{-1}、10^{-2}为该十进制数在十位、个位、十分位和百分位上的权。

2. 二进制

与十进制数相似，二进制中只有0和1两个数字，即基数为2。二进制具有“逢二进一”

的进位规律。在计算机内部，一切信息的存放、处理和传送都采用二进制形式。

任何一个二进制数也可以表示成按权展开式。例如，二进制数1101.101可写成：

$$(1101.101)_2 = 1\times2^3 + 1\times2^2 + 0\times2^1 + 1\times2^0 + 1\times2^{-1} + 0\times2^{-2} + 1\times2^{-3}$$

3. 八进制

八进位记数制(简称八进制)的基数为8，使用8个数码即0、1、2、3、4、5、6、7表示数，低位向高位进位的规则是“逢八进一”。

4. 十六进制

十六进位记数制(简称十六进制)的基数为16，使用16个数码即0、1、2、3、4、5、6、7、8、9、A、B、C、D、E、F表示数。这里借用A、B、C、D、E、F作为数码，分别代表十进制中的10、11、12、13、14、15。低位向高位进位的规则是“逢十六进一”。

如表A.1列出了常用的几种进位制对同一个数值的表示。

表A.1 几种常用进位制数值对照表

十进制	二进制	八进制	十六进制
0	0	0	0
1	1	1	1
2	10	2	2
3	11	3	3
4	100	4	4
5	101	5	5
6	110	6	6
7	111	7	7
8	1000	10	8
9	1001	11	9
10	1010	12	A
11	1011	13	B
12	1100	14	C
13	1101	15	D
14	1110	16	E
15	1111	17	F
16	10000	20	10

A.3 常用数制的相互转换

不同数制之间进行转换应遵循一定的转换原则：两个有理数如果相等，则有理数的整数部分和分数部分一定分别相等。也就是说，若转换前两数相等，转换后仍必须相等。

1. 二、八、十六进制数转换为十进制数

(1) 二进制数转换成十进制数。只要将二进制数用记数制通用形式表示出来，计算出结果，便得到相应的十进制数。

例如：

$$(1101100.111)_2 = 1\times2^6 + 1\times2^5 + 1\times2^3 + 1\times2^2 + 1\times2^{-1} + 1\times2^{-2} + 1\times2^{-3}$$
$$= 64 + 32 + 8 + 4 + 0.5 + 0.25 + 0.125 = (108.875)_{10}$$

(2) 八进制数转换成十进制数。以 8 为基数按权展开并相加。

例如：

$$(652.34)_8=6\times8^2+5\times8^1+2\times8^0+3\times8^{-1}+4\times8^{-2}$$
$$=384+40+2+0.375+0.0625=(426.4375)_{10}$$

(3) 十六进制数转换成十进制数。以 16 为基数按权展开并相加。

例如：

$$(19BC.8)_{16}=1\times16^3+9\times16^2+B\times16^1+C\times16^0+8\times16^{-1}$$
$$=4096+2304+176+12+0.5=(6588.5)_{10}$$

2. 十进制数转换为二进制数

(1) 整数部分的转换。整数部分的转换采用除 2 取余法，直到商为 0；余数按倒序排列，称为“倒序法”。

例如，将$(126)_{10}$转换成二进制数。

2	126	…………	余	0	(K_0)	低
2	63	…………	余	1	(K_1)	↑
2	31	…………	余	1	(K_2)	
2	15	…………	余	1	(K_3)	
2	7	…………	余	1	(K_4)	
2	3	…………	余	1	(K_5)	
2	1	…………	余	1	(K_6)	高
	0					

结果为：

$$(126)_{10}=(1111110)_2$$

(2) 小数部分的转换。小数部分的转换采用乘 2 取整法，直到小数部分为 0；整数按顺序排列，称为“顺序法”。

例如，将十进制数$(0.534)_{10}$转换成相应的二进制数。

	0.534				
×	2				
	1.06	………………………	1	(K_{-1})	高
8					↓
×	2				
	0.13	………………………	0	(K_{-2})	
6					
×	2				
	0.27	………………………	0	(K_{-3})	
2					
×	2				
	0.54	………………………	0	(K_{-4})	
4					
×	2				
	1.08	………………………	1	(K_{-5})	低
8					

结果为：

$$(0.534)_{10} \approx (0.10001)_2$$

显然，$(0.534)_{10}$不能用二进制数精确地表示。

例如，将$(50.25)_{10}$转换成二进制数。

分析：对于这种既有整数又有小数部分的十进制数，可将其整数和小数分别转换成二进制数，然后再把两者连接起来即可。

因为 $(50)_{10}=(110010)_2, (0.25)_{10}=(0.01)_2$

所以 $(50.25)_{10}=(110010.01)_2$

3. 八进制数与二进制数之间的相互转换

(1) 八进制数转换为二进制数。八进制数转换成二进制数所使用的转换原则是"1 位拆 3 位"，即把 1 位八进制数对应于 3 位二进制数，然后按顺序连接即可。

例如，将$(64.54)_8$转换为二进制数。

```
 6     4    .    5     4
 ↓     ↓    ↓    ↓     ↓
110   100   .   101   100
```

结果为：

$$(64.54)_8=(110100.101100)_2$$

(2) 二进制数转换成八进制数。二进制数转换成八进制数可概括为"3 位并 1 位"，即从小数点开始向左、右两边以每 3 位为一组，不足 3 位时补 0，然后每组改成等值的 1 位八进制数即可。

例如，将$(110111.11011)_2$转换成八进制数。

```
110   111   .   110   110
 ↓     ↓    ↓    ↓     ↓
 6     7    .    6     6
```

结果为：

$$(110111.11011)_2=(67.66)_8$$

4. 十六进制数与二进制数之间的相互转换

(1) 十六进制数转换成二进制数。十六进制数转换成二进制数的转换原则是"1 位拆 4 位"，即把 1 位十六进制数转换成对应的 4 位二进制数，然后按顺序连接即可。

例如，将$(C41.BA7)_{16}$转换为二进制数。

```
 C      4      1     .    B      A      7
 ↓      ↓      ↓     ↓    ↓      ↓      ↓
1100   0100   0001   .   1011   1010   0111
```

结果为：

$$(C41.BA7)_{16}=(110001000001.101110100111)_2$$

(2) 二进制数转换成十六进制数。二进制数转换成十六进制数的转换原则是"4 位并 1 位"，即从小数点开始向左、右两边以每 4 位为一组，不足 4 位时补 0，然后每组改成等值的 1 位十六进制数即可。

例如，将$(1111101100.00011010)_2$转换成十六进制数。

0011　1110　1100　.　0001　1010

↓　↓　↓　↓　↓　↓

3　E　C　.　1　A

结果为：

$$(1111101100.00011010)_2 = (3EC.1A)_{16}$$

在程序设计中，为了区分不同进制，常在数字后加一个英文字母作为后缀以示区别。

- 十进制数：在数字后面加字母 D 或不加字母，如$(6659)_{10}$写成 6659D 或 6659。
- 二进制数：在数字后面加字母 B，如$(1101101)_2$写成 1101101B。
- 八进制数：在数字后面加字母 O，如$(1275)_8$写成 1275O。
- 十六进制数：在数字后面加字母 H，如$(CFA7)_{16}$写成 CFA7H。

A.4　计算机的编码

计算机中的数是用二进制数表示的，计算机只能识别二进制数码。在实际应用中，计算机除了要对数码进行处理之外，还要对其他信息（如语言、符号和声音等）进行识别和处理，因此，必须先把信息编成二进制数码，才能让计算机接受。这种把信息编成二进制数码的方法，称为计算机的编码。

通常，计算机编码分为数值编码和字符编码两种。下面将对计算机的几种常用编码加以介绍。

1. BCD 码

BCD 码是指每位十进制数用 4 位二进制数码表示。值得注意的是，4 位二进制数有 16 种状态，但 BCD 码只选用 0000～1001 来表示 0～9 这 10 个数码。这种编码自然、简单，书写方便。例如，846 的 BCD 码为：

8　4　6

1000　0100　0110

2. ASCII 码

ASCII 码是美国国家信息交换标准代码。它是字符编码，利用 7 位二进制数字“0”和“1”的组合码来对应 128 个符号，其中包括 10 个十进制数码、52 个英文大写和小写字母、32 个专用符号（如＃、＄、％、＋等）和 34 个控制字符（如 Enter 键、Delete 键等）。

ASCII 码一般用一个字节来表示，其中第 7 位通常用作奇偶校验，余下 7 位进行编码组合。“奇偶校验”是一种简单且最常用的检验方法，主要用来验证计算机在进行信息传输时的正确性。在工作时，通常把第 7 位取为“0”。例如，字符 A 的 ASCII 码如图 A.1 所示。

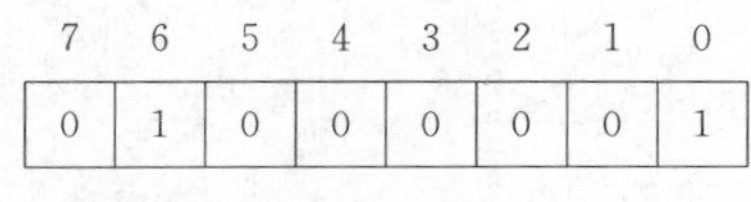

7	6	5	4	3	2	1	0
0	1	0	0	0	0	0	1

图 A.1　字符 A 的 ASCII 码

表 A.2 列出了 128 个字符的 ASCII 码表，其中前面两列是控制字符，通常用于控制或通信中。

表 A.2　7 位 ASCII 码表

$D_6D_5D_4$ / $D_3D_2D_1D_0$	000	001	010	011	100	101	110	111
0000	NUL	DLE	SP	0	@	P	`	p
0001	SOH	DC1	!	1	A	Q	a	q
0010	STX	DC2	"	2	B	R	b	r
0011	ETX	DC3	#	3	C	S	c	s
0100	EOT	DC4	$	4	D	T	d	t
0101	ENQ	NAK	%	5	E	U	e	u
0110	ACK	SYN	&	6	F	V	f	v
0111	BEL	ETB	'	7	G	W	g	w
1000	BS	CAN	(	8	H	X	h	x
1001	HT	EM	)	9	I	Y	i	y
1010	LF	SUB	*	:	J	Z	j	z
1011	VT	ESC	+	;	K	[	k	{
1100	FF	FS	,	<	L	\	l	|
1101	CR	GS	-	=	M	]	m	}
1110	SO	RS	.	>	N	^	n	~
1111	SI	US	/	?	O	_	o	DEL

3. 国标码

国标码是指中国国家标准信息交换汉字字符集(GB2312)。这是我国制定的统一标准的汉字交换码,又称标准码,是一种双 7 位编码。顺便一提的是,在我国的台湾地区采用的是另一套不同标准码(BIG5 码),因此两岸的汉字系统及各种文件不能直接相互使用。

国标码的任何一个符号、汉字和图形都是用两个 7 位的字节来表示的。国标码中收录了 7445 个汉字及图形字符,其中汉字为 6763 个。

附录B VMware 虚拟机使用

B.1 虚拟机的安装

(1) 双击安装程序 VMware Workstation,运行后可以看到 VMware Workstation 安装向导界面,如图 B.1 所示。

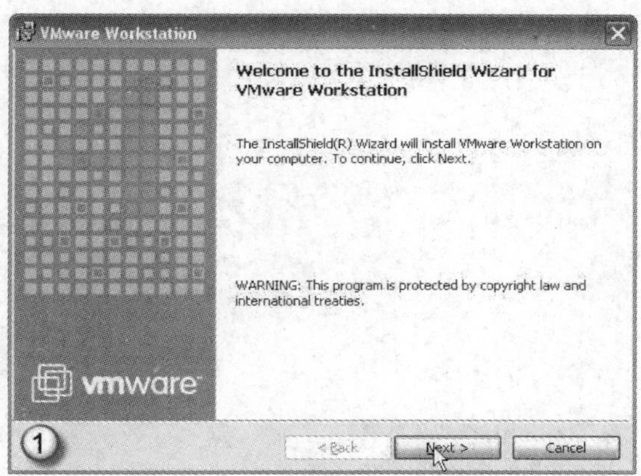

图 B.1 VMware Workstation 安装向导界面

(2) 单击 Next 按钮,进入图 B.2 所示的 License Agreement 界面,选中"是的,我同意"选项,单击 Next 按钮,进入图 B.3 目标文件夹界面。

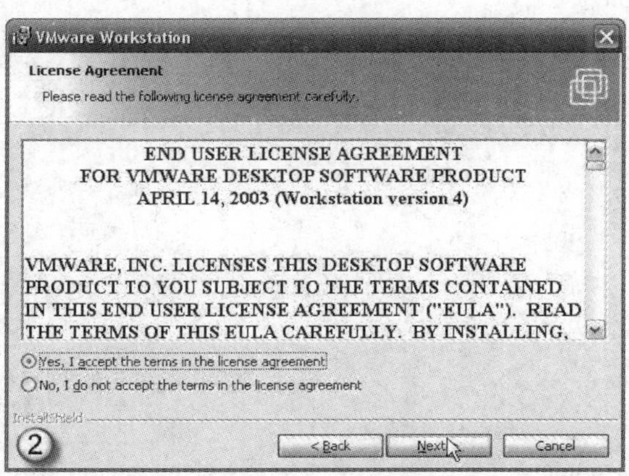

图 B.2 License Agreement 界面

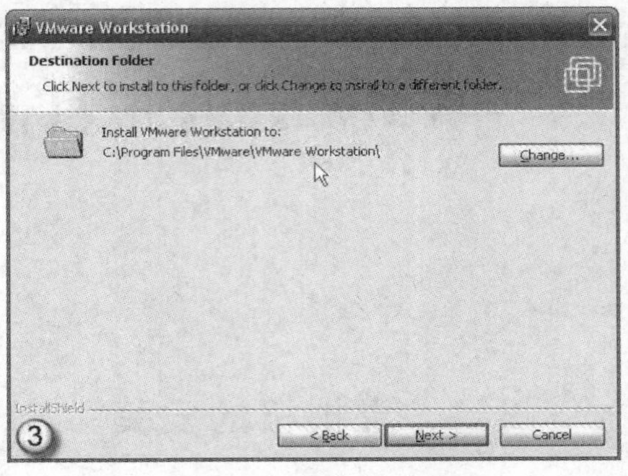

图 B.3　目标文件夹界面

(3) 在图 B.3 所示界面中，选择将 VMware Workstation 安装在默认的路径下，单击 Next 按钮。

(4) 确定目标文件夹无误后单击 Install 按钮，如图 B.4 所示。进入程序准备安装界面进行安装。安装过程如图 B.5 程序安装过程界面所示。

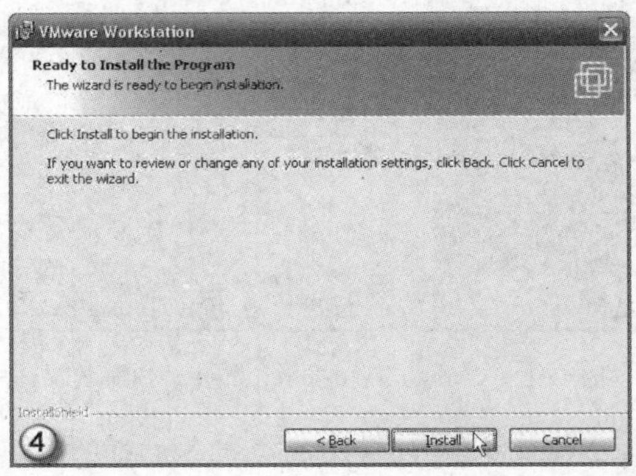

图 B.4　程序准备安装界面

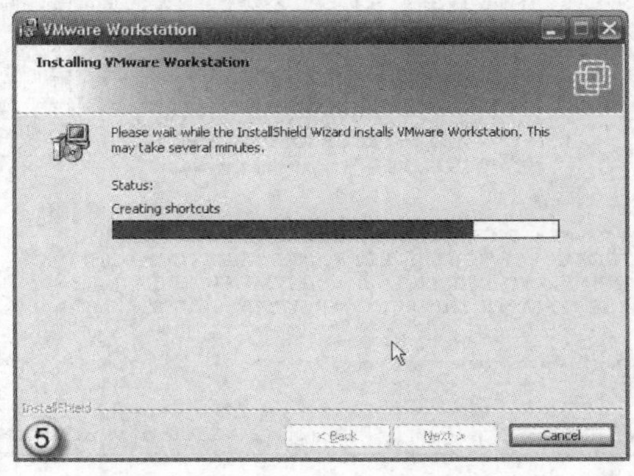

图 B.5　程序安装过程界面

(5) 如果主机操作系统开启了光驱自动运行功能，安装向导弹出提示框提示光驱的自动运行功能将影响虚拟机的使用，询问是否要关闭此项功能，选择“是”关闭掉主机的此项功能，如图 B.6 所示。

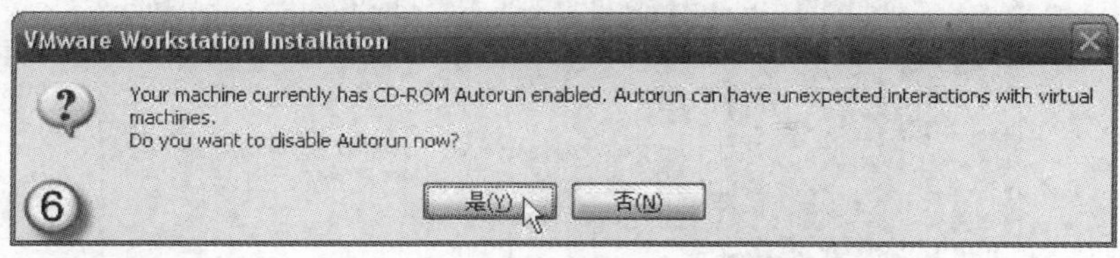

图 B.6 光驱自动运行功能关闭提示界面

(6) 关闭光驱自动运行功能后，安装继续，显示图 B.7 程序继续安装过程界面。

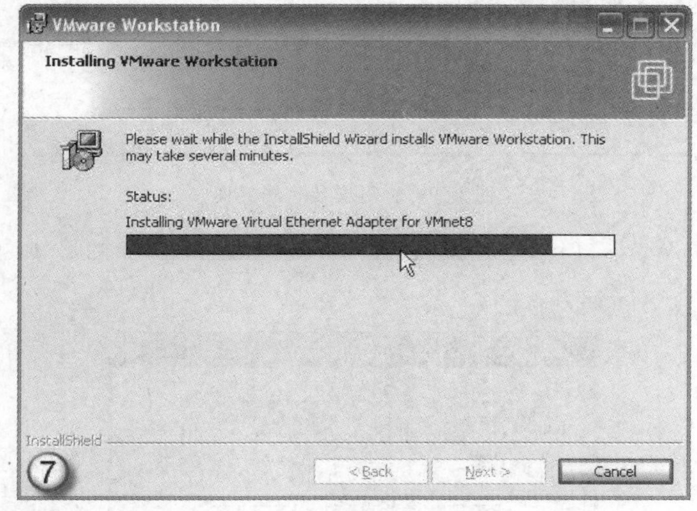

图 B.7 程序继续安装过程界面

(7) 在安装虚拟网卡驱动时，系统会弹出提示告诉你正在安装的软件没有通过微软的徽标测试，不必理睬选择“仍然继续”命令。安装完毕时向导弹出提示询问是否对以前安装过的老版本的 VMware Workstation 进行搜索，如果第一次安装 VMware Workstation 请单击 NO 按钮如图 B.8 所示。

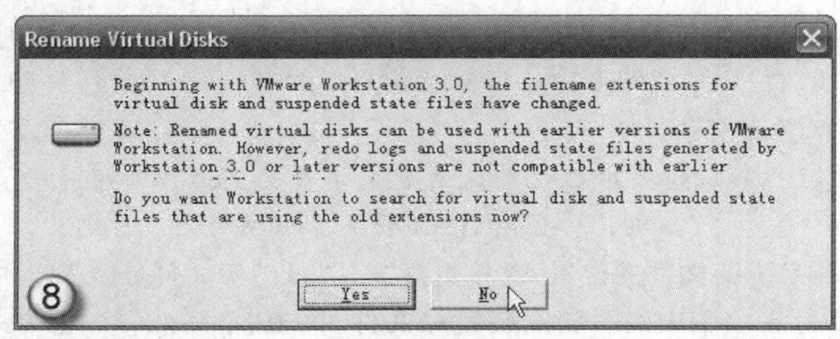

图 B.8 重命名虚拟磁盘界面

（8）在图 B.8 重命名虚拟磁盘界面上，单击 No 按钮后，VMware Workstation 程序安装完毕，如图 B.9 所示。

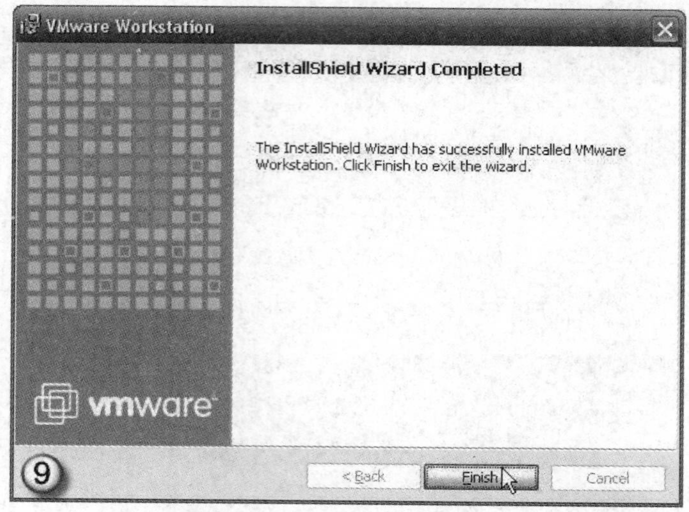

图 B.9　程序安装完毕界面

（9）VMware Workstation 程序安装完毕后需重启计算机，如图 B.10 程序安装重启界面所示。

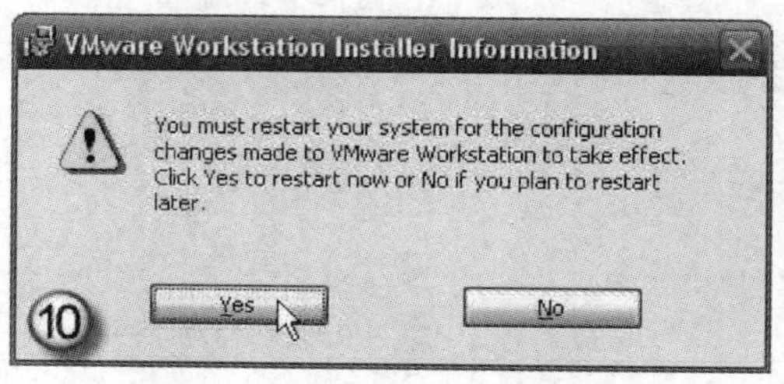

图 B.10　程序安装重启界面

B.2　虚拟机中安装 XP 系统

（1）启动虚拟机程序后，单击“新建虚拟机”图标，如图 B.11 新建虚拟机界面所示。

（2）在弹出的窗口中选择“标准(推荐)”选项，单击“下一步”按钮，如图 B.12 新建虚拟机向导—标准类型界面所示。

注：使用标准(推荐)类型，虚拟机默认的硬盘类型为 SCSI，若想将硬盘类型改成 IDE 格式，此处应选择“自定义(高级)”。如图 B.13 新建虚拟机向导—自定义(高级)类型界面。

（3）选择安装系统的文件的位置，这里选择“安装盘镜像文件(iso)”选项，并单击右侧的“浏览”按钮，找到存在电脑中的系统安装镜像文件，单击“下一步”按钮，如图 B.14 安装客户机操作系统界面所示。

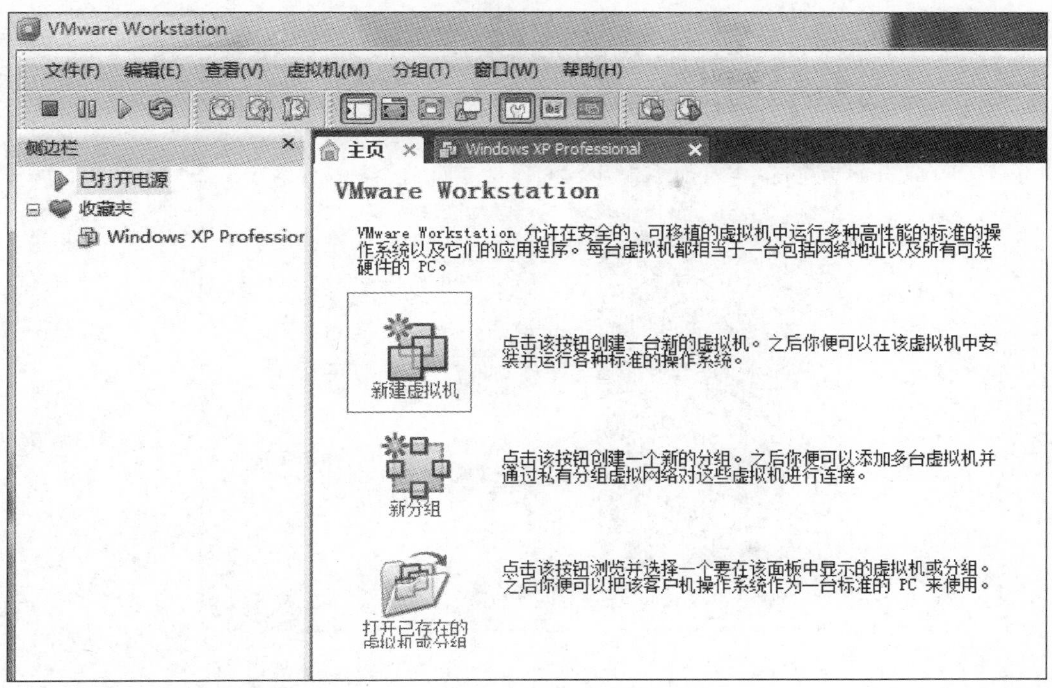

图 B.11　新建虚拟机界面

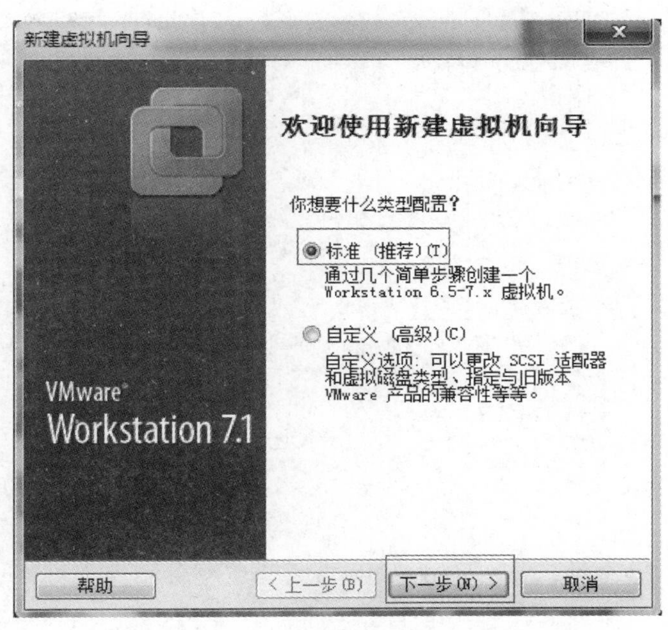

图 B.12　新建虚拟机向导—标准类型界面

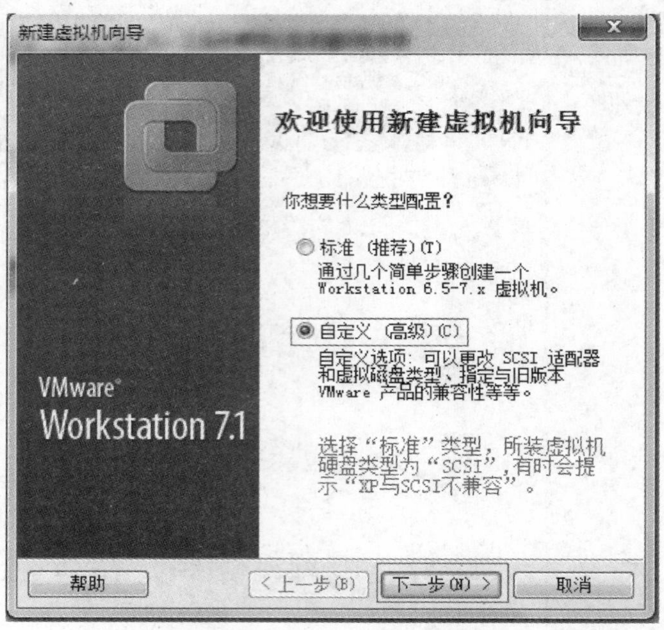

图 B.13　新建虚拟机向导——自定义(高级)类型界面

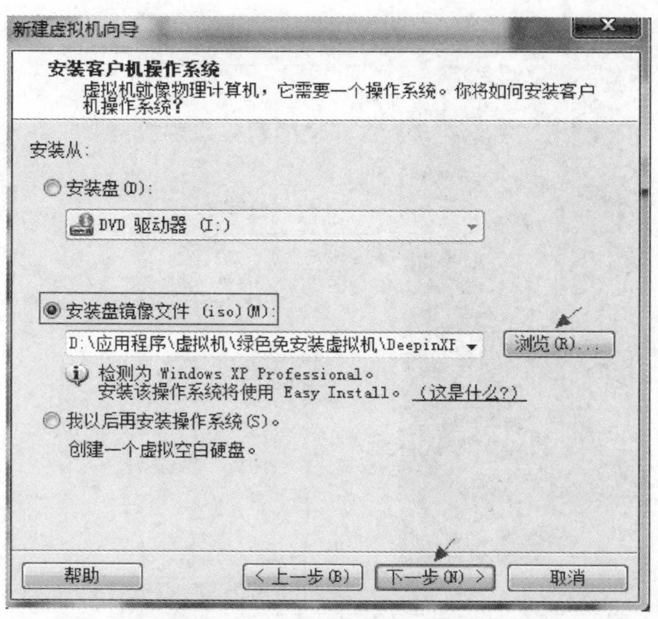

图 B.14　安装客户机操作系统界面

(4) 输入所用安装 Windows XP 系统的文件的激活密钥,免激活版的可空着,下方的“密码”“确认”内容也可空着。单击“下一步”按钮,如图 B.15 系统简易安装信息界面所示。

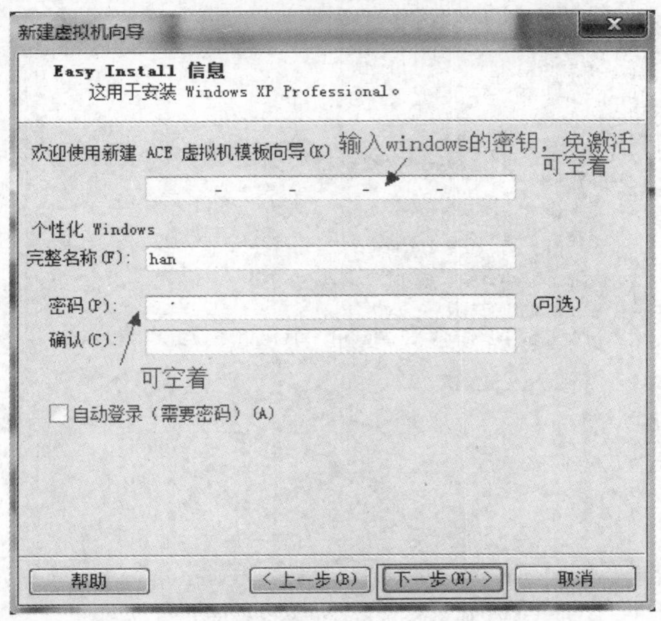

图 B.15 系统简单安装信息界面

(5) 为虚拟机命名,名称可默认为操作系统的版本信息,并单击“浏览”按钮,选择虚拟机在本地磁盘的安装位置,单击“下一步”按钮,如图 B.16 命名虚拟机界面所示。

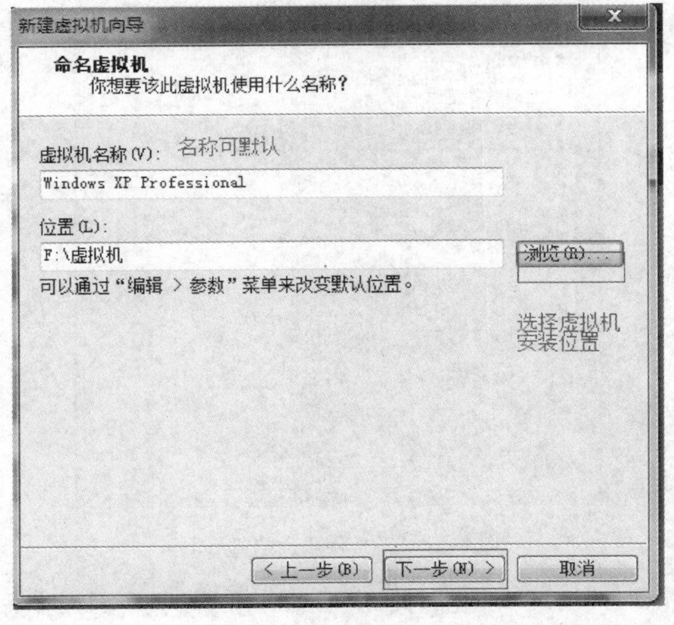

图 B.16 命名虚拟机界面

(6) 设置虚拟机系统的硬盘容量大小，单击“下一步”按钮，如图 B. 17 指定磁盘容量界面，并单击“下一步”按钮，进入准备创建虚拟机界面，如图 B. 18 准备创建虚拟机界面。

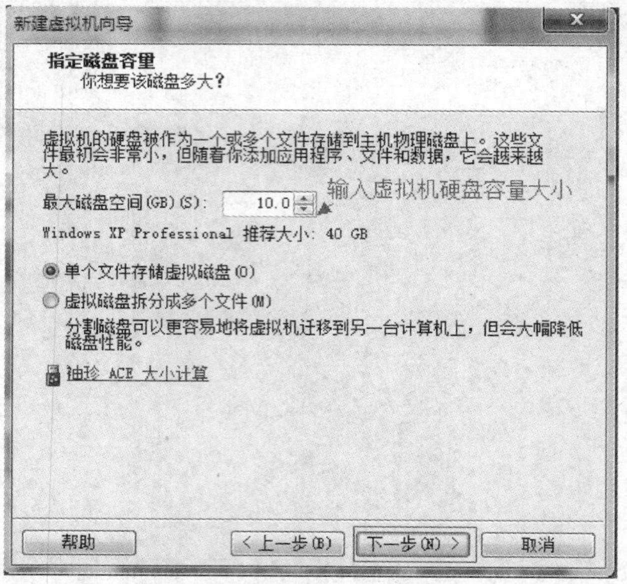

图 B. 17　指定磁盘容量界面

(7) 在准备创建虚拟机界面上，可对虚拟机进行硬件定制，主要是内存大小，默认为 256MB。如需改动，单击图 B. 18 准备创建虚拟机界面中的“定制硬件”按钮，不改动直接单击“完成”按钮。

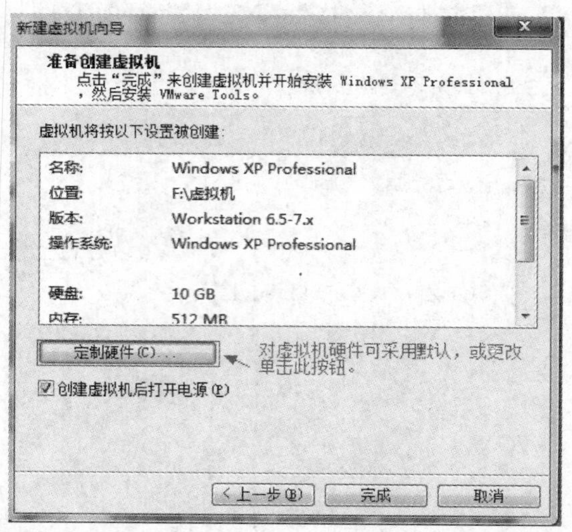

图 B. 18　准备创建虚拟机界面

(8) 单击“定制硬件”按钮后，可以调整虚拟机内存大小。调整完毕后，在图 B. 19 调整虚拟机内存界面中单击“确定”按钮。

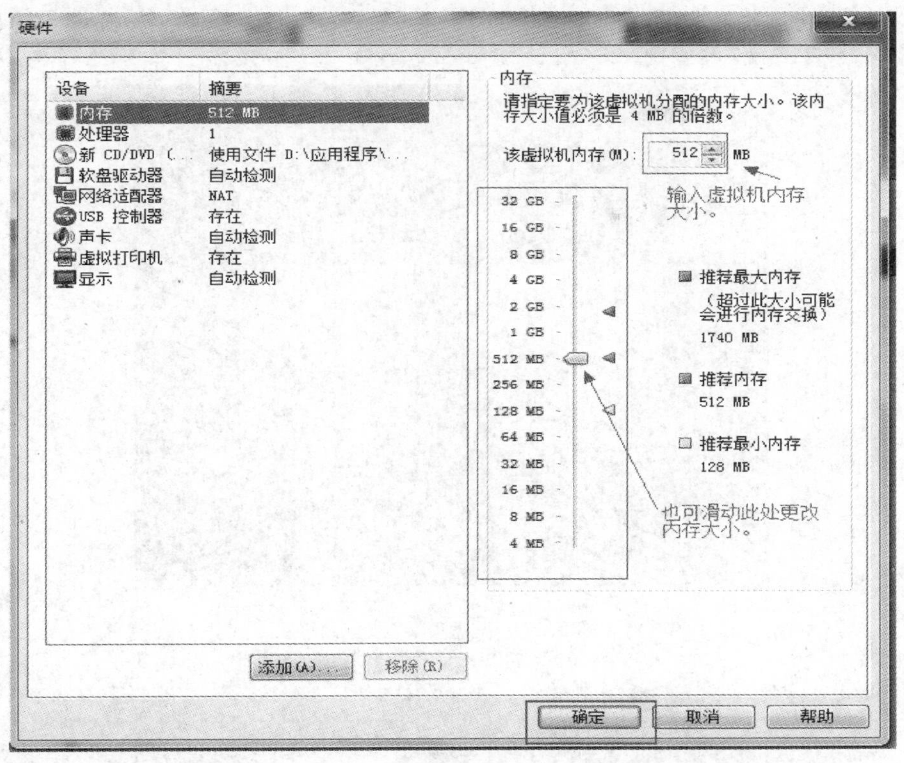

图 B.19　调整虚拟机内存界面

(9) 调整内存大小后,单击图 B.20 虚拟机定制硬件信息界面中的"完成"按钮,即完成了虚拟机硬件信息的配置。如果没有调整内存大小(采用默认值的),则没有第(8)、(9)步。

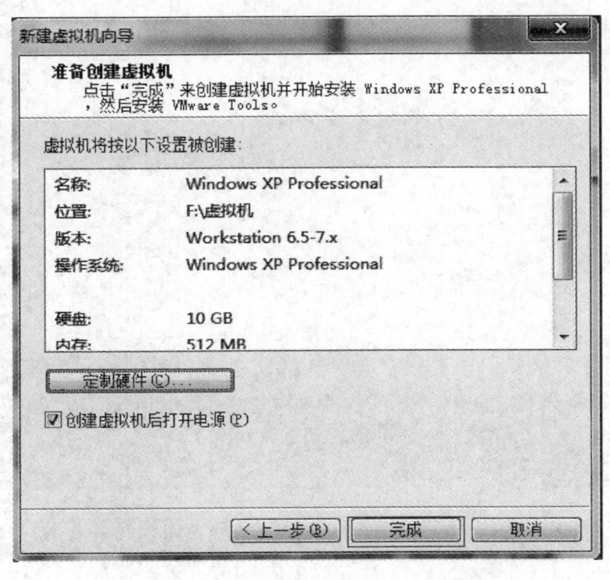

图 B.20　虚拟机定制硬件信息界面

(10) 进入操作系统安装界面,此时并不能进行系统安装,必须先进行磁盘分区操作,否则操作系统不能引导,不能进入系统。此时应选择图 B. 21 光盘安装选择界面中的"(6) PQ8. 05-图形分区工具",进行分区。分区界面如图 B. 22 所示。

图 B. 21　光盘安装选择界面

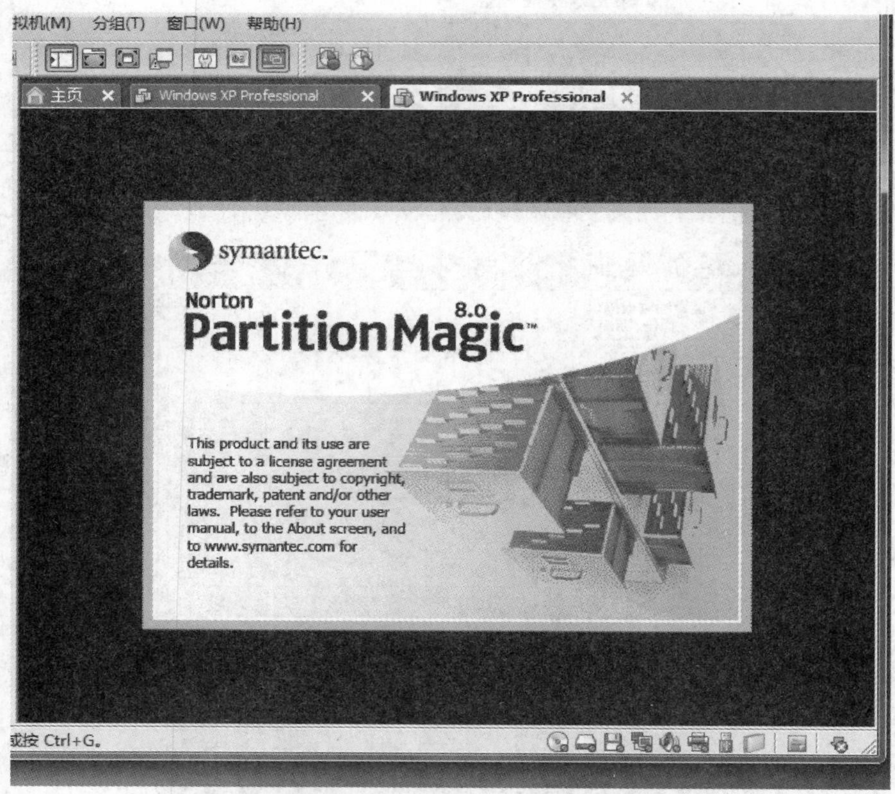

图 B. 22　分区工具 PQ8. 5 界面

(11) 在图 B.23 分区工具开始界面的操作界面下方的“未分配”蓝色条上右击，选择“建立”命令，进入磁盘分区界面，如图 B.24 所示建立分割磁区界面。

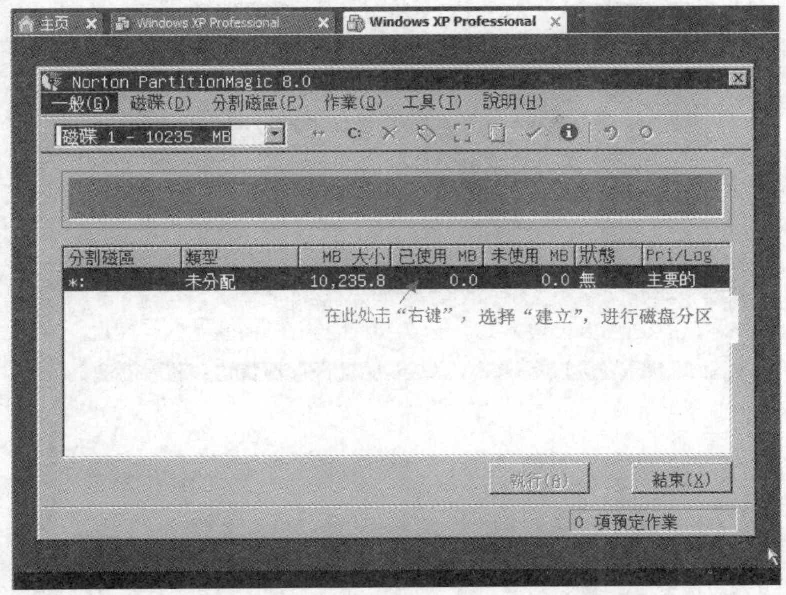

图 B.23 分区工具开始界面

(12) 在建立分割磁区界面中，先进行 C 盘分区操作，如图 B.24 所示。

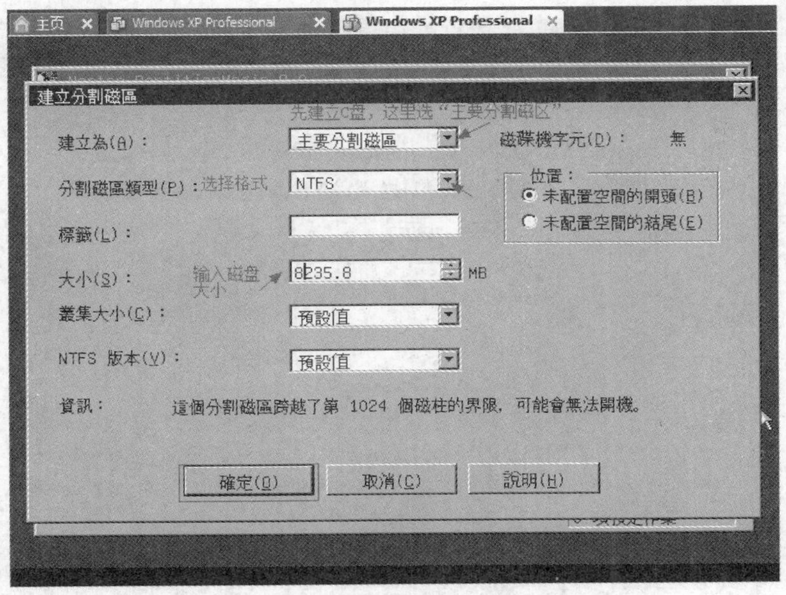

图 B.24 建立分割磁区界面

① 在“建立为”右侧选择磁盘分区为“主要分割磁区”，此步骤非常重要。

② 在“分割磁盘类型”右侧选择 FTA32 或 NTFS 格式。

③ 在“大小”右侧输入框内输入C盘大小，其他为默认值。

④ 单击“确定”按钮。

(13) C盘分区设置完成，接下来进行D盘分区操作。如图B.25所示，在下方的“未分配”按钮上右击，选择“建立”命令。

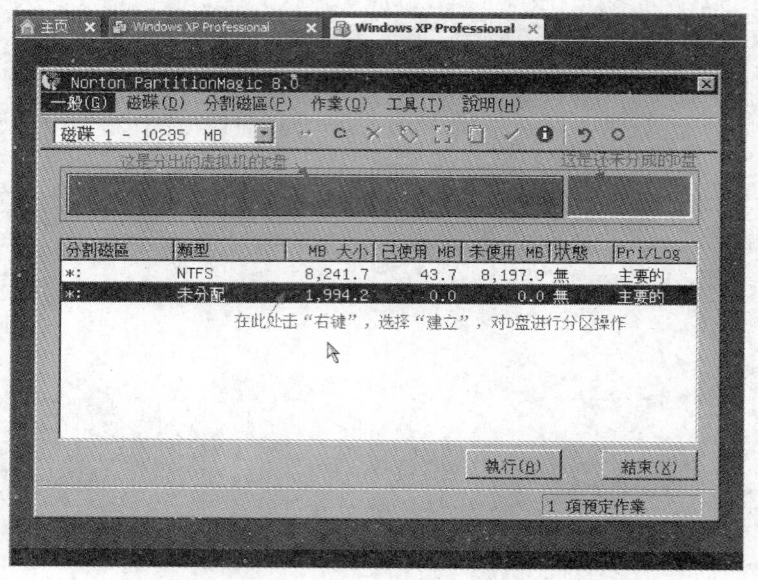

图 B.25 待分配分割磁区界面

(14) 进入图B.26 D盘建立分割磁区界面，在“建立为”右侧选择“逻辑分割磁区”，选择磁盘类型，D盘类型必须为逻辑分割磁区，单击“确定”按钮即可完成D盘分区的建立。

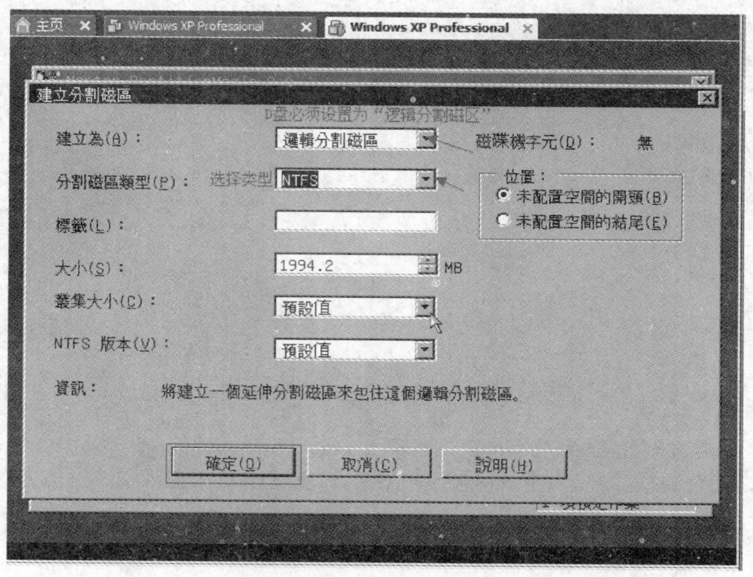

图 B.26 D盘建立分割磁区界面

(15) 设定好磁盘分区后，须将 C 盘设为“作用”，也就是要激活 C 盘，只有激活 C 盘，安装系统后才能进入系统。如图 B.27 所示激活 C 盘分区界面，选择 C 盘分区(即第一个分区)，在蓝色条上右击，选择“进阶”下的“设定为作用”命令。

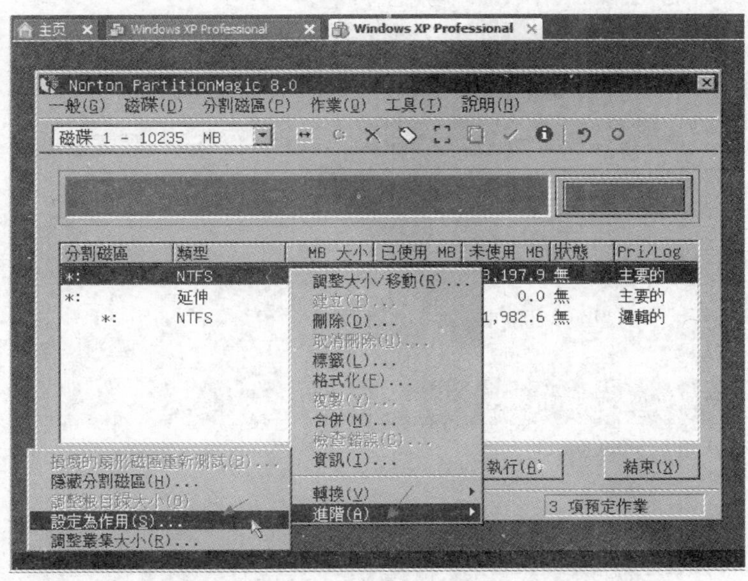

图 B.27 激活 C 盘分区界面

(16) 单击图 B.27 激活 C 盘分区界面中的“设定为作用”按钮后，出现图 B.28 设定作用分割磁区界面，单击“确定”按钮，进入图 B.29 分割磁区执行界面，再单击“执行”按钮。

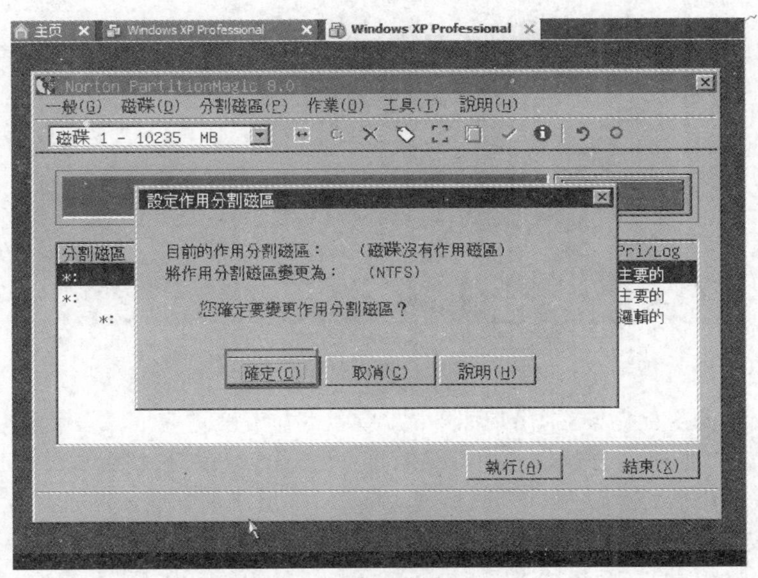

图 B.28 设定作用分割磁区界面

(17) 单击图 B.29 执行按钮后，出现图 B.30 作业执行变更界面，在界面中单击“是”按钮。

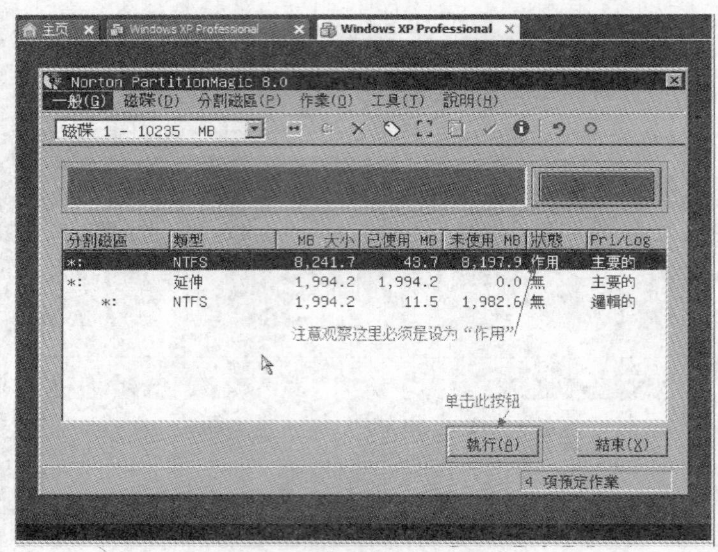

图 B.29　分割磁区执行界面

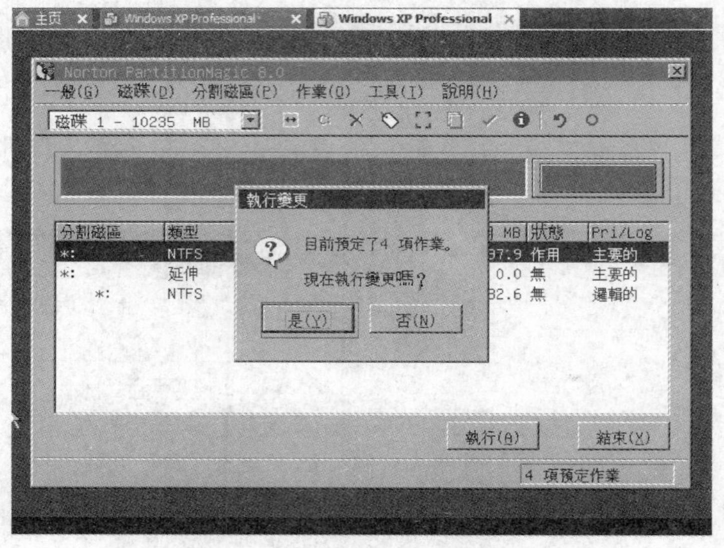

图 B.30　作业执行变更界面

(18) 执行作业变更完毕后,出现图 B.31 所示的作业变更完成状态界面,单击“确定”按钮,进入如图 B.32 所示的分区作业执行结束界面,单击“结束”按钮完成分区操作。

(19) 分区结束后,系统会自动重启,进入图 B.33 所示的光盘安装选择界面。按 Ctrl+G 快捷键,再按数字 1 键,开始进行系统安装。

(20) 安装过程中,有时系统进行重启后会出现黑屏界面,如图 B.34 所示,这是因为系统没有从光驱启动,而是从硬盘启动,但硬盘上还未安装操作系统,所以导致黑屏。

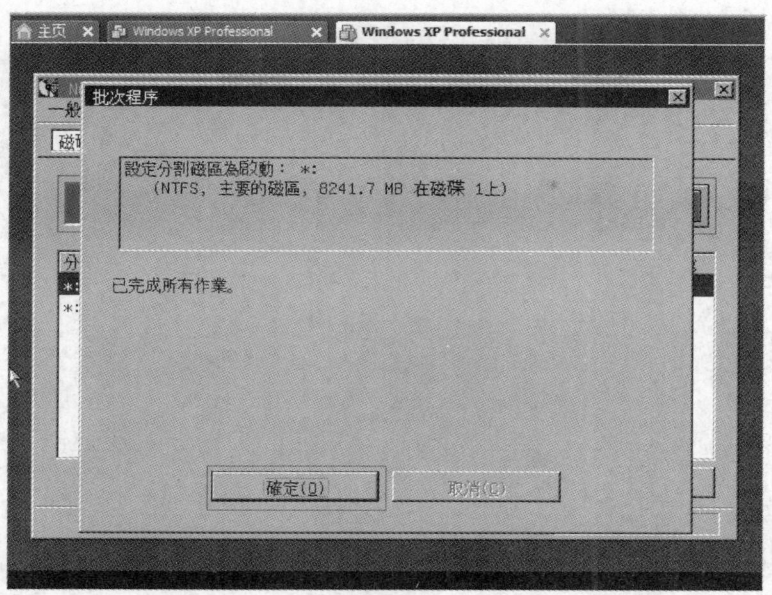

图 B.31　作业变更完成状态界面

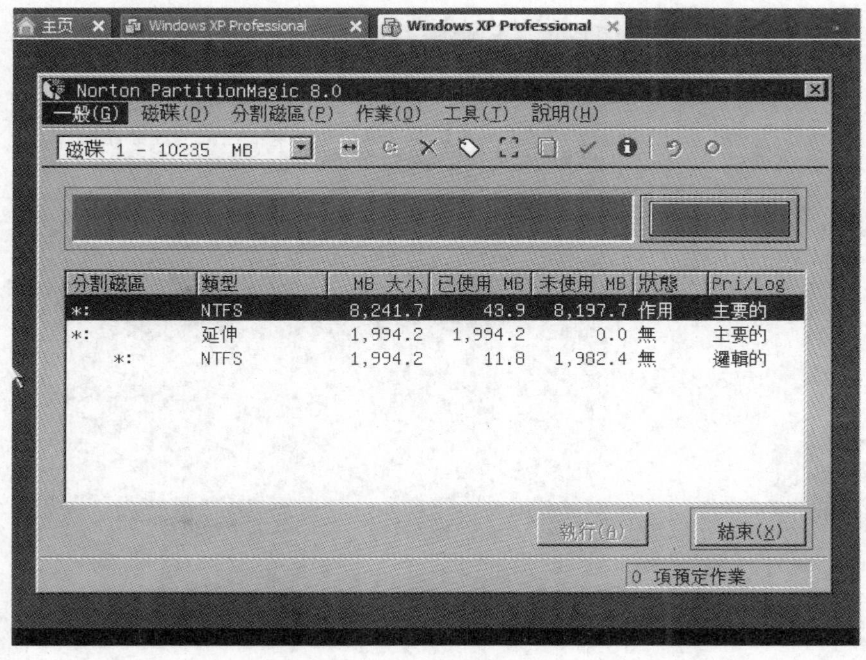

图 B.32　分区作业执行结束界面

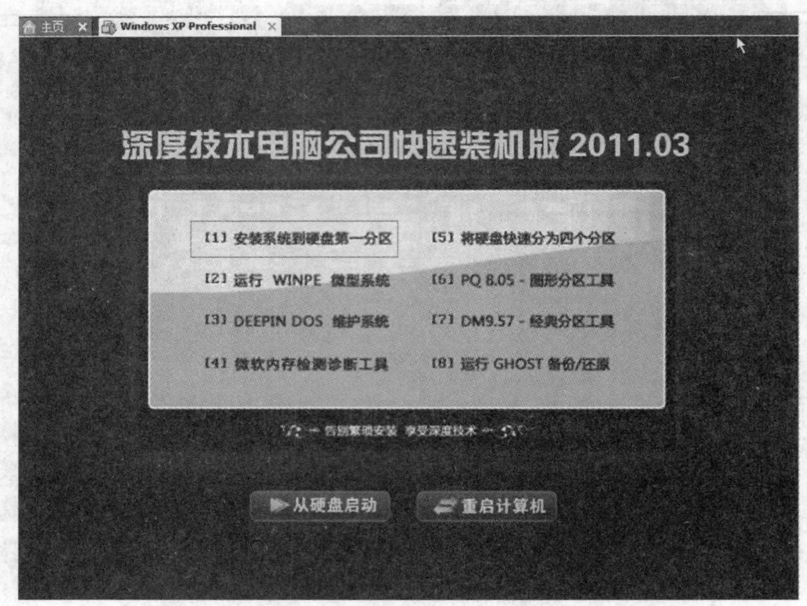

图 B.33　光盘安装选择界面

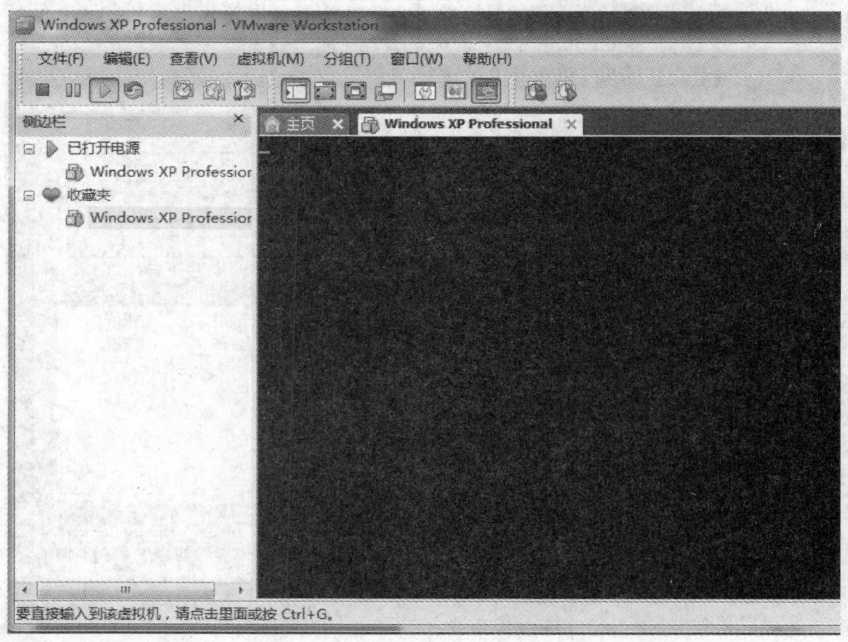

图 B.34　系统重启黑屏界面

（21）若要解决此种问题，此时应同时按下 Ctrl+Alt 键，然后关闭虚拟机内系统窗口，选择“关闭电源”选项，单击“确定”按钮，关闭电源，如图 B.35 所示。

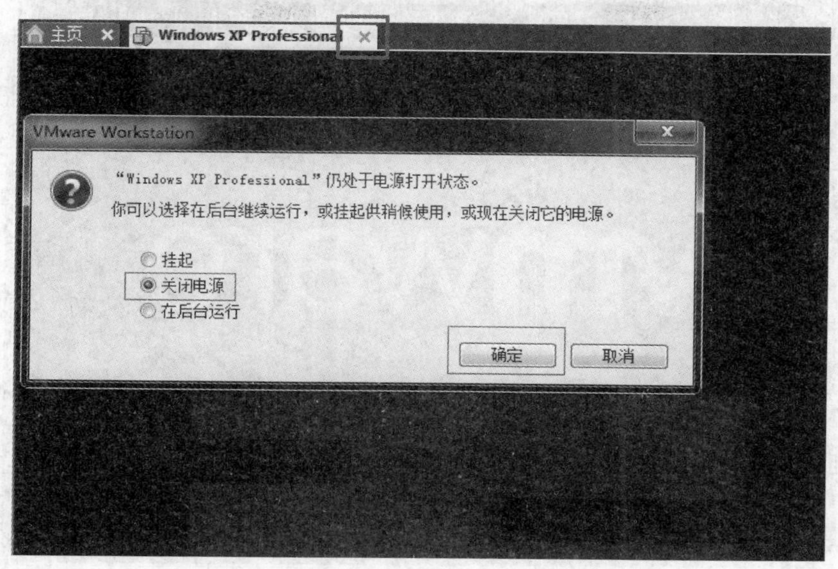

图 B.35　Vmware Workstation 关闭电源界面

（22）单击左侧“收藏夹”下的 Windows XP Profession，再单击右侧的“打开虚拟机电源”按钮，启动虚拟机，如图 B.36 所示。

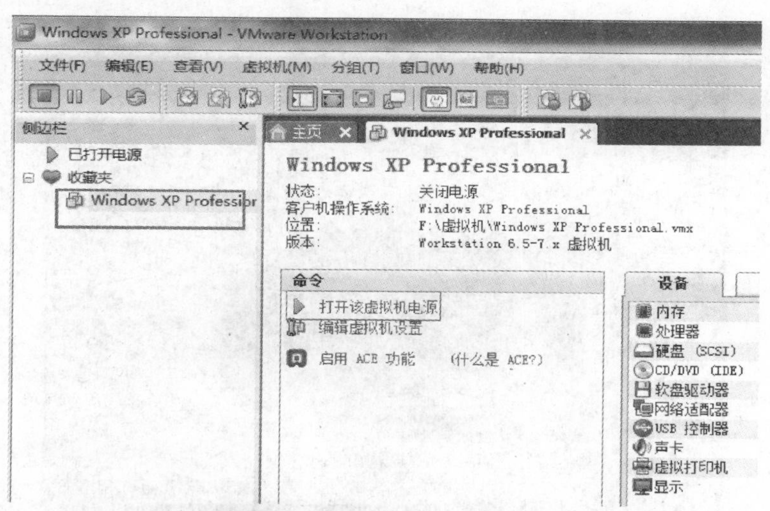

图 B.36　Vmware Workstation 打开虚拟机电源界面

（23）在出现如图 B.37 Windows XP 系统启动过程界面时，快速用鼠标单击虚拟机窗口，并迅速按住 F2 键，进行启动设置。

（24）进入 XP 系统启动项设置界面，如图 B.38 所示，调整系统启动顺序，将原来的硬盘启动调整为光驱启动。调整办法是按动键盘上的上、下光标键，选择 CD-ROM Drive（光驱启动），再按键盘上的+键将其向上移动，移动到最上方或 Removable Devices 的下方，再

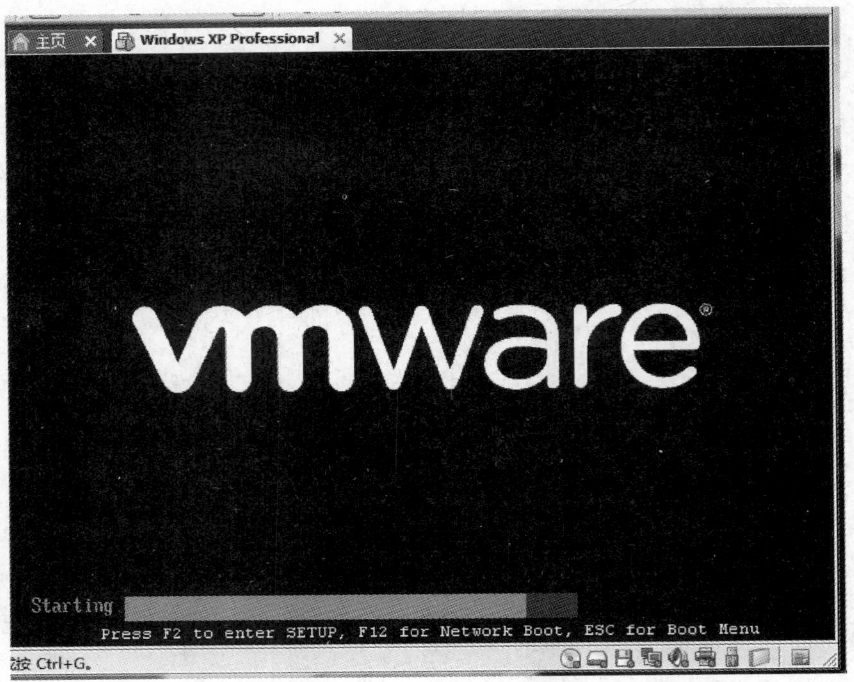

图 B.37　Windows XP 系统启动过程界面

按 F10 键保存。调整结果如图 B.39 所示。

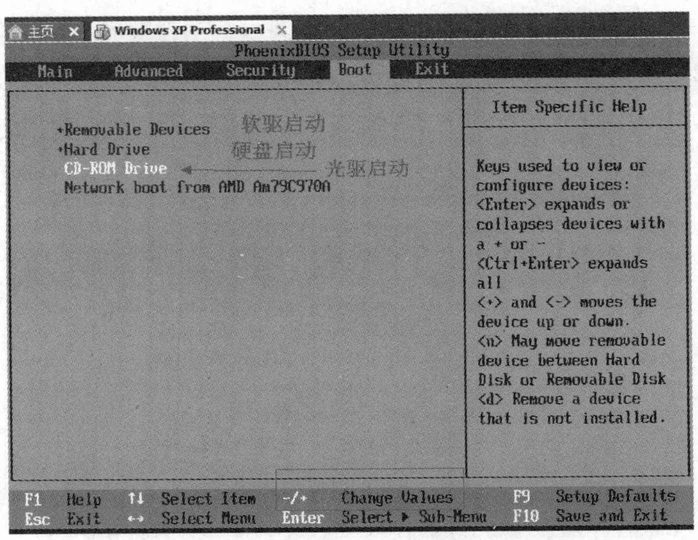

图 B.38　Windows XP 系统启动项设置界面

(25) 保存后出现图 B.40 Windows XP 系统启动设置确认界面，此时按 Enter 键，系统会重启，进入光盘安装界面，选择第一项“安装系统到第一分区”命令。

(26) 上面设置 BIOS 快捷键窗口速度过快，一闪而过，怎样解决此问题呢？首先关闭 Vmware 中的系统，打开虚拟机配置文件(.vmx 文件)，该文件位于所安装的虚拟机目录(不

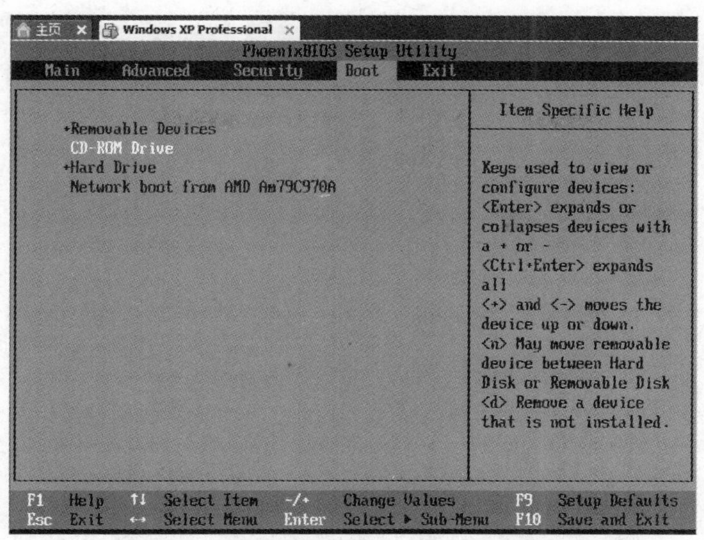

图 B.39　Windows XP 系统光驱启动优先设置界面

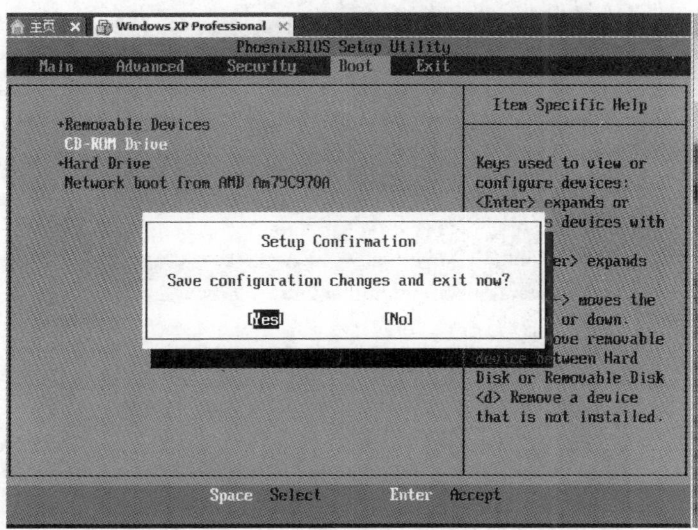

图 B.40　Windows XP 系统启动设置确认界面

是虚拟机软件目录)，用“记事本”打开，在最前面中加入一行：bios. bootDelay = "5000"(5000 为 5 秒；若输入 8000 就为 8 秒)，如图 B.41 所示。

(27) 在图 B.42 Windows XP 系统启动界面中，设置时间为 5 秒。

(28) 在图 B.42 Windows XP 系统启动界面中，按 Esc 键可进入启动菜单选择界面，如图 B.43 启动菜单界面。从上至下分别是：①可移动设备，②从光驱启动，③从硬盘启动。

用上下光标键选择适宜项，然后按 Enter 键即可。

(29) 在恢复系统时，有时会出现图 B.44 恢复系统进度界面所示界面，这种情况是因为所用的 XP 安装镜像文件损坏，系统不能继续安装。应更换 XP 安装镜像文件，重新安装，此时不用重新分区。

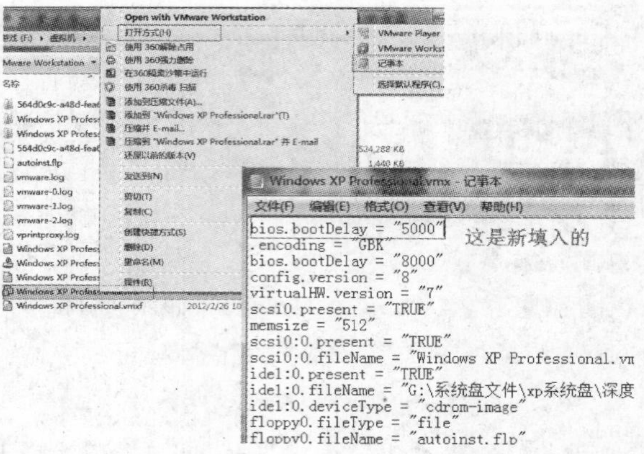

图 B.41　Windows XP 系统 BIOS 启动时间设置界面

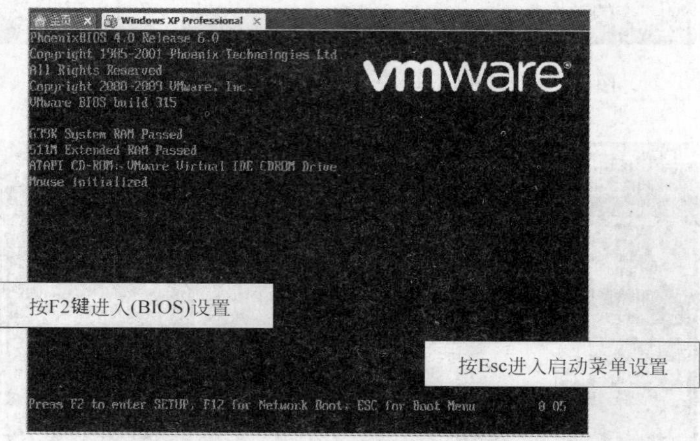

图 B.42　Windows XP 系统启动界面

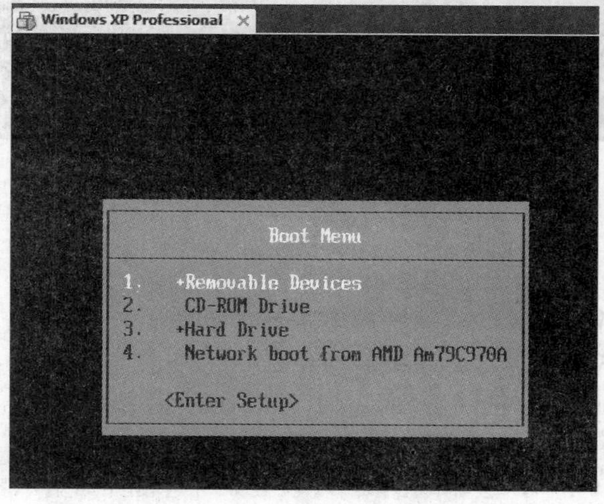

图 B.43　启动菜单界面

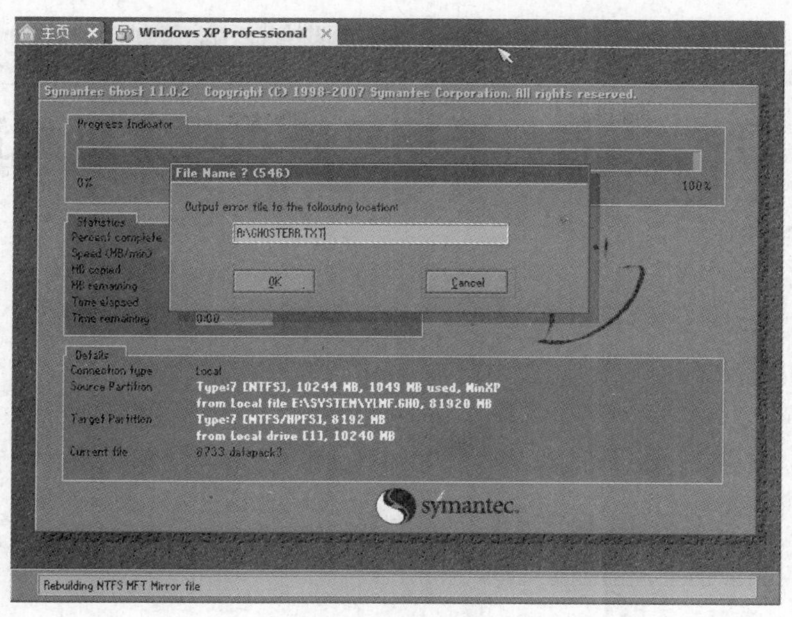

图 B.44　恢复系统进度界面

(30) 在图 B.44 恢复系统进度界面中单击 Cancel 按钮退出安装程序,关闭虚拟机电源,按下图 B.45 操作,首先单击"虚拟机"菜单,在下拉菜单中选择"设置"按钮,在虚拟机设置面板中,单击 CD/DVD(IDE)按钮,再单击"浏览"按钮,查找更换用来安装系统的 ISO 镜像文件,重新安装。

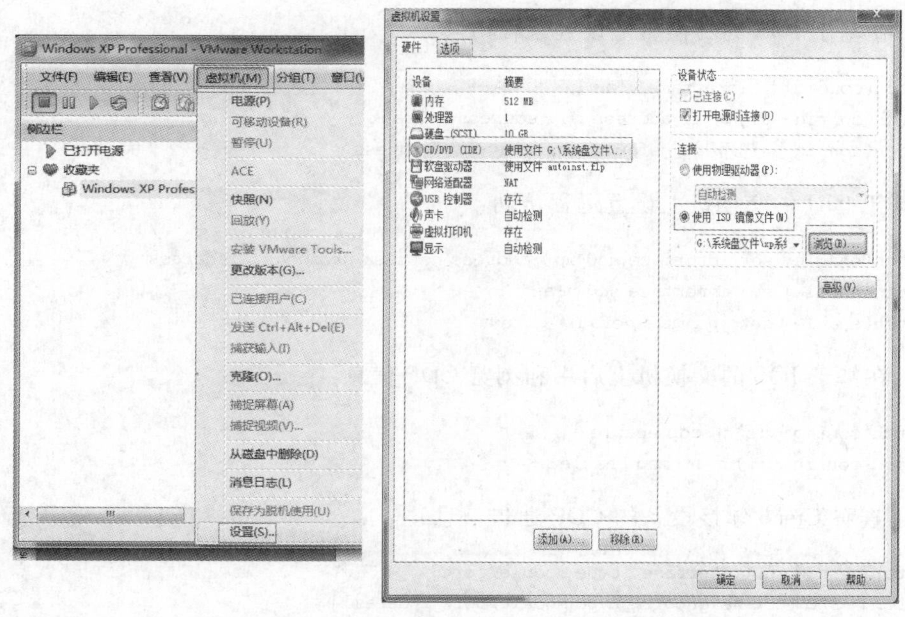

图 B.45　更换安装系统 ISO 镜像文件

附录C 思科交换机路由器常用配置

1. 交换机常用配置命令

(1) 在基于IOS的交换机上设置主机名/系统名：

```
switch(config)# hostname hostname
```

在基于CLI的交换机上设置主机名/系统名：

```
switch(enable) set system name name-string
```

(2) 在基于IOS的交换机上设置登录口令：

```
switch(config)# enable password level 1 password
```

在基于CLI的交换机上设置登录口令：

```
switch(enable) set password
switch(enable) set enablepass
```

(3) 在基于IOS的交换机上设置远程访问：

```
switch(config)# interface vlan 1
switch(config-if)# ip address ip-address netmask
switch(config-if)# ip default-gateway ip-address
```

在基于CLI的交换机上设置远程访问：

```
switch(enable) set interface sc0 ip-address netmask broadcast-address
switch(enable) set interface sc0 vlan
switch(enable) set ip route default gateway
```

(4) 在基于IOS的交换机上启用和浏览CDP信息：

```
switch(config-if)# cdp enable
switch(config-if)# no cdp enable
```

为了查看Cisco邻接设备的CDP通告信息：

```
switch# show cdp interface [type module/port]
switch# show cdp neighbors [type module/port] [detail]
```

在基于CLI的交换机上启用和浏览CDP信息：

```
switch(enable) set cdp {enable|disable} module/port
```

为了查看 Cisco 邻接设备的 CDP 通告信息：

```
switch(enable) show cdp neighbors[module/port] [vlan|duplex|capabilities|detail]
```

(5) 基于 IOS 的交换机的端口描述：

```
switch(config-if)# description description-string
```

基于 CLI 的交换机的端口描述：

```
switch(enable)set port name module/number description-string
```

(6) 在基于 IOS 的交换机上设置端口速度：

```
switch(config-if)# speed{10|100|auto}
```

在基于 CLI 的交换机上设置端口速度：

```
switch(enable) set port speed module/number {10|100|auto}
switch(enable) set port speed module/number {4|16|auto}
```

(7) 在基于 IOS 的交换机上设置以太网的链路模式：

```
switch(config-if)# duplex {auto|full|half}
```

在基于 CLI 的交换机上设置以太网的链路模式：

```
switch(enable) set port duplex module/number {full|half}
```

(8) 在基于 IOS 的交换机上配置静态 VLAN：

```
switch# vlan database
switch(vlan)# vlan vlan-num name vla

switch(vlan)# exit
switch# configure terminal
switch(config)# interface interface module/number
switch(config-if)# switchport mode access
switch(config-if)# switchport access vlan vlan-num
switch(config-if)# end
```

在基于 CLI 的交换机上配置静态 VLAN：

```
switch(enable) set vlan vlan-num [name name]
switch(enable) set vlan vlan-num mod-num/port-list
```

(9) 在基于 IOS 的交换机上配置 VLAN 中继线：

```
switch(config)# interface interface mod/port
switch(config-if)# switchport mode trunk
switch(config-if)# switchport trunk encapsulation {isl|dotlq}
switch(config-if)# switchport trunk allowed vlan remove vlan-list
switch(config-if)# switchport trunk allowed vlan add vlan-list
```

在基于 CLI 的交换机上配置 VLAN 中继线：

```
switch(enable) set trunk module/port [on|off|desirable|auto|nonegotiate]
Vlan-range [isl|dotlq|dot10|lane|negotiate]
```


(10) 在基于 IOS 的交换机上配置 VTP 管理域：

```
switch# vlan database
switch(vlan) # vtp domain domain-name
```

在基于 CLI 的交换机上配置 VTP 管理域：

```
switch(enable) set vtp [domain domain-name]
```

(11) 在基于 IOS 的交换机上配置 VTP 模式：

```
switch# vlan database
switch(vlan) # vtp domain domain-name
switch(vlan) # vtp {sever|client|transparent}
switch(vlan) # vtp password password
```

在基于 CLI 的交换机上配置 VTP 模式：

```
switch(enable) set vtp [domain domain-name] [mode{ sever|client|transparent }][password
password]
```

(12) 在基于 IOS 的交换机上配置 VTP 版本：

```
switch# vlan database
switch(vlan) # vtp v2-mode
```

在基于 CLI 的交换机上配置 VTP 版本：

```
switch(enable) set vtp v2 enable
```

(13) 在基于 IOS 的交换机上启动 VTP 剪裁：

```
switch# vlan database
switch(vlan) # vtp pruning
```

在基于 CLI 的交换机上启动 VTP 剪裁：

```
switch(enable) set vtp pruning enable
```

(14) 在基于 IOS 的交换机上配置以太信道：

```
switch(config-if) # port group group-number [distribution {source|destination}]
```

在基于 CLI 的交换机上配置以太信道：

```
switch(enable) set port channel module/port-range mode{on|off|desirable|auto}
```

(15) 在基于 IOS 的交换机上调整根路径成本：

```
switch(config-if) # spanning-tree [vlan vlan-list] cost cost
```

在基于 CLI 的交换机上调整根路径成本：

```
switch(enable) set spantree portcost module/port cost
```

```
switch(enable) set spantree portvlancost module/port [cost cost][vlan-list]
```

(16) 在基于 IOS 的交换机上调整端口 ID：

```
switch(config-if)# spanning-tree[vlan vlan-list]port-priority port-priority
```

在基于 CLI 的交换机上调整端口 ID：

```
switch(enable) set spantree portpri {module/port}priority
switch(enable) set spantree portvlanpri {module/port}priority [vlans]
```

(17) 在基于 IOS 的交换机上修改 STP 时钟：

```
switch(config)# spanning-tree [vlan vlan-list] hello-time seconds
switch(config)# spanning-tree [vlan vlan-list] forward-time seconds
switch(config)# spanning-tree [vlan vlan-list] max-age seconds
```

在基于 CLI 的交换机上修改 STP 时钟：

```
switch(enable) set spantree hello interval[vlan]
switch(enable) set spantree fwddelay delay [vlan]
switch(enable) set spantree maxage agingtiame[vlan]
```

(18) 在基于 IOS 的交换机端口上启用或禁用 Port Fast 特征：

```
switch(config-if)#spanning-tree portfast
```

在基于 CLI 的交换机端口上启用或禁用 Port Fast 特征：

```
switch(enable) set spantree portfast {module/port}{enable|disable}
```

(19) 在基于 IOS 的交换机端口上启用或禁用 UplinkFast 特征：

```
switch(config)# spanning-tree uplinkfast [max-update-rate pkts-per-second]
```

在基于 CLI 的交换机端口上启用或禁用 UplinkFast 特征：

```
switch(enable) set spantree uplinkfast {enable|disable}[rate update-rate] [all-protocols
off|on]
```

(20) 为了将交换机配置成一个集群的命令交换机，首先要给管理接口分配一个 IP 地址，然后使用下列命令：switch(config)# cluster enable cluster-name

(21) 为了从一条中继链路上删除 VLAN，可使用下列命令：

```
switch(enable) clear trunk module/port vlan-range
```

(22) 用 show vtp domain 显示管理域的 VTP 参数.

(23) 用 show vtp statistics 显示管理域的 VTP 参数.

(24) 在 Catalyst 交换机上定义 TrBRF 的命令如下：

```
switch(enable) set vlan vlan-name [name name] type trbrf bridge bridge-num[stp {ieee|ibm}]
```

(25) 在 Catalyst 交换机上定义 TrCRF 的命令如下：

```
switch (enable) set vlan vlan-num [name name] type trcrf
```

```
{ring hex-ring-num|decring decimal-ring-num} parent vlan-num
```

(26) 在创建好 TrBRF VLAN 之后，就可以给它分配交换机端口. 对于以太网交换，可以采用如下命令给 VLAN 分配端口：

```
switch(enable) set vlan vlan-num mod-num/port-num
```

(27) 命令 show spantree 显示一个交换机端口的 STP 状态.

(28) 配置一个 ELAN 的 LES 和 BUS，可以使用下列命令：

```
ATM (config)# interface atm number.subint multioint
ATM(config-subif)# lane serber-bus ethernet elan-name
```

(29) 配置 LECS：

```
ATM(config)# lane database database-name
ATM(lane-config-databade)# name elan1-name server-atm-address les1-nsap-address
ATM(lane-config-databade)# name elan2-name server-atm-address les2-nsap-address
ATM(lane-config-databade)# name …
```

(30) 创建完数据库后，必须在主接口上启动 LECS. 命令如下：

```
ATM(config)# interface atm number
ATM(config-if)# lane config database database-name
ATM(config-if)# lane config auto-config-atm-address
```

(31) 将每个 LEC 配置到一个不同的 ATM 子接口上. 命令如下：

```
ATM(config)# interface atm number.subint multipoint
ATM(config)# lane client ethernet vlan-num elan-num
```

(32) 用 show lane server 显示 LES 的状态.

(33) 用 show lane bus 显示 bus 的状态.

(34) 用 show lane database 显示 LECS 数据库可内容.

(35) 用 show lane client 显示 LEC 的状态.

(36) 用 show module 显示已安装的模块列表.

(37) 用物理接口建立与 VLAN 的连接：

```
router# configure terminal
router(config)# interface media module/port
router(config-if)# description description-string
router(config-if)# ip address ip-addr subnet-mask
router(config-if)# no shutdown
```

(38) 用中继链路来建立与 VLAN 的连接：

```
router(config)# interface module/port.subinterface
router(config-ig)# encapsulation[isl|dotlq] vlan-number
router(config-if)# ip address ip-address subnet-mask
```

(39) 用 LANE 来建立与 VLAN 的连接：

```
router(config)# interface atm module/port
```

```
router(config-if)# no ip address
router(config-if)# atm pvc 1 0 5 qsaal
router(config-if)# atm pvc 2 0 16 ilni
router(config-if)# interface atm module/port.subinterface multipoint
router(config-if)# ip address ip-address subnet-mask
router(config-if)# lane client ethernet elan-num
router(config-if)# interface atm module/port.subinterface multipoint
router(config-if)# ip address ip-address subnet-name
router(config-if)# lane client ethernet elan-name
router(config-if)# …
```

(40) 为了在路由处理器上进行动态路由配置，可以用下列 IOS 命令来进行：

```
router(config)# ip routing
router(config)# router ip-routing-protocol
router(config-router)# network ip-network-number
router(config-router)# network ip-network-number
```

(41) 配置默认路由：

```
switch(enable) set ip route default gateway
```

(42) 为一个路由处理器分配 VLANID，可在接口模式下使用下列命令：

```
router(config)# interface interface number
router(config-if)# mls rp vlan-id vlan-id-num
```

(43) 在路由处理器启用 MLSP：

```
router(config)# mls rp ip
```

(44) 为了把一个外置的路由处理器接口和交换机安置在同一个 VTP 域中：

```
router(config)# interface interface number
router(config-if)# mls rp vtp-domain domain-name
```

(45) 查看指定的 VTP 域的信息：

```
router# show mls rp vtp-domain vtp domain name
```

(46) 要确定 RSM 或路由器上的管理接口，可以在接口模式下输入下列命令：

```
router(config-if)#mls rp management-interface
```

(47) 要检验 MLS-RP 的配置情况：

```
router# show mls rp
```

(48) 检验特定接口上的 MLS 配置：

```
router# show mls rp interface interface number
```

(49) 为了在 MLS-SE 上设置流掩码而又不想在任一个路由处理器接口上设置访问列表：

```
set mls flow [destination|destination-source|full]
```

(50) 为使 MLS 和输入访问列表可以兼容，可以在全局模式下使用下列命令：

```
router(config) # mls rp ip input - acl
```

(51) 当某个交换机的第 3 层交换失效时，可在交换机的特权模式下输入下列命令：

```
switch(enable) set mls enable
```

(52) 若想改变老化时间的值，可在特权模式下输入以下命令：

```
switch(enable) set mls agingtime agingtime
```

(53) 设置快速老化：

```
switch(enable) set mls agingtime fast fastagingtime pkt_threshold
```

(54) 确定那些 MLS-RP 和 MLS-SE 参与了 MLS，可先显示交换机引用列表中的内容再确定：

```
switch(enable) show mls include
```

(55) 显示 MLS 高速缓存记录：

```
switch(enable) show mls entry
```

(56) 用命令 show in arp 显示 ARP 高速缓存区的内容。

(57) 要把路由器配置为 HSRP 备份组的成员，可以在接口配置模式下使用下面的命令：

```
router(config - if) # standby group - number ip ip - address
```

(58) 为了使一个路由器重新恢复转发路由器的角色，在接口配置模式下：

```
router(config - if) # standy group - number preempt
```

(59) 访问时间和保持时间参数是可配置的：

```
router(config - if) # standy group - number timers hellotime holdtime
```

(60) 配置 HSRP 跟踪：

```
router(config - if) # standy group - number track type - number interface - priority
```

(61) 要显示 HSRP 路由器的状态：

```
router # show standby type - number group brief
```

(62) 用命令 show ip igmp 确定当选的查询器。

(63) 启动 IP 组播路由选择：

```
router(config) # ip muticast - routing
```

(64) 启动接口上的 PIM：

```
dalllasr1 >(config - if) # ip pim {dense - mode| sparse - mode| sparse - dense - mode}
```

(65) 启动稀疏-稠密模式下的 PIM：

```
router# ip multicast - routing
router# interface type number
router# ip pim sparse - dense - mode
```

(66) 核实 PIM 的配置：

```
dallasr1 ># show ip pim interface[type number] [count]
```

(67) 显示 PIM 邻居：

```
dallasr1 ># show ip neighbor type number
```

(68) 为了配置 RP 的地址,命令如下：

```
dallasr1 ># ip pim rp - address ip - address [group - access - list - number][override]
```

(69) 选择一个默认的 RP：

```
dallasr1 ># ip pim rp - address
```

通告 RP 和它所服务的组范围：

```
dallasr1 ># ip pim send - rp - announce type number scope ttl group - list access - list - number
```

为管理范围组通告 RP 的地址：

```
dallasr1 ># ip pim send - rp - announce ethernet0 scope 16 group - list1
dallasr1 ># access - list 1 permit 266.0.0.0 0.255.255.255
```

设定一个 RP 映像代理：

```
dallasr1 ># ip pim send - rp - discovery scope ttl
```

核实组到 RP 的映像：

```
dallasr1 ># show ip pim rp mapping
dallasr1 ># show ip pim rp [group - name|group - address] [mapping]
```

(70) 在路由器接口上用命令 ip multicast ttl-threshold ttl-value 设定 TTL 阀值：

```
dallasr1 >(config - if)# ip multicast ttl - threshold ttl - value
```

(71) 用 show ip pim neighbor 显示 PIM 邻居表。

(72) 显示组播通信路由表中的各条记录：

```
dallasr1 > show ip mroute [group - name|group - address][scoure][summary][count][active kbps]
```

(73) 要记录一个路由器接收和发送的全部 IP 组播包：

```
dallasr1 > #debug ip packet [detail] [access - list][group]
```

(74) 要在 CISCO 路由器上配置 CGMP：

```
dallasr1 >(config - if)# ip cgmp
```

(75) 配置一个组播路由器,使之加入某一个特定的组播组:

```
dallasr1 >(config - if)# ip igmp join - group group - address
```

(76) 关闭 CGMP:

```
dallasr1 >(config - if)# no ip cgmp
```

(77) 启动交换机上的 CGMP:

```
dallasr1 >(enable) set cgmp enable
```

(78) 核实 Catalyst 交换机上 CGMP 的配置情况:

```
catalystla1 >(enable) show config
set prompt catalystla1 >
set interface sc0 192.168.1.1 255.255.255.0
set cgmp enable
```

(79) CGMP 离开的设置:

```
Dallas_SW(enable) set cgmp leave
```

(80) 在 Cisco 设备上修改控制端口密码:

```
R1(config)# line console 0
R1(config - line)# login
R1(config - line)# passwordLisbon
R1(config)# enable password Lilbao
R1(config)# login local
R1(config)# username student password cisco
```

(81) 在 Cisco 设备上设置控制台及 vty 端口的会话超时:

```
R1(config)# line console 0
R1(config - line)# exec - timeout 5 10
R1(config)# line vty 0 4
R1(config - line)# exec - timeout 5 2
```

(82) 在 Cisco 设备上设定特权级:

```
R1(config)# privilege configure level 3 username
R1(config)# privilege configure level 3 copy run start
R1(config)# privilege configure level 3 ping
R1(config)# privilege configure level 3 show run
R1(config)# enable secret level 3 cisco
```

(83) 使用命令 privilege 可定义在该特权级下使用的命令:

```
router(config)# privilege mode level level command
```

(84) 设定用户特权级:

```
router(config)# enable secret level 3dallas
router(config)# enable secret san - fran
```

```
router(config)# username student password cisco
```

(85) 标志设置与显示:

```
R1(config)# banner motd 'unauthorized access will be prosecuted!'
```

(86) 设置 vty 访问:

```
R1(config)# access - list 1 permit 192.168.2.5
R1(config)# line vty 0 4
R1(config)# access - class1 in
```

(87) 配置 HTTP 访问:

```
Router3(config)# access - list 1 permit 192.168.10.7
Router3(config)# ip http sever
Router3(config)# ip http access - class 1
Router3(config)# ip http authentication local
Router3(config)# username student password cisco
```

(88) 要启用 HTTP 访问,请键入以下命令:

```
switch(config)# ip http sever
```

(89) 在基于 set 命令的交换机上用 setCL1 启动和核实端口安全:

```
switch(enable) set port security mod_num/port_num … enable mac address
switch(enable) show port mod_num/port_num
```

在基于 CiscoIOS 命令的交换机上启动和核实端口安全:

```
switch(config - if)# port secure [mac - mac - count maximum - MAC - count]
switch# show mac - address - table security [type module/port]
```

(90) 用命令 access-list 在标准通信量过滤表中创建一条记录:

```
Router(config)# access - list access - list - number {permit|deny} source - address [source - address]
```

(91) 用命令 access-list 在扩展通信量过滤表中创建一条记录:

```
Router(config)# access - list access - list - number {permit|deny{protocol|protocol - keyword}}{source source - wildcard|any}{destination destination - wildcard|any}[protocol - specific options][log]
```

(92) 对于带内路由更新,配置路由更新的最基本的命令格式是:

```
R1(config - router)#distribute - list access - list - number|name in [type number]
```

(93) 对于带外路由更新,配置路由更新的最基本的命令格式是:

```
R1(config - router)# distribute - list access - list - number|name out [interface - name] routing - process| autonomous - system - number
```

(94) set snmp 命令选项:

```
set snmp community {read-only|ready-write|read-write-all}[community_string]
```

(95) set snmp trap 命令格式如下：

```
set snmp trap {enable|disable}
[all|module|classis|bridge|repeater| auth|vtp|ippermit|vmps|config|entity|stpx]
set snmp trap rvcr_addr rcvr_community
```

(96) 启用 SNMP chassis 陷阱：

```
Console>(enable) set snmp trap enable chassis
```

(97) 启用所有 SNMP chassis 陷阱：

```
Console>(enable) set snmp trap enable
```

(98) 禁用 SNMP chassis 陷阱：

```
Console>(enable) set snmp trap disable chassis
```

(99) 给 SNMP 陷阱接收表加一条记录：

```
Console>(enable) set snmp trap 192.122.173.42 public
```

(100) show snmp 输出结果。
(101) 命令 set snmp rmon enable 的输出结果。
(102) 显示 SPAN 信息：

```
Console> show spanCISCO 交换机配置命令大全
```

2. 路由器配置基础

(1) 基本设置方式

一般来说，可以用 5 种方式来设置路由器：

① Console 口接终端或运行终端仿真软件的微机；

② AUX 口接 MODEM，通过电话线与远方的终端或运行终端仿真软件的微机相连；

③ 通过 Ethernet 上的 TFTP 服务器；

④ 通过 Ethernet 上的 TELNET 程序；

⑤ 通过 Ethernet 上的 SNMP 网管工作站。

但路由器的第一次设置必须通过第一种方式进行，此时终端的硬件设置如下：

波特率：9600

数据位：8

停止位：1

奇偶校验：无

(2) 命令状态

① router>

路由器处于用户命令状态，这时用户可以看路由器的连接状态，访问其他网络和主机，但不能看到和更改路由器的设置内容。

② router＃

在 router＞提示符下键入 enable，路由器进入特权命令状态 router＃，这时不但可以执行所有的用户命令，还可以看到和更改路由器的设置内容。

③ router(config)＃

在 router＃提示符下键入 configure terminal，出现提示符 router(config)＃，此时路由器处于全局设置状态，这时可以设置路由器的全局参数。

④ router(config－if)＃；router(config－line)＃；router(config－router)＃；…

路由器处于局部设置状态，这时可以设置路由器某个局部的参数。

⑤ ＞

路由器处于 RXBOOT 状态，在开机后 60 秒内按 ctrl-break 可进入此状态，这时路由器不能完成正常的功能，只能进行软件升级和手工引导。

设置对话状态

这是一台新路由器开机时自动进入的状态，在特权命令状态使用 SETUP 命令也可进入此状态，这时可通过对话方式对路由器进行设置。

(3) 设置对话过程

显示提示信息

全局参数的设置

接口参数的设置

显示结果

利用设置对话过程可以避免手工输入命令的烦琐，但它还不能完全代替手工设置，一些特殊的设置还必须通过手工输入的方式完成。

进入设置对话过程后，路由器首先会显示一些提示信息：

```
--- System Configuration Dialog ---
At any point you may enter a question mark '?' for help.
Use ctrl - c to abort configuration dialog at any prompt.
Default settings are in square brackets '[]'.
```

这是告诉你在设置对话过程中的任何地方都可以输入"?"得到系统的帮助，按 ctrl-c 可以退出设置过程，默认设置将显示在'[]'中。然后路由器会问是否进入设置对话：

```
Would you like to enter the initial configuration dialog? [yes]:
```

如果按 y 或回车，路由器就会进入设置对话过程。首先你可以看到各端口当前的状况：

```
First, would you like to see the current interface summary? [yes]:
Any interface listed with OK? value "NO" does not have a valid configuration
Interface  IP - Address  OK?  Method  Status  Protocol
Ethernet0  unassigned  NO  unset  up  up
Serial0  unassigned  NO  unset  up  up
… … …  … … …  …  … …  … …
```

然后，路由器就开始全局参数的设置：

```
Configuring global parameters:
```

① 设置路由器名：

```
Enter host name [Router]:
```

② 设置进入特权状态的密文(secret)，此密文在设置以后不会以明文方式显示：

```
The enable secret is a one - way cryptographic secret used
instead of the enable password when it exists.
Enter enable secret: cisco
```

③ 设置进入特权状态的密码(password)，此密码只在没有密文时起作用，并且在设置以后会以明文方式显示：

```
The enable password is used when there is no enable secret
and when using older software and some boot images.
Enter enable password: pass
```

④ 设置虚拟终端访问时的密码：

```
Enter virtual terminal password: cisco
```

⑤ 询问是否要设置路由器支持的各种网络协议：

```
Configure SNMP Network Management? [yes]:
Configure DECnet? [no]:
Configure AppleTalk? [no]:
Configure IPX? [no]:
Configure IP? [yes]:
Configure IGRP routing? [yes]:
Configure RIP routing? [no]:
… … …
```

⑥ 如果配置的是拨号访问服务器，系统还会设置异步口的参数：

```
Configure Async lines? [yes]:
```

- 设置线路的最高速度：

```
Async line speed [9600]:
```

- 是否使用硬件流控：

```
Configure for HW flow control? [yes]:
```

- 是否设置 modem：

```
Configure for modems? [yes/no]: yes
```

- 是否使用默认的 modem 命令：

```
Configure for default chat s cript? [yes]:
```

- 是否设置异步口的 PPP 参数：

```
Configure for Dial-in IP SLIP/PPP access? [no]: yes
```

• 是否使用动态 IP 地址：

```
Configure for Dynamic IP addresses? [yes]:
```

• 是否使用默认 IP 地址：

```
Configure Default IP addresses? [no]: yes
```

• 是否使用 TCP 头压缩：

```
Configure for TCP Header Compression? [yes]:
```

• 是否在异步口上使用路由表更新：

```
Configure for routing updates on async links? [no]: y
```

• 是否设置异步口上的其他协议。

接下来，系统会对每个接口进行参数的设置。

```
Configuring interface Ethernet0:
```

• 是否使用此接口：

```
Is this interface in use? [yes]:
```

• 是否设置此接口的 IP 参数：

```
Configure IP on this interface? [yes]:
```

• 设置接口的 IP 地址：

```
IP address for this interface: 192.168.162.2
```

• 设置接口的 IP 子网掩码：

```
Number of bits in subnet field [0]:
Class C network is 192.168.162.0, 0 subnet bits; mask is /24
```

在设置完所有接口的参数后，系统会把整个设置对话过程的结果显示出来：

```
The following configuration command s cript was created:
hostname Router
enable secret 5 $1$W5Oh$p6J7tIgRMBOIKVXVG53Uh1
enable password pass
…………
```

请注意在 enable secret 后面显示的是乱码，而 enable password 后面显示的是设置的内容。

显示结束后，系统会问是否使用这个设置：

```
Use this configuration? [yes/no]: yes
```

如果回答 yes，系统就会把设置的结果存入路由器的 NVRAM 中，然后结束设置对话过程，使路由器开始正常的工作。

(4) 常用命令

① 帮助

在 IOS 操作中,无论任何状态和位置,都可以键入"?"得到系统的帮助。

② 改变命令状态

任务	命令
进入特权命令状态	enable
退出特权命令状态	disable
进入设置对话状态	setup
进入全局设置状态	config terminal
退出全局设置状态	end
进入端口设置状态	interface type slot/number
进入子端口设置状态	interface type number. subinterface [point-to-point | multipoint]
进入线路设置状态	line type slot/number
进入路由设置状态	router protocol
退出局部设置状态	exit

③ 显示命令

任务	命令
查看版本及引导信息	show version
查看运行设置	show running-config
查看开机设置	show startup-config
显示端口信息	show interface type slot/number
显示路由信息	show ip router

④ 复制命令

用于 IOS 及 CONFIG 的备份和升级

⑤ 网络命令

任务	命令
登录远程主机	telnet hostname|IP address
网络侦测	ping hostname|IP address
路由跟踪	trace hostname|IP address

⑥ 基本设置命令

任务	命令
全局设置	config terminal
设置访问用户及密码	username username password password
设置特权密码	enable secret password
设置路由器名	hostname name
设置静态路由	ip route destination subnet-mask next-hop
启动 IP 路由	ip routing
启动 IPX 路由	ipx routing
端口设置	interface type slot/number

设置 IP 地址　　　ip address address subnet-mask
设置 IPX 网络　　ipx network network
激活端口　　　　no shutdown
物理线路设置　　line type number
启动登录进程　　login [local|tacacs server]
设置登录密码　　password password

(5) 配置 IP 寻址

① IP 地址分类

IP 地址分为网络地址和主机地址两个部分,A 类地址前 8 位为网络地址,后 24 位为主机地址,B 类地址 16 位为网络地址,后 16 位为主机地址,C 类地址前 24 位为网络地址,后 8 位为主机地址,网络地址范围如下所示:

种类	网络地址范围
A	1.0.0.0 到 126.0.0.0 有效 0.0.0.0 和 127.0.0.0 保留
B	128.1.0.0 到 191.254.0.0 有效 128.0.0.0 和 191.255.0.0 保留
C	192.0.1.0 到 223.255.254.0 有效 192.0.0.0 和 223.255.255.0 保留
D	224.0.0.0 到 239.255.255.255 用于多点广播
E	240.0.0.0 到 255.255.255.254 保留 255.255.255.255 用于广播

② 分配接口 IP 地址

任务	命令
接口设置	interface type slot/number
为接口设置 IP 地址	ip address ip-address mask

掩玛(mask)用于识别 IP 地址中的网络地址位数,IP 地址(ip-address)和掩码(mask)相与即得到网络地址。

③ 使用可变长的子网掩码

通过使用可变长的子网掩码可以让位于不同接口的同一网络编号的网络使用不同的掩码,这样可以节省 IP 地址,充分利用有效的 IP 地址空间。

如下图所示:

Router1 和 Router2 的 E0 端口均使用了 C 类地址 192.1.0.0 作为网络地址,Router1 的 E0 的网络地址为 192.1.0.128,掩码为 255.255.255.192, Router2 的 E0 的网络地址为 192.1.0.64,掩码为 255.255.255.192,这样就将一个 C 类网络地址分配给了二个网,既划分了二个子网,起到了节约地址的作用。

④ 使用网络地址翻译(NAT)

NAT(Network Address Translation)起到将内部私有地址翻译成外部合法的全局地址的功能,它使得不具有合法 IP 地址的用户可以通过 NAT 访问到外部 Internet.

当建立内部网的时候,建议使用以下地址组用于主机,这些地址是由 Network Working Group(RFC 1918)保留用于私有网络地址分配的。

```
?; Class A:10.1.1.1 to 10.254.254.254
?; Class B:172.16.1.1 to 172.31.254.254
?; Class C:192.168.1.1 to 192.168.254.254
```

mask：子网掩码

address：下一个跳的 IP 地址，即相邻路由器的端口地址。

interface：本地网络接口

distance：管理距离(可选)

tag tag：tag 值(可选)

permanent：指定此路由即使该端口关掉也不被移掉。

以下在 Router1 上设置了访问 192.1.0.64/26 这个网下一跳地址为 192.200.10.6，即当有目的地址属于 192.1.0.64/26 的网络范围的数据报，应将其路由到地址为 192.200.10.6 的相邻路由器。在 Router3 上设置了访问 192.1.0.128/26 及 192.200.10.4/30 这二个网下一跳地址为 192.1.0.65。由于在 Router1 上端口 Serial 0 地址为 192.200.10.5，192.200.10.4/30 这个网属于直连的网，已经存在访问 192.200.10.4/30 的路径，所以不需要在 Router1 上添加静态路由。

```
Router1:
ip route 192.1.0.64 255.255.255.192 192.200.10.6
Router3:
ip route 192.1.0.128 255.255.255.192 192.1.0.65
ip route 192.200.10.4 255.255.255.252 192.1.0.65
```

同时由于路由器 Router3 除了与路由器 Router2 相连外，不再与其他路由器相连，所以也可以为它赋予一条默认路由以代替以上的二条静态路由：

```
ip route 0.0.0.0 0.0.0.0 192.1.0.65
```

即只要没有在路由表里找到去特定目的地址的路径，则数据均被路由到地址为 192.1.0.65 的相邻路由器。

附录D 网络分析协议 WireShark 简要介绍

D.1 WireShark 功能概述

WireShark(原名 Ethereal)是目前世界上最受欢迎的协议分析软件,利用它可将捕获到的各种各样协议的网络二进制数据流翻译为人们容易读懂和理解的文字和图表等形式,极大地方便了对网络活动的监测分析和教学实验。它有十分丰富和强大的统计分析功能,可在 Windows,Linux 和 UNIX 等系统上运行。此软件于 1998 年由美国 Gerald Combs 首创研发,原名 Ethereal,至今世界各国已有 100 多位网络专家和软件人员正在共同参与此软件的升级完善和维护。它的名称于 2006 年 5 月由原 Ethereal 改为 WireShark。至今它的更新升级速度大约每 2～3 个月推出一个新的版本,2007 年 9 月时的版本号为 0.99.6。但是升级后软件的主要功能和使用方法保持不变。它是一个开源代码的免费软件,任何人都可自由下载,也可参与共同开发。

WireShark 网络协议分析软件可以十分方便直观地应用于计算机网络原理和网络安全的教学实验,网络的日常安全监测,网络性能参数测试,网络恶意代码的捕获分析,网络用户的行为监测,黑客活动的追踪等。因此它在世界范围的网络管理专家,信息安全专家,软件和硬件开发人员中,以及美国的一些知名大学的网络原理和信息安全技术的教学、科研和实验工作中得到广泛的应用。

在安装新旧版本软件包和使用中,Ethereal 与 WireShark 的一些细微区别如下:

(1) Ethereal 软件安装包中包含的网络数据采集软件是 Winpcap 3.0 的版本,保存捕获数据时只能用英文的文件名,文件名默认后缀为.cap。

(2) WireShark 软件安装包中,目前包含的网络数据采集软件是 Winpcap 4.0 版本,保存捕获数据时可以用中文的文件名,文件名默认后缀为.pcap。另外,WireShark 可以翻译解释更多的网络通信协议数据,对网络数据流具有更好的统计分析功能,在网络安全教学和日常网络监管工作中使用更方便,而基本使用方法仍然与 Ethereal 相同。

说明:为了帮助大家轻松掌握 WireShark 十分强大的网络原理实验、网络数据分析统计和图表功能,现将 WireShark 主操作界面上的菜单译为中英对照,供参考。

WireShark 主界面的操作菜单如下:

(1) File 打开文件

Open　　打开文件

Open Recent　　打开近期访问过的文件

Merge…　　将几个文件合并为一个文件

Close	关闭此文件
Save As…	保存为…
File Set	文件属性
Export	文件输出
Print…	打印输出
Quit	关闭

(2) Edit 编辑

Find Packet…	搜索数据包
Find Next	搜索下一个
Find Previous	搜索前一个
Mark Packet (toggle)	对数据包做标记(标定)
Find Next Mark	搜索下一个标记的包
Find Previous Mark	搜索前一个标记的包
Mark All Packets	对所有包做标记
Unmark All Packets	去除所有包的标记
Set Time Reference (toggle)	设置参考时间(标定)
Find Next Reference	搜索下一个参考点
Find Previous Reference	搜索前一个参考点
Preferences	参数选择

(3) View 视图

Main Toolbar	主工具栏
Filter Toolbar	过滤器工具栏
Wireless Toolbar	无线工具栏
Statusbar	运行状况工具栏
Packet List	数据包列表
Packet Details	数据包细节
Packet Bytes	数据包字节
Time Display Format	时间显示格式
Name resolution	名字解析(转换:域名/IP 地址,厂商名/MAC 地址,端口号/端口名)
Colorize Packet List	颜色标识的数据包列表
Auto Scroll in Live Capture	现场捕获时实时滚动
Zoom In	放大显示
Zoom Out	缩小显示
Normal Size	正常大小
Resize All Columns	改变所有列大小
Expand Sub trees	扩展开数据包内封装协议的子树结构
Expand All	全部扩展开
Collapse All	全部折叠收缩

Coloring Rules…	对不同类型的数据包用不同颜色标识的规则
Show Packet in New Window	将数据包显示在一个新的窗口
Reload	将数据文件重新加

(4) Go 运行

Back	向后运行
Forward	向前运行
Go to packet…	转移到某数据包
Go to Corresponding Packet	转到相应的数据包
Previous Packet	前一个数据包
Next Packet	下一个数据包
First Packet	第一个数据包
Last Packet	最后一个数据包

(5) Capture 捕获网络数据

Interfaces…	选择本机的网络接口进行数据捕获
Options…	捕获参数选择
Start	开始捕获网络数据
Stop	停止捕获网络数据
Restart	重新开始捕获
Capture Filters…	选择捕获过滤器

(6) Analyze 对已捕获的网络数据进行分析

Display Filters…	选择显示过滤器
Apply as Filter	将其应用为过滤器
Prepare a Filter	设计一个过滤器
Firewall ACL Rules	防火墙 ACL 规则
Enabled Protocols…	已可以分析的协议列表
Decode As…	将网络数据按某协议规则解码
User Specified Decodes…	用户自定义的解码规则
Follow TCP Stream	跟踪 TCP 传输控制协议的通信数据段,将分散传输的数据组装还原
Follow SSL stream	跟踪 SSL 安全套接层协议的通信数据流
Expert Info	专家分析信息
Expert Info Composite	构造专家分析信息

(7) Statistics 对已捕获的网络数据进行统计分析

Summary	已捕获数据文件的总统计概况
Protocol Hierarchy	数据中的协议类型和层次结构
Conversations	会话
Endpoints	定义统计分析的结束点
IO Graphs	输入/输出数据流量图
Conversation List	会话列表

Endpoint List　统计分析结束点的列表

Service Response Time　从客户端发出请求至收到服务器响应的时间间隔

ANSI　按照美国国家标准协会的 ANSI 协议分析

Fax T38 Analysis...　按照 T38 传真规范进行分析

GSM　全球移动通信系统 GSM 的数据

H. 225　H. 225 协议的数据

MTP3　MTP3 协议的数据

RTP　实时传输协议 RTP 的数据

SCTP　数据流控制传输协议 SCTP 的数据

SIP...　会话初始化协议 SIP 的数据

VoIP Calls　互联网 IP 电话的数据

WAP－WSP　无线应用协议 WAP 和 WSP 的数据

BOOTP－DHCP　引导协议和动态主机配置协议的数据

Destinations…　通信目的端

Flow Graph…　网络通信流向图

HTTP　超文本传输协议的数据

IP address…　互联网 IP 地址

ISUP Messages…　ISUP 协议的报文

Multicast Streams　多播数据流

ONC－RPC Programs

Packet Length　数据包的长度

Port Type…　传输层通信端口类型

TCP Stream Graph　传输控制协议 TCP 数据流波形图

(8) Help 帮助

Contents Wireshark　使用手册

Supported Protocols　Wireshark 支持的协议清单

Manual Pages　使用手册(HTML 网页)

Wireshark Online　Wireshark 在线

About Wireshark　关于 Wireshark

WireShark 可以将从网络捕获到的二进制数据按照不同的协议包结构规范，翻译解释为人们可以读懂的英文信息，并显示在主界面的中部窗格中。为了帮助大家在网络安全与管理的数据分析中，迅速理解 WireShark 显示的捕获数据帧内的英文信息，特做如下中文的翻译解释。WireShark 显示的下面这些数据信息的顺序与各数据包内各字段的顺序相同，其他帧的内容展开与此类似。

```
帧号 时间      源地址          目的地址        高层协议   包内信息概况
No.  Time      Source          Destination      Protocol   Info
1    0.000000  202.203.44.225  202.203.208.32   TCP        2764 > http [SYN] Seq = 0 Len = 0 MSS =
1460                           源端口>目的端口[请求建立 TCP 链接]
```

以下为物理层的数据帧概况：

Frame 1 (62 bytes on wire, 62 bytes captured)　1 号帧,线路 62 字节,实际捕获 62 字节
Arrival Time: Jan 21, 2008 15:17:33.910261000　捕获日期和时间
[Time delta from previous packet:0.00000 seconds]　此包与前一包的时间间隔
[Time since reference or first frame: 0.00 seconds]　此包与第 1 帧的间隔时间
Frame Number: 1　帧序号
Packet Length: 62 bytes　帧长度
Capture Length: 62 bytes　捕获长度
[Frame is marked: False]　此帧是否做了标记:否
[Protocols in frame: eth:ip:tcp]　帧内封装的协议层次结构
[Coloring Rule Name: HTTP]　用不同颜色染色标记的协议名称:HTTP
[Coloring Rule String: http || tcp.port == 80]　染色显示规则的字符串:

以下为数据链路层以太网帧头部信息:

Ethernet II, Src: AcerTech_5b:d4:61 (00:00:e2:5b:d4:61), Dst: Jetcell_e5:1d:0a (00:d0:2b:e5:1d:0a)
以太网协议版本 II,源地址:厂名_序号(网卡地址),目的:厂名_序号(网卡地址)
Destination: Jetcell_e5:1d:0a (00:d0:2b:e5:1d:0a) 目的:厂名_序号(网卡地址)
Source: AcerTech_5b:d4:61 (00:00:e2:5b:d4:61)　源:厂名_序号(网卡地址)
Type: IP (0x0800) 帧内封装的上层协议类型为 IP(十六进制码 0800)看教材 70 页图 3.2

以下为互联网层 IP 包头部信息:

Internet Protocol, Src: 202.203.44.225 (202.203.44.225), Dst: 202.203.208.32 (202.203.208.32)　互联网协议,源 IP 地址,目的 IP 地址
Version: 4　互联网协议 IPv4
Header length: 20 bytes　IP 包头部长度
Differentiated Services Field:0x00(DSCP 0x00:Default;ECN:0x00)　差分服务字段
Total Length: 48　IP 包的总长度
Identification:0x8360 (33632)　标志字段
Flags:　标记字段(在路由传输时,是否允许将此 IP 包分段)
Fragment offset: 0　分段偏移量(将一个 IP 包分段后传输时,本段的标识)
Time to live: 128　生存期 TTL
Protocol: TCP (0x06)　此包内封装的上层协议为 TCP
Header checksum: 0xe4ce [correct]　头部数据的校验和
Source: 202.203.44.225 (202.203.44.225)　源 IP 地址
Destination: 202.203.208.32 (202.203.208.32)　目的 IP 地址

以下为传输层 TCP 数据段头部信息:

Transmission Control Protocol,Src Port: 2764 (2764),Dst Port:http (80),Seq:0,Len:0
传输控制协议 TCP 的内容
Source port: 2764 (2764)　源端口名称(端口号)
Destination port: http (80)　目的端口名 http(端口号 80)
Sequence number: 0　(relative sequence number)　序列号(相对序列号)
Header length: 28 bytes　头部长度
Flags: 0x02 (SYN)　TCP 标记字段(本字段是 SYN,是请求建立 TCP 连接)
Window size: 65535　流量控制的窗口大小
Checksum: 0xf73b [correct]　TCP 数据段的校验和
Options: (8 bytes)　可选项

D.2　WireShark 使用方法

(1) 本书介绍的 WireShark 软件版本是 V1.12.3 版本，其启动界面如图 D.1 所示，抓包界面的启动是按 File 下的按钮，如图 D.2 所示。

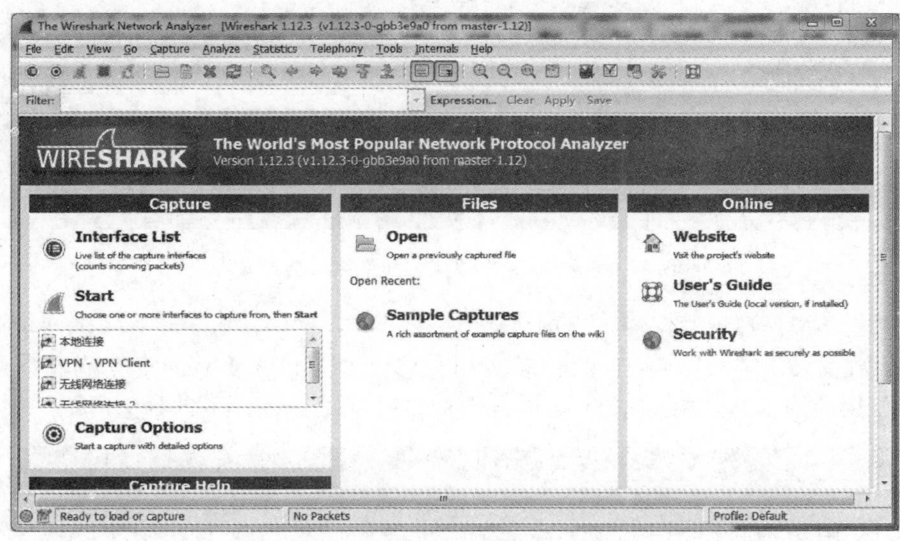

图 D.1　WireShark 软件启动界面

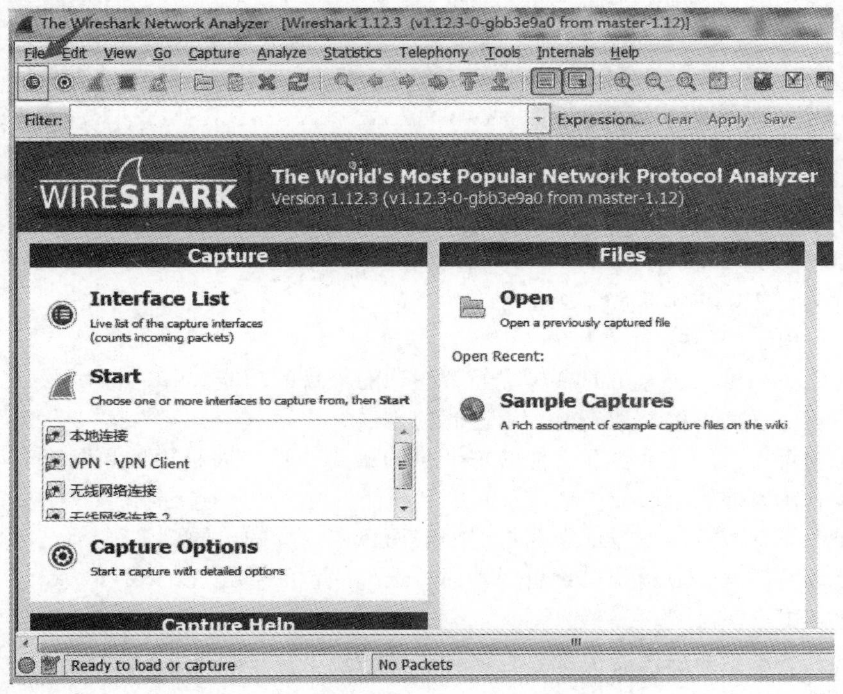

图 D.2　WireShark 软件抓包按钮界面

(2) 按住图 D.2 抓包按钮之后，会出现主机所在网络接口卡的列表显示，如图 D.3 所示。因为实验主机设立了 VPN，所以会有 VPN 网卡显示。

Wireshark: Capture Interfaces

	Device	Description	IP	Packets	Packets/s	
☐	本地连接	Atheros L1C PCI-E Ethernet Controller	fe80::f967:38de:d55b:2e6e	0	0	Details
☐	VPN - VPN Client	VPN Client Adapter - vpn	fe80::f9a7:201e:7e9b:47ba	0	0	Details
☐	无线网络连接	Microsoft	fe80::a08e:f454:986f:8961	3837	578	Details
☐	无线网络连接 2	Microsoft	fe80::a1db:2e3:360d:eeb8	0	0	Details

Help　Start　Stop　Options　Close

图 D.3　WireShark 软件抓包网络接口选择界面

(3) 实验环境是抓取真实网卡上的包，所以在图 D.3 网卡列表中选择无线网络连接，并且 Packets 数量大于零的网卡(Packets 是分组数，大于零，代表着该网卡在收发数据，是本主机正在使用的网卡)，选中后，在下边单击 Start 按钮开始抓包，如图 D.4 所示。

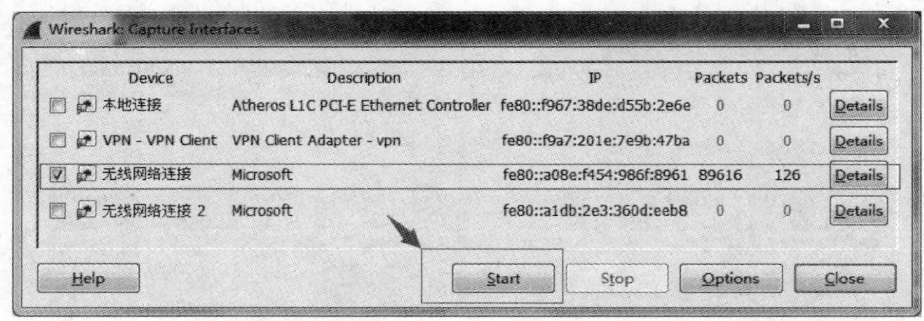

图 D.4　WireShark 软件抓包开始界面

(4) 单击图 D.4 Start 按钮后，进入的界面就是抓包的界面，也是 WireShark 主界面，如图 D.5 所示。

WireShark 主窗口由如下部分组成：

菜单——用于开始操作。

主工具栏——提供快速访问菜单中经常用到的项目的功能。

过滤工具栏——提供处理当前显示过滤的方法。

封包列表面板——显示打开文件的每个包的摘要。单击面板中的单独条目，包的其他情况将会显示在另外两个面板中。

封包详细信息面板——显示您在封包列表面板中选择的包的更多详情。

封包字节面板——显示您在封包列表面板选择的包的数据，以及在 Packet details 面板高亮显示的字段。

状态栏——显示当前程序状态以及捕捉数据的更多详情。

① 菜单栏

主菜单包括以下几个项目：

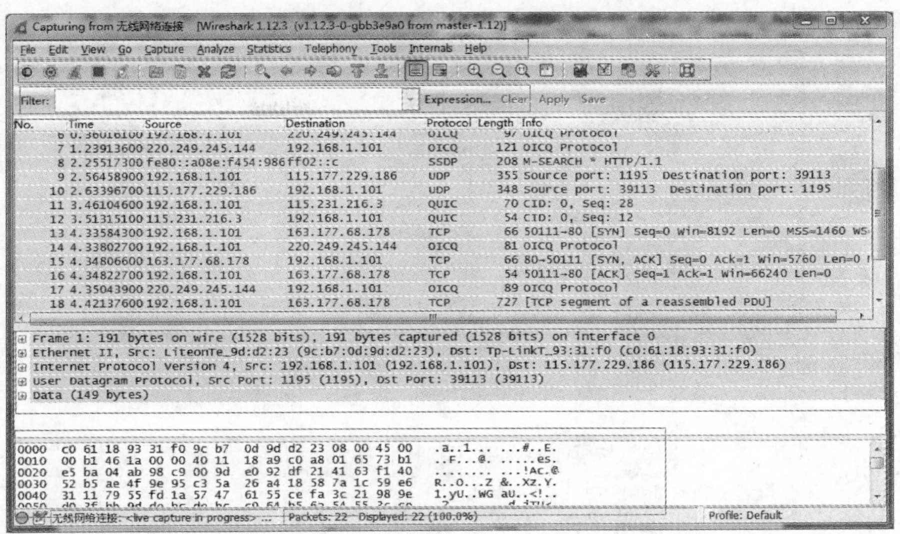

图 D.5　WireShark 软件抓包主界面

File ——包括打开、合并捕捉文件，Save/保存，Print/打印，Export/导出捕捉文件的全部或部分。以及退出 WireShark 项。

Edit ——包括如下项目：查找包，时间参考，标记一个多个包，设置预设参数(剪切、复制、粘贴不能立即执行)。

View ——控制捕捉数据的显示方式，包括颜色，字体缩放，将包显示在分离的窗口，展开或收缩详情面板的地树状节点。

Go——包含到指定包的功能。

Analyze ——包含处理显示过滤、允许或禁止分析协议，配置用户指定解码和追踪 TCP 流等功能。

Statistics ——包括的菜单项用户显示多个统计窗口，包括关于捕捉包的摘要，协议层次统计等。

Help ——包含一些辅助用户的参考内容。如访问一些基本的帮助文件，支持的协议列表，用户手册。

② 主工具栏(略)

③ 过滤工具栏

单击图 D.6 WireShark 软件抓包主界面——过滤工具栏中过滤工具栏的 Filter 按钮，会弹出图 D.7 过滤工具栏对话框界面，在图 D.7 中的 Filter String 右侧的对话框直接输入过滤表达式，与在图 D.6 中的 Filter 按钮右侧的空白输入过滤表达式来查找包的结果是一样的。在图 D.6 输入方便一些。

在工具栏上输入表达式或修改显示的过滤字符，在输入过程中会进行语法检查。在此区域输入或者您输入的格式不正确，或者未输入完成，则背景显示为红色。如图 D.8 过滤工作栏非法表达式界面，直到您输入合法的表达式，背景会变为绿色，如图 D.9 过滤工作栏合法表达式界面。你可以单击下拉列表选择您先前键入的过滤字符。列表会一直保留，即使您重新启动程序。

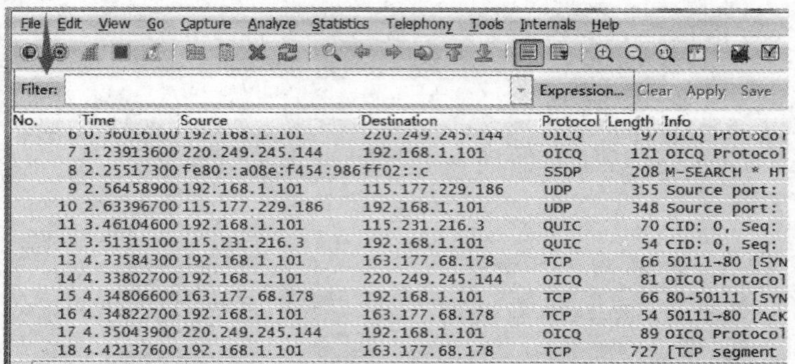

图 D.6 WireShark 软件抓包主界面——过滤工具栏

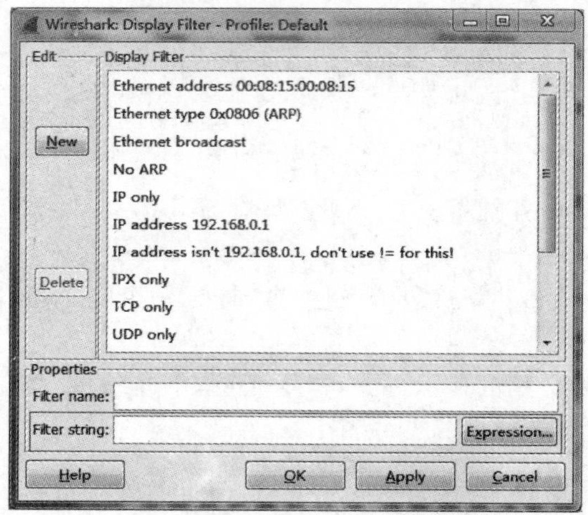

图 D.7 过滤工具栏对话框

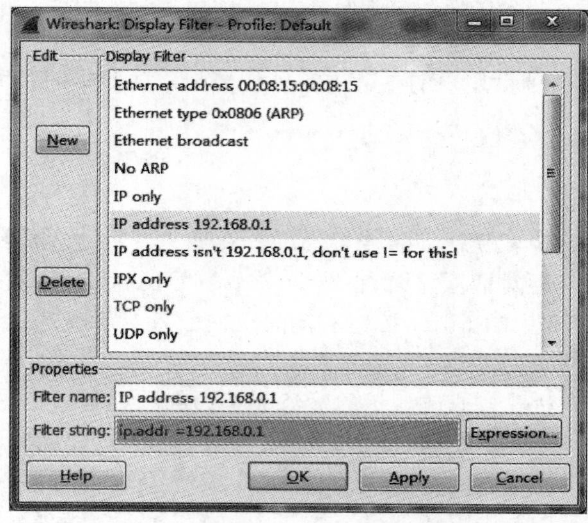

图 D.8 过滤工作栏非法表达式界面

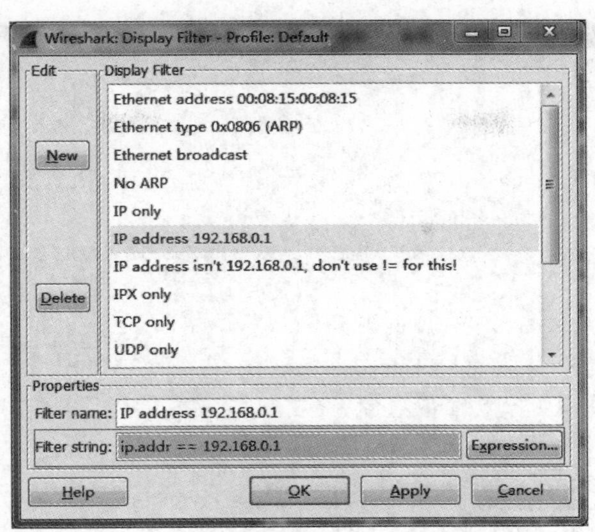

图 D.9　过滤工作栏合法表达式界面

注意：

- 做完修改之后，记得单击右边的 Apply(应用)按钮，或者回车，以使过滤生效。
- 输入框的内容同时也是当前过滤器的内容(当前过滤器的内容会显示在输入框)。

④ 封包列表

封包列表中显示所有已经捕获的封包，如图 D.10 封包列表界面所示。在这里您可以看到发送或接收方的 MAC/IP 地址，TCP/UDP 端口号，协议或者封包的内容。如果捕获的是一个 OSI layer 2 的封包，您在 Source(来源)和 Destination(目的地)列中看到的将是 MAC 地址，当然，此时 Port(端口)列将会为空。

No.	Time	Source	Destination	Protocol	Length	Info
1	0.00000000	192.168.1.101	115.177.229.186	UDP	191	Source port: 1195　Destination port: 39113
2	0.00034000	192.168.1.101	115.177.229.186	UDP	304	Source port: 1984　Destination port: 39113
3	0.06788900	115.177.229.186	192.168.1.101	UDP	412	Source port: 39113　Destination port: 1195
4	0.09084500	115.177.229.186	192.168.1.101	UDP	370	Source port: 39113　Destination port: 1984
5	0.35909500	220.249.245.144	192.168.1.101	OICQ	281	OICQ Protocol
6	0.36016100	192.168.1.101	220.249.245.144	OICQ	97	OICQ Protocol
7	1.23913600	220.249.245.144	192.168.1.101	OICQ	121	OICQ Protocol
8	2.25517300	fe80::a08e:f454:986	ff02::c	SSDP	208	M-SEARCH * HTTP/1.1
9	2.56458900	192.168.1.101	115.177.229.186	UDP	355	Source port: 1195　Destination port: 39113
10	2.63396700	115.177.229.186	192.168.1.101	UDP	348	Source port: 39113　Destination port: 1195
11	3.46104600	192.168.1.101	115.231.216.3	QUIC	70	CID: 0, Seq: 28
12	3.51315100	115.231.216.3	192.168.1.101	QUIC	54	CID: 0, Seq: 12
13	4.33584300	192.168.1.101	163.177.68.178	TCP	66	50111→80 [SYN] Seq=0 Win=8192 Len=0 MSS=1460 WS

图 D.10　封包列表界面

如果捕获的是一个 OSI layer 3 或者更高层的封包，您在 Source(来源)和 Destination(目的地)列中看到的将是 IP 地址。Port(端口)列仅会在这个封包属于第 4 或者更高层时才会显示。

您可以在这里添加/删除列或者改变各列的颜色，单击 Edit 按钮，选择 Preferences 选项，如图 D.11 所示。

⑤ 封包详细信息

图 D.12 封包项目详细信息显示的是在封包列表中被选中项目的详细信息。信息按照不同的 OSI layer 进行了分组，可以展开每个项目进行查看。WireShark 这个工具会用不

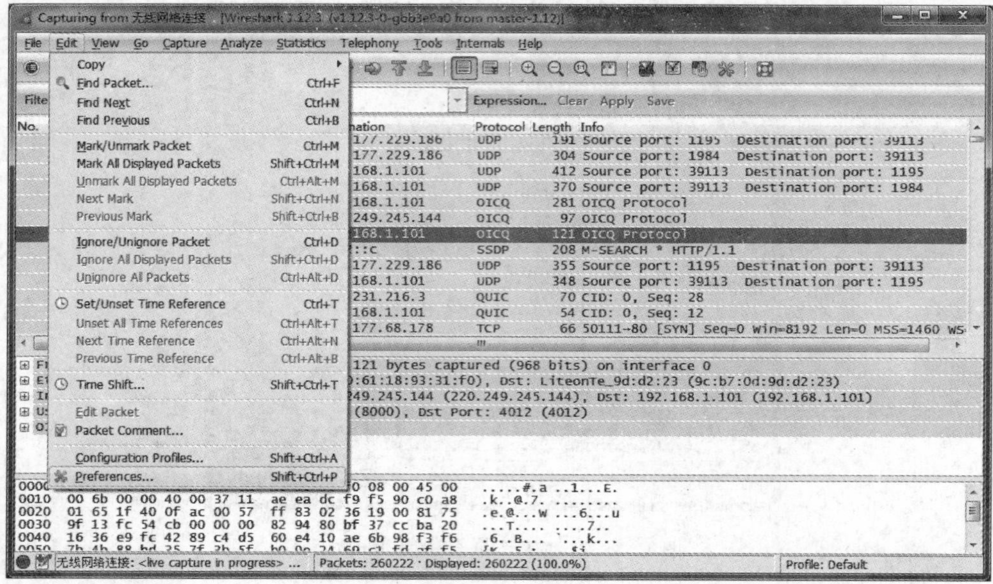

图 D.11 修改封包列表颜色界面

难，难的是会看懂这些包的详细信息。

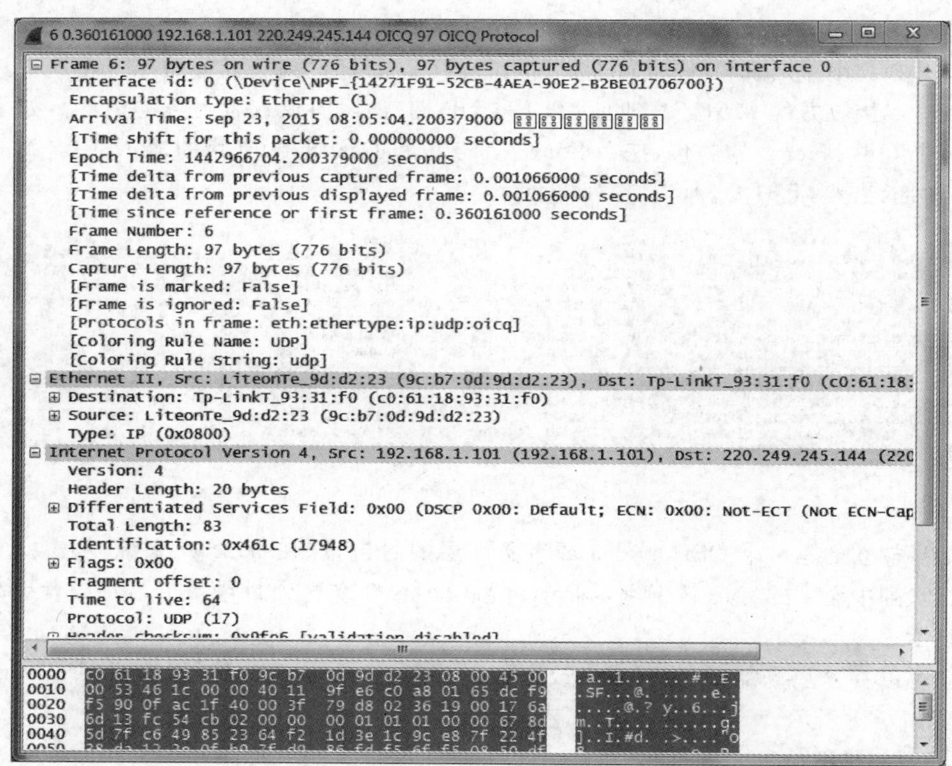

图 D.12 封包项目详细信息

⑥ 十六进制数据

“解析器”在 WireShark 中也被叫做“十六进制数据查看面板”。这里显示的内容与“封包详细信息”中相同，只是改为以十六进制的格式表述，如图 D.13 所示。

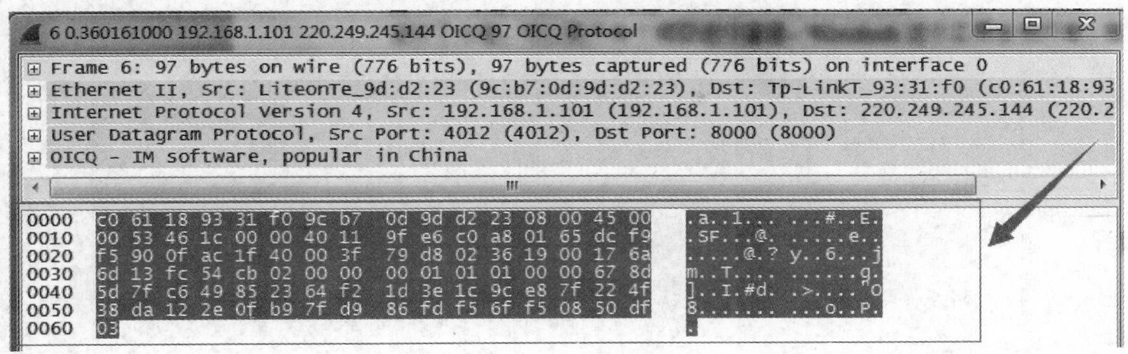

图 D.13　十六进制数据查看面板界面

(5) WireShark 抓包软件信息量非常大，我们需要学会在大量的信息中过滤和分析需要的信息。此时需要用到过滤器，它可以帮助我们在庞杂的结果中迅速找到需要的信息。WireShark 软件中存在两种过滤器。

捕捉过滤器：用于决定将什么样的信息记录在捕捉结果中。需要在开始捕捉前设置。

显示过滤器：在捕捉结果中进行详细查找。他们可以在得到捕捉结果后随意修改。

两种过滤器的目的是不同的。

- 捕捉过滤器是数据经过的第一层过滤器，它用于控制捕捉数据的数量，以避免产生过大的日志文件。
- 显示过滤器是一种更为强大(复杂)的过滤器。它允许您在日志文件中迅速准确地找到所需要的记录。

① 捕捉过滤器

捕捉过滤器的语法与其他使用 Lipcap(Linux)或者 Winpcap(Windows)库开发的软件一样，比如著名的 TCPdump。捕捉过滤器必须在开始捕捉前设置完毕，这一点跟显示过滤器是不同的。设置捕捉过滤器的步骤是：单击工具栏左侧第二个按钮，如图 D.14 所示，进入图 D.15 捕捉过滤器设置界面，单击 Start 按钮进行捕捉。

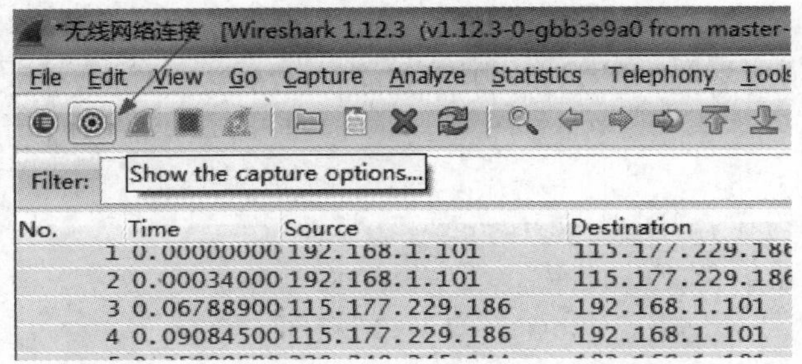

图 D.14　捕捉过滤器启动界面

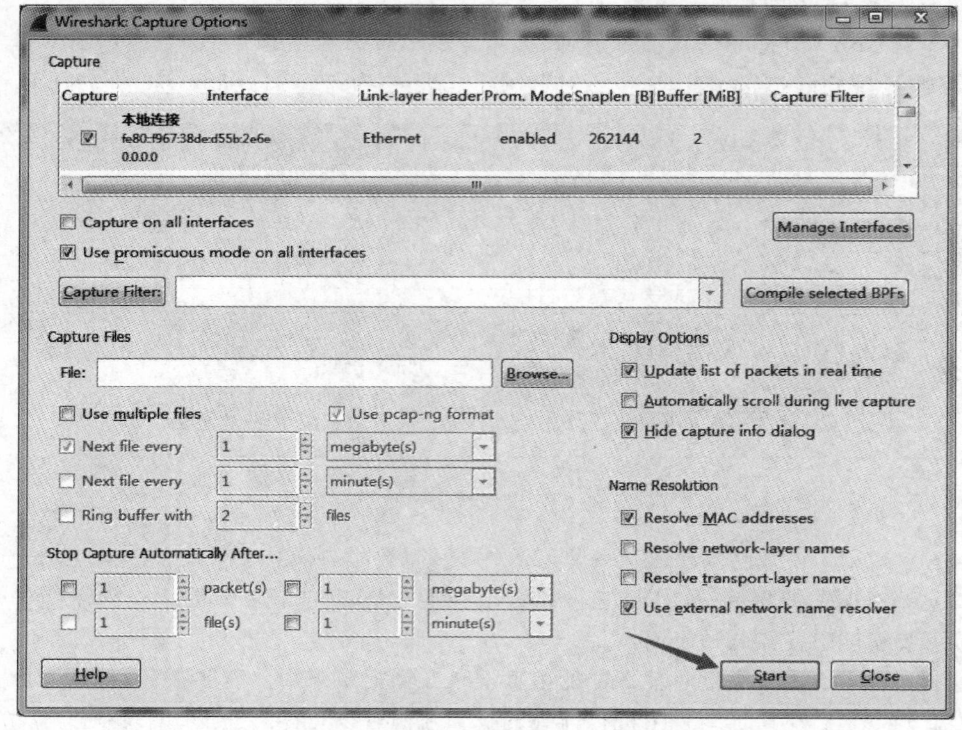

图 D.15　捕捉过滤器设置界面

捕捉过滤器的表达式语法如表 D.1 所示。

表 D.1　捕捉过滤器表达式语法格式

语法：	Protocol	Direction	Host(s)	Value	Logical Operations	Other expression_r
例子：	tcp	dst	10.1.1.1	80	and	tcp dst10.2.2.2 3128

Protocol(协议)：

可能的值：ether，fddi，ip，arp，rarp，decnet，lat，sca，moprc，mopdl，tcp and udp. 如果没有特别指明是什么协议，则默认使用所有支持的协议。

Direction(方向)：

可能的值：src，dst，src and dst，src or dst

如果没有特别指明来源或目的地，则默认使用 "src or dst" 作为关键字。

例如，"host 10.2.2.2"与"src or dst host 10.2.2.2"是一样的。

Host(s)(主机)：

可能的值：net，port，host，portrange.

如果没有指定此值，则默认使用"host"关键字。

例如，"src 10.1.1.1"与"src host 10.1.1.1"相同。

Logical Operations(逻辑运算)：

可能的值：not，and，or.

否("not")具有最高的优先级。或("or")和与("and")具有相同的优先级，运算时从左至右进行。

例如，

"not tcp port 3128 and tcp port 23"与"(not tcp port 3128) and tcp port 23"相同。

"not tcp port 3128 and tcp port 23"与"not (tcp port 3128 and tcp port 23)"不同。

例子：

tcp dst port 3128 显示目的 TCP 端口为 3128 的封包。

ip src host10.1.1.1 显示来源 IP 地址为 10.1.1.1 的封包。

host10.1.2.3 显示目的或来源 IP 地址为 10.1.2.3 的封包。

src portrange 2000-2500 显示来源为 UDP 或 TCP，并且端口号在 2000 至 2500 范围内的封包。

not imcp 显示除了 icmp 以外的所有封包。(icmp 通常被 ping 工具使用)

src host10.7.2.12 and not dst net 10.200.0.0/16 显示来源 IP 地址为 10.7.2.12，但目的地不是 10.200.0.0/16 的封包。

(src host10.4.1.12 or src net 10.6.0.0/16) and tcp dst portrange 200-10000 and dst net 10.0.0.0/8 显示来源 IP 为 10.4.1.12 或者来源网络为 10.6.0.0/16，目的地 TCP 端口号在 200～10 000 之间，并且目的位于网络 10.0.0.0/8 内的所有封包。

注意事项：

当使用关键字作为值时，需使用反斜杠“\”。

"ether proto \ip" (与关键字"ip"相同).

这样写将会以 IP 协议作为目标。

"ip proto \icmp" (与关键字"icmp"相同).

这样写将会以 ping 工具常用的 icmp 作为目标。

可以在"ip"或"ether"后面使用"multicast"及"broadcast"关键字。

当您想排除广播请求时，"no broadcast"就会非常有用。

② 显示过滤器

通常经过捕捉过滤器过滤后的数据还是很复杂。此时可以使用显示过滤器进行更加细致的查找。它的功能比捕捉过滤器更为强大，而且在修改过滤器条件时，并不需要重新捕捉一次。显示过滤表达器的表达式语法如表 D.2 所示。

表 D.2　显示过滤器表达式语法格式

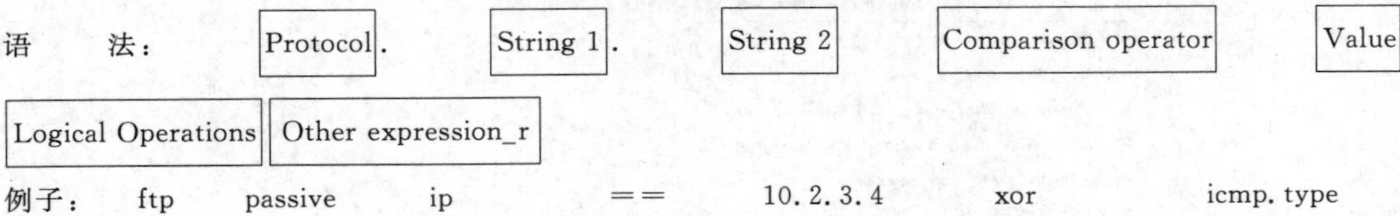

Protocol(协议)：

可以使用大量位于 OSI 模型第 2～7 层的协议。单击图 D.16 显示过滤器表达式启动界面的 Expression...按钮后，可以在图 D.17 显示过滤器表达式可选协议界面上看到具体的协议列表。比如：IP，TCP，DNS，SSH。

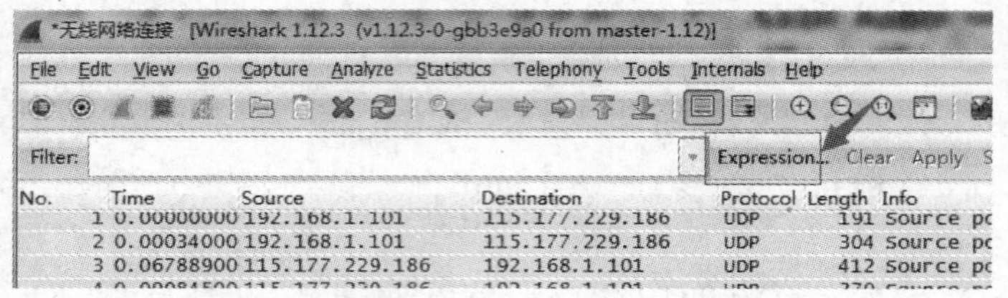

图 D.16　显示过滤器表达式启动界面

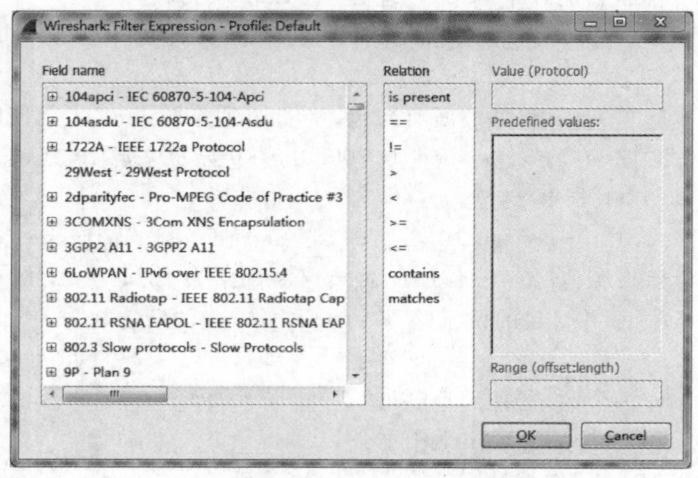

图 D.17　显示过滤器表达式可选协议界面

String1，String2（可选项）：

String1,String2 表示协议的子类。单击相关父类旁的"＋"号，然后可以选择其子类。如图 D.18，单击 AODV 父类的＋号，可以看到 AODV 子类信息界面，如图 D.19 所示。

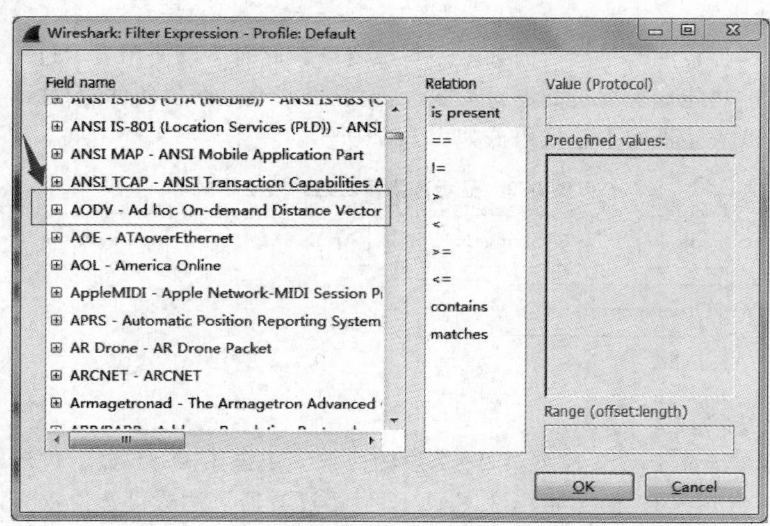

图 D.18　显示过滤器 AODV 父类界面

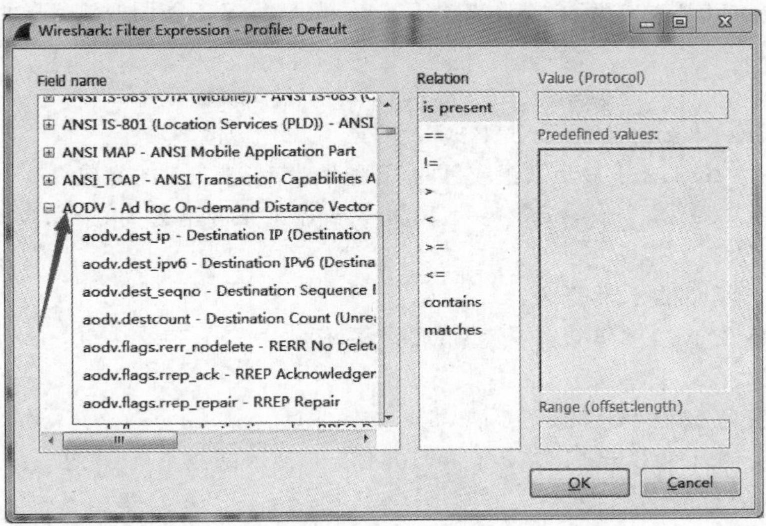

图 D.19 显示过滤器 AODV 子类信息界面

Comparison operators（比较运算符）:

可以使用 6 种比较运算符，如表 D.3 所示。

表 D.3 比较运算符列表

英文写法	C 语言写法	含义
eq	==	等于
ne	!=	不等于
gt	>	大于
lt	<	小于
ge	>=	大于等于
le	<=	小于等于

Logical expression_rs（逻辑运算符）:

可以使用四种逻辑运算符，如表 D.4 所示。

表 D.4 逻辑运算符列表

英文写法	C 语言写法	含义
and	&&	逻辑与
or	||	逻辑或
xor	^^	逻辑异或
not	!	逻辑非

被程序员们熟知的逻辑异或是一种排除性的或。当其被用在过滤器的两个条件之间时，只有当且仅当其中的一个条件满足时，这样的结果才会被显示在屏幕上。

让我们举个例子：

```
"tcp.dstport 80 xor tcp.dstport 1025"
```

只有当目的 TCP 端口为 80 或者来源于端口 1025(但又不能同时满足这两点)时,这样的封包才会被显示。

例子:

snmp || dns || icmp 显示 SNMP 或 DNS 或 ICMP 封包。

ip. addr ==10.1.1.1 显示来源或目的 IP 地址为 10.1.1.1 的封包。

ip. src ! =10.1.2.3 or ip. dst ! = 10.4.5.6 显示来源不为 10.1.2.3 或者目的不为 10.4.5.6 的封包。

换句话说,显示的封包将会为:

来源 IP:除了 10.1.2.3 以外任意;目的 IP:任意

以及

来源 IP:任意;目的 IP:除了 10.4.5.6 以外任意

ip. src ! =10.1.2.3 and ip. dst ! = 10.4.5.6 显示来源不为 10.1.2.3 并且目的 IP 不为 10.4.5.6 的封包。

换句话说,显示的封包将会为:

来源 IP:除了 10.1.2.3 以外任意;同时须满足,目的 IP:除了 10.4.5.6 以外任意

tcp. port == 25 显示来源或目的 TCP 端口号为 25 的封包。

tcp. dstport == 25 显示目的 TCP 端口号为 25 的封包。

tcp. flags 显示包含 TCP 标志的封包。

tcp. flags. syn == 0x02 显示包含 TCP SYN 标志的封包。

如果过滤器的语法是正确的,表达式的背景呈绿色。如果呈红色,说明表达式有误。

(6) Analyze 分析功能。

如果你处理 TCP 协议,想要查看 Tcp 流中的应用层数据,Following TCP streams 功能将会很有用。如果你想查看 telnet 流中的密码,或者你想尝试弄明白一个数据流。或者你仅仅只需要一个显示过滤来显示某个 TCP 流的包。这些都可以通过 WireShark 的 Following TCP streams 功能来实现。

在包列表中选择一个你感兴趣的 TCP 包,然后选择 WireShark 工具栏菜单的 Following TCP Streams 选项。如图 D.20 所示,然后,WireShark 就会创建合适的显示过滤器,并弹出一个对话框显示 TCP 流的所有数据,如图 D.21 所示。

在捕捉过程中,TCP 流不能实时更新。想得到最近的内容需要重新打开对话框。

你可以在图 D.21 对话框执行如下操作:

Save As 以当前选择格式保存流数据。

Print 以当前选择格式打印流数据。

Filter out this stream 应用一个显示过滤,在显示中排除当前选择的 TCP 流。

Close 关闭当前对话框。移除对当前显示过滤的影响。

可以用以下格式浏览流数据。

ASCII:在此视图下可以通过 ASCII 查看数据。当然最适合基于 ASCII 的协议应用,例如 HTTP。

EBCDIC:IBM 公司的字符二进制编码标准。

HEX Dump:允许查看所有数据,可能会占用大量屏幕空间。适合显示二进制协议。

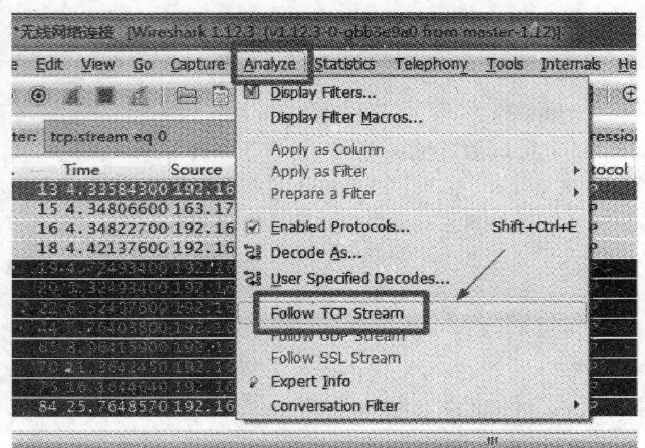

图 D.20　Following TCP streams 进入界面

C Arrays：允许将流数据导入你自己的 C 语言程序。

RAW：允许你载入原始数据到其他应用程序做进一步分析。显示类似与 ASCII 设置。但 save As 将会保存为二进制文件。

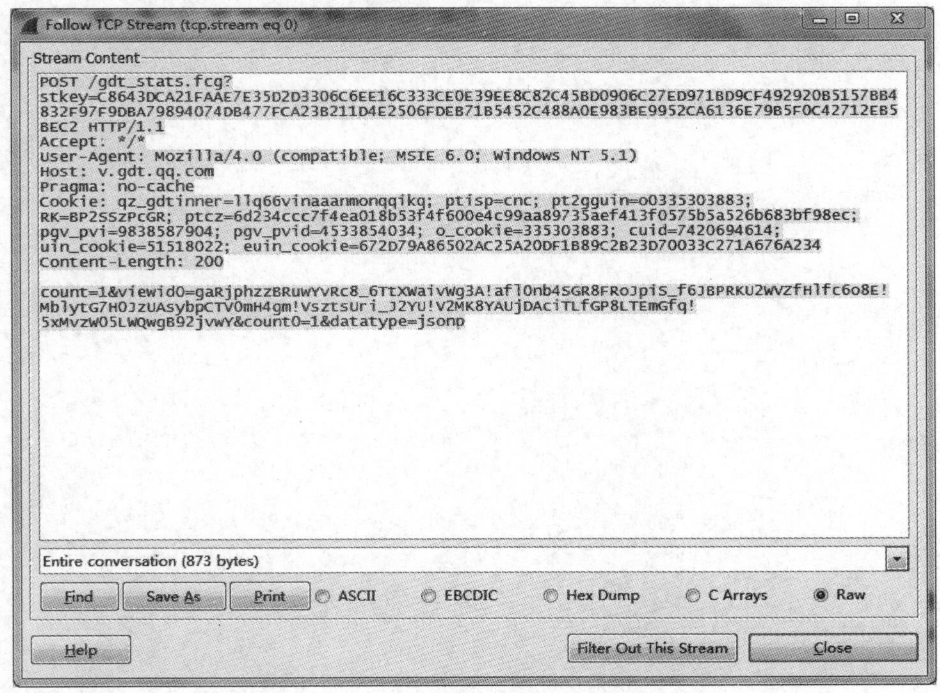

图 D.21　Following TCP streams 内容界面

参考文献

[1] 平寒.计算机网络实训教程(第二版)[M].北京：人民邮电出版社，2014.
[2] 陆楠.计算机网络实训与编程[M].西安：西安电子科技大学出版社，2012.
[3] 张师林.计算机网络实训教程[M].北京：清华大学出版社，2011.
[4] 余平.计算机网络实训教程[M].北京：北京邮电大学出版社，2013.
[5] 王嫣.计算机网络实训教程(第二版)[M].北京：化学工业出版社，2015.
[6] 刘宝莲.计算机网络实训教程[M].大连：大连理工大学出版社，2008.
[7] 卜耀华.计算机网络实训教程[M].北京：中国铁道出版社，2008.
[8] 张晖.计算机网络实训教程[M].北京：人民邮电出版社，2008.

教学资源支持

敬爱的教师：

感谢您一直以来对清华版计算机教材的支持和爱护。为了配合本课程的教学需要，本教材配有配套的电子教案（素材），有需求的教师请到清华大学出版社主页（http://www.tup.com.cn）上查询和下载，也可以拨打电话或发送电子邮件咨询。

如果您在使用本教材的过程中遇到了什么问题，或者有相关教材出版计划，也请您发邮件告诉我们，以便我们更好地为您服务。

我们的联系方式：

地　　址：北京海淀区双清路学研大厦 A 座 707

邮　　编：100084

电　　话：010－62770175－4604

课件下载：http：//www.tup.com.cn

电子邮件：weijj@tup.tsinghua.edu.cn

作者交流论坛：http://itbook.kuaizhan.com/

教师交流 QQ 群：136490705　　微信号：itbook8　　QQ：883604

（申请加入时，请写明您的学校名称和姓名）

用微信扫一扫右边的二维码，即可关注计算机教材公众号。